Christian Schlieder

Autodesk® Inventor® 2018

Aufbaukurs KONSTRUKTION

Viele praktische Übungen am Konstruktionsobjekt GETRIEBE

FSC
www.fsc.org
MIX
Papier aus verantwortungsvollen Quellen
Paper from responsible sources
FSC® C105338

Christian Schlieder

Autodesk® Inventor® 2018

Aufbaukurs KONSTRUKTION

Viele praktische Übungen am Konstruktionsobjekt GETRIEBE

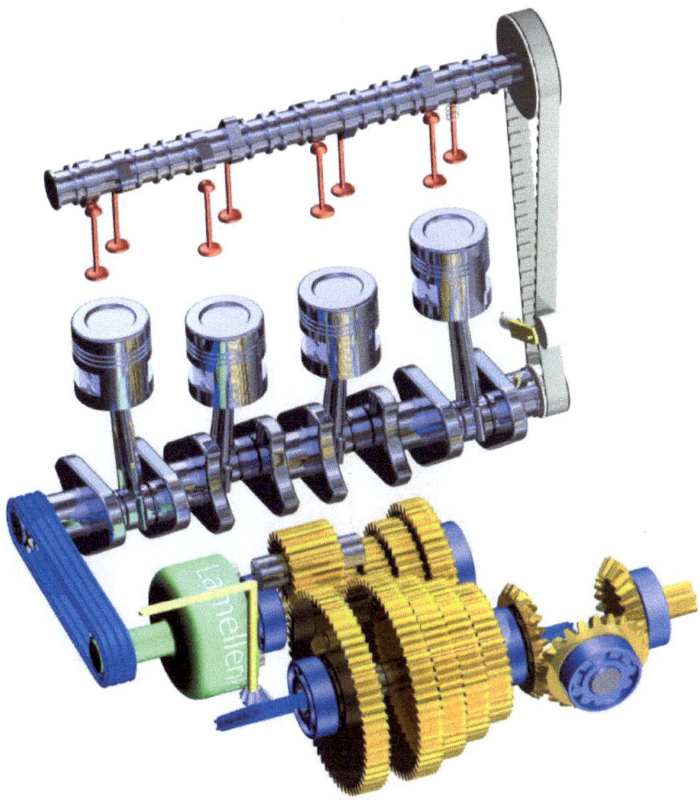

Weiterführende Literatur

Autodesk® Inventor® 2018
Grundlagen in Theorie und Praxis

Autodesk® Inventor® 2018
Dynamische Simulation und Belastungsanalyse

Autodesk® Inventor® 2018
Einsteiger-Tutorial Holzrückmaschine

Autodesk® Inventor® 2018
Einsteiger-Tutorial Hybridjacht

Autodesk® Inventor® 2018
Einsteiger-Tutorial Hubschrauber

Autodesk® AutoCAD® 2018
Grundlagen in Theorie und Praxis

http://www.cad-trainings.de/html/Literatur.html

ISBN

978-3-7448-3689-0

IMPRESSUM

Dipl.- Ing. Christian Schlieder
www.cad-trainings.de
Fax: +49 (0) 3212 - 1122290

HERSTELLUNG UND VERLAG

BoD - Books on Demand, Norderstedt
www.BoD.de

INHALTSVERZEICHNIS

1 Grundlegendes zum Buch

1.1 Zielgruppe & Aufbau des Buches

Dieses Buch ist ein Aufbaukurs für Fortgeschrittene, die mit den Grundlagen von ***Autodesk® Inventor® 2018*** bereits vertraut sind. Das Programm verfügt im Baugruppenbereich über ein Register ***Konstruktion*** welches zur Berechnung und Konstruktion, speziell im Maschinenbau verwendeter Komponenten dient. In einem komplexen Übungsbeispiel wird der Leser theoretische Grundlagen einiger Befehle aus diesem Register erlernen und anschließend praktisch umsetzen.

Das verwendete Übungsbeispiel baut auf das Grundlagenbuch ***Autodesk® Inventor® 2018 – Grundlagen in Theorie und Praxis*** auf, in welchem ein vereinfachter 4-Takt-Motor erstellt wurde. Dieser Motor wird im vorliegenden Buch um ein Getriebe erweitert.

In diesem Buch werden die folgenden Befehle des Registers ***Konstruktion*** behandelt:

- ***Druckfeder-Generator***
- ***Gehrungen erzeugen***
- ***Gestell-Generator***
- ***Kegelräder-Generator***
- ***Keilwellen-Generator***
- ***Lager-Generator***
- ***Rollenketten-Generator***
- ***Schraubenverbindungs-Generator***
- ***Stirnräder-Generator***
- ***Wellen-Generator***
- ***Zahnriemen-Generator***
- ***Zugfeder-Generator***

Das Übungsbeispiel bietet genügend Möglichkeiten, die Befehlsketten sporadisch zu verlassen und eigene Versuche mit den Befehlen zu starten.

1.2 Erzeugen des Projektordners/ Herunterladen der Übungsdateien

Bevor Sie mit der Umsetzung des Projekts beginnen, sollten die folgenden Arbeiten erledigt werden:

Erzeugen eines neuen Projektordners

Erstellen Sie auf Ihrem PC an geeigneter Stelle einen neuen Ordner:

- ***Inventor-2018-Übung-Konstruktion***

Herunterladen der Übungsdateien

Besuchen Sie im Internet die folgende Website:

- ***http://www.cad-trainings.de/html/Download.html***

Suchen Sie das passende Buch und klicken Sie auf den nebenstehenden Link, um die zum Buch gehörende Übungsdatei (ZIP-Format) auf Ihrem PC zu speichern. Speichern Sie die Datei in dem vorher erzeugten Projektordner ***Inventor-2018-Übung-Konstruktion*** und entpacken Sie die Datei dort hinein. Die darin enthaltenen Dateien werden später benötigt.

2 Installation von Autodesk® Inventor® 2018

2.1 Systemanforderungen

Die folgenden von Autodesk® empfohlenen Systemanforderungen gelten für Bauteile und Baugruppen mit weniger als 1000 Bauteilen:

Betriebssystem	64-Bit-Version von Microsoft® Windows® 10 64-Bit-Version von Microsoft Windows 8.1 mit Update KB2919355 64-Bit-Version von Microsoft Windows 7 SP1
CPU-Typ	Mindestens: 64-Bit Intel oder AMD, 2 GHz oder schneller Empfohlen: Intel® Xeon® E3 oder Core i7 3,0 GHz oder höher
Arbeitsspeicher	Mindestens: 8 GB RAM Empfohlen: 20 GB Ram oder mehr
Festplatte	Installationsprogramm sowie vollständige Installation: 40 GB
Grafikkarte	Mindestens: Microsoft Direct3D 10®-fähige Grafikkarte oder höher Empfohlen: Microsoft Direct3D 11®-fähige Grafikkarte oder höher Empfohlene Skalierung: 100 %, 125 %, 150 % oder 200 %
Sonstiges	DVD-ROM, Internetverbindung für Autodesk® 360-Funktionalität, Internet-Downloads und Zugriff auf Subscription Aware, Microsoft Internet Explorer® 11 oder gleichwertig, Vollständige lokale Installation von Microsoft® Excel 2010, 2013 oder 2016 für iFeatures, iParts, iAssemblies, Thread-bezogene Befehle, Erstellung von Abständen/Gewindebohrungen, globale Stücklisten, Bauteillisten, Revisionstabellen, tabellenbasierte Konstruktionen und Studio-Animationen von Positionsdarstellungen. Excel Starter®, Online Office 365® und OpenOffice® werden nicht unterstützt. Die 64-Bit-Version von Microsoft Office ist erforderlich für den Export in Access 2007-, dBase IV-, Text- und CSV-Formate. Microsoft .NET Framework 4.6 oder höher. Virtualisierung unterstützt auf Citrix® XenApp ™ 7,6; Citrix XenDesktop ™ 7,6 (erfordert Inventor Netzwerklizenzierung).

2.2 Anforderungen an das Betriebssystem

Die Installation von Autodesk® Inventor® 2018 erfordert ein Windows® Betriebssystem. Nutzer eines Apple® Betriebssystems, können das Programm mithilfe von Boot Camp® oder Parallels Desktop® unter Beachtung der folgenden Systemvoraussetzungen installieren:

Betriebssystem	Mindestens: Mac OS™ X 10.10.x Empfohlen: Mac OS™ X 10. 12.x
CPU-Typ	Mindestens: Intel® Core 2 Duo (3 GHz oder höher)
Arbeitsspeicher	Mindestens: 8 GB RAM Empfohlen: 16 GB Ram oder mehr
Partitionsgröße ***Partitionsgröße***	Mindestens: 200 GB freier Festplattenspeicher Empfohlen: 500 GB freier Festplattenspeicher oder mehr
Betriebssystem	64-Bit-Version von Microsoft Windows 10 64-Bit-Version von Microsoft Windows 8.1 mit Update KB2919355 64-Bit-Version von Microsoft Windows 7 SP1

2.3 Download des Programms

Sollten Sie die Software nicht bereits besitzen, haben Sie die folgenden Möglichkeiten, Autodesk®-Produkte unter den folgenden Links herunterzuladen:

Autodesk® Store	Wenn Sie die Programmversion kaufen möchten: ➢ http://www.autodesk.com/store/storeselect.htm
Autodesk®-Konto	Als Subscription-Kunde bei Ihrem Autodesk® Konto: ➢ https://accounts.autodesk.com/
Education Community	Als Mitglied der Education Community: ➢ http://www.autodesk.com/education/free-software/all
Kostenlose Testversionen	Als kostenlose Testversion mit 30 Tagen Laufzeit: ➢ http://www.autodesk.com/free-trials

Unter dem folgenden Link finden Sie weitere Informationen zu kostenlosen Programmversionen von Autodesk® für Studenten und Lehrkräfte:

➢ ***http://help.autodesk.com/view/INVNTOR/2018/DEU/?guid=GUID-32F591DA-32BF-42F2-8FAC-DF215412D1C3***

2.4 Installationsvoraussetzungen

Zugriffsrechte

Sie müssen über lokale Benutzer-Administratorrechte verfügen.

➢ ***Systemsteuerung > Benutzerkonten > Benutzerkonten verwalten***

System-Updates/ Antivirenprogramm

Vor der Installation von Autodesk® Inventor® 2018 sollten eventuell noch ausstehende Updates von Windows® durchgeführt werden. Starten Sie den Rechner danach neu. Antivirenprogramme müssen während der Installation eventuell vorübergehend deaktiviert werden.

Language Packs

Prüfen Sie vor der Installation von Autodesk® Inventor® 2018, ob die heruntergeladene Programmversion in der richtigen Sprache vorhanden ist. Eventuell muss vorab ein Sprachpaket heruntergeladen und installiert werden.

Seriennummer/ Produktschlüssel

Vor der Installation sollten Seriennummer und Produktschlüssel in Erfahrung gebracht werden. Diese werden bereits während der Installation benötigt (Ausnahme: kostenlose 30-Tage-Testversion). Weitere Informationen zum Thema finden Sie unter dem Link:

➢ ***https://knowledge.autodesk.com/de/customer-service/download-install/activate/find-serial-number-product-key/sn-education-community/serial-number-educational-institutions***

Beenden anderer Programme

Beenden Sie alle anderen Programme vor der Installation von Autodesk® Inventor® 2018.

2.5 Installation von Autodesk® Inventor® 2018

Stellen Sie vor der Installation von Autodesk® Inventor® 2018 sicher, dass alle Teile des Programms vollständig vorhanden sind. Wurden diese vollständig heruntergeladen (Schritt entfällt, wenn die Software auf DVD vorhanden ist), kann mit der Installation begonnen werden. Sollte das Installationsprogramm noch nicht geöffnet sein, starten Sie dieses. Sie finden es für gewöhnlich im Pfad:

- ***C:\Autodesk\Inventor_2018_...\Setup.exe***

Nachdem Sie die Lizenzvereinbarung gelesen und akzeptiert haben, muss im Dropdown-Menü mit den Produktsprachen einer der folgenden Schritte durchgeführt werden:

1) Wählen Sie eine Sprache aus.
2) Wählen Sie unter Lizenztyp die Option ***Einzelplatz***.
3) Geben Sie Seriennummer und Produktschlüssel ein (falls erforderlich).
4) Bestimmen Sie den Installationspfad (dieser Pfad darf maximal 260 Zeichen lang sein).
5) Übernehmen Sie die vorgegebene Konfiguration oder passen Sie die Installation an (weitere Informationen zur Konfiguration finden Sie in der Produktdokumentation).
6) Klicken Sie auf ***Installieren***.
7) Nach der Installation: Klicken Sie auf ***Fertigstellen***.

2.6 Aktivierung von Autodesk® Inventor® 2018

Online aktivieren und registrieren

Sobald Autodesk® Inventor® 2018 das erste Mal gestartet wurden, startet auch automatisch der Aktivierungsvorgang. Sollte der PC über eine bestehende Internetverbindung verfügen, führen Sie die folgenden Schritte aus:

1) Achten Sie darauf, dass Ihre Firewall den Datenaustausch zwischen Autodesk® Inventor® 2018 und dem Server von Autodesk® nicht unterbricht.
2) Starten Sie Autodesk® Inventor® 2018.
3) Stimmen Sie den Datenschutzrichtlinien zu.
4) Klicken Sie auf ***Aktivieren***.
5) Geben Sie den Produktschlüssel ein, wenn Sie dazu aufgefordert werden sollten. Melden Sie sich an und registrieren Sie das Produkt.

Autodesk® überprüft jetzt die Berechtigungsinformationen, wie z. B. Ihre Seriennummer. Wenn Sie die Aktivierungsaufforderung sehen und keine Verbindung mit dem Internet herstellen können, ist die Aktivierung manuell vorzunehmen.

Manuelles Aktivieren und Registrieren (offline)

Sollte der PC über keine bestehende Internetverbindung verfügen, führen Sie die folgenden Schritte aus:

1) Starten Sie Autodesk® Inventor® 2018.
2) Stimmen Sie den Datenschutzrichtlinien zu.
3) Klicken Sie auf ***Aktivieren***.
4) Wählen Sie Aktivierungscode ***Mit einer Offlinemethode anfordern***.
5) Klicken Sie auf ***Weiter***.
6) Notieren Sie die Aktivierungsinformationen, die auf dem Bildschirm angezeigt werden, einschließlich der URL.
7) Starten Sie ein Gerät mit einer bestehenden Internetverbindung.
8) Öffnen Sie die URL aus Punkt (6). Melden Sie sich an und registrieren Sie das Produkt.
9) Notieren Sie den Aktivierungscode.
10) Starten Sie Autodesk® Inventor® 2018.
11) Klicken Sie auf ***Aktivieren***.
12) Wählen Sie die Option ***Ich habe einen Aktivierungscode von Autodesk***.
13) Kopieren Sie den Aktivierungscode, und fügen Sie ihn in das erste Feld ein, um automatisch die anderen Felder auszufüllen.
14) Klicken Sie auf ***Weiter***.

Weitere Informationen zu Installation und Aktivierung erhalten Sie unter dem folgenden Link:

- ***https://knowledge.autodesk.com/customer-service/download-install***

3 Programmaufbau und Programmoberfläche

3.1 Programmaufbau

Nach dem Start von Autodesk® Inventor® 2018 öffnet sich das Programm mit der folgenden ***Benutzeroberfläche***:

1) Hauptmenü
2) Schnellzugriff-Werkzeuge
3) Multifunktionsleiste
4) InfoCenter
5) Neue Dateien erstellen
6) Projektverwaltung
7) Zuletzt verwend. Dokumente

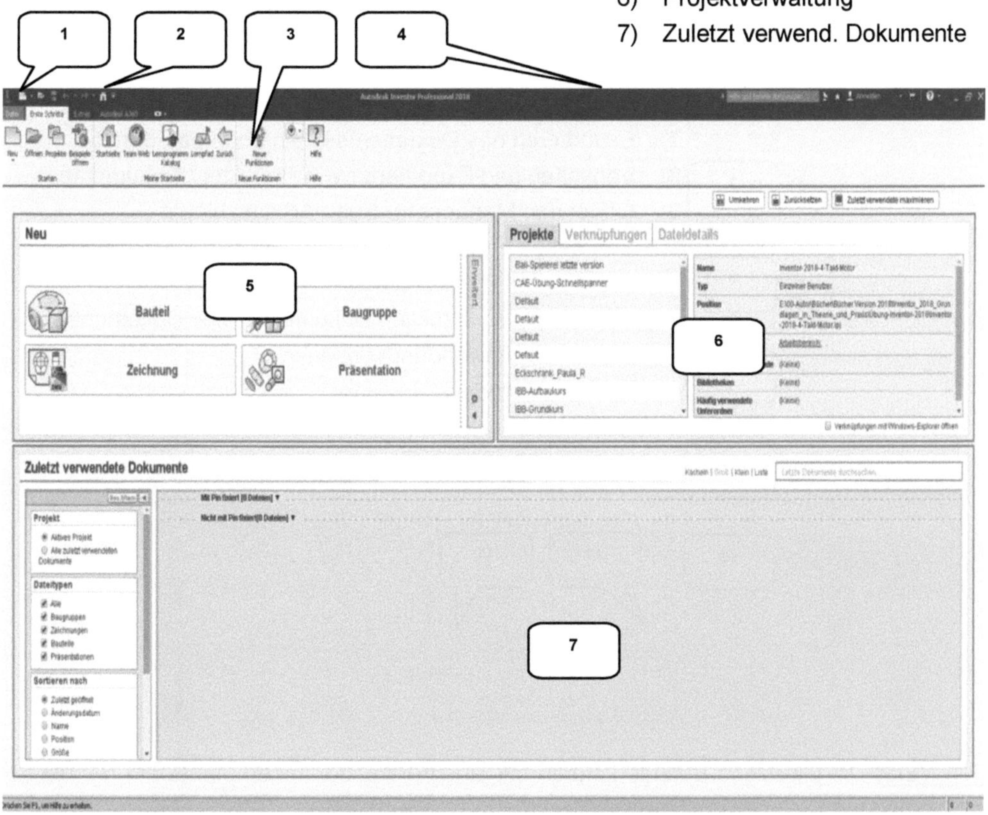

3.2 Hauptmenü

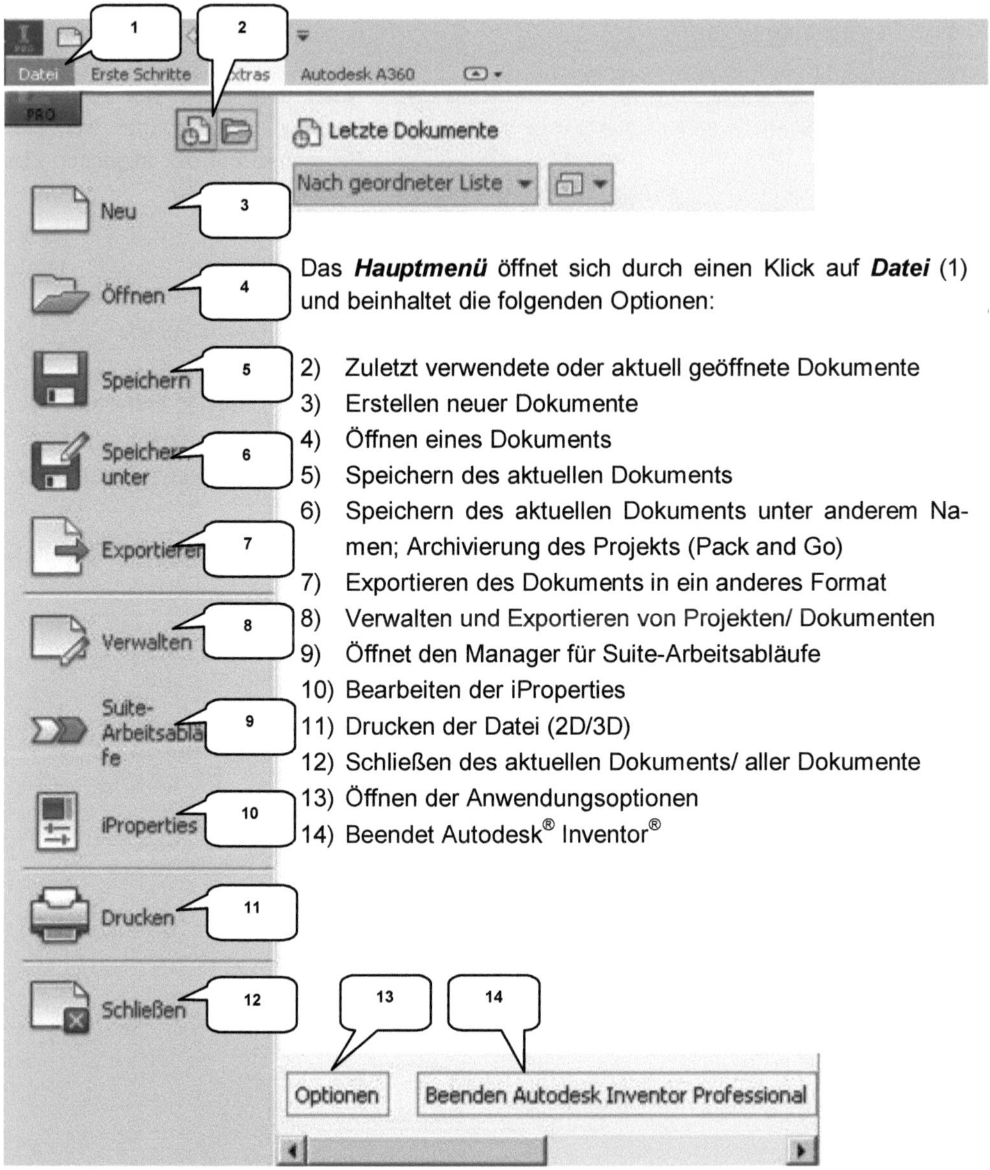

Das ***Hauptmenü*** öffnet sich durch einen Klick auf ***Datei*** (1) und beinhaltet die folgenden Optionen:

2) Zuletzt verwendete oder aktuell geöffnete Dokumente
3) Erstellen neuer Dokumente
4) Öffnen eines Dokuments
5) Speichern des aktuellen Dokuments
6) Speichern des aktuellen Dokuments unter anderem Namen; Archivierung des Projekts (Pack and Go)
7) Exportieren des Dokuments in ein anderes Format
8) Verwalten und Exportieren von Projekten/ Dokumenten
9) Öffnet den Manager für Suite-Arbeitsabläufe
10) Bearbeiten der iProperties
11) Drucken der Datei (2D/3D)
12) Schließen des aktuellen Dokuments/ aller Dokumente
13) Öffnen der Anwendungsoptionen
14) Beendet Autodesk® Inventor®

HINWEIS: Die jeweiligen Befehle können mit einem Klick der linken Maustaste auf die nebenstehenden Dreiecke noch erweitert werden.

3.3 Schnellzugriff-Werkzeuge

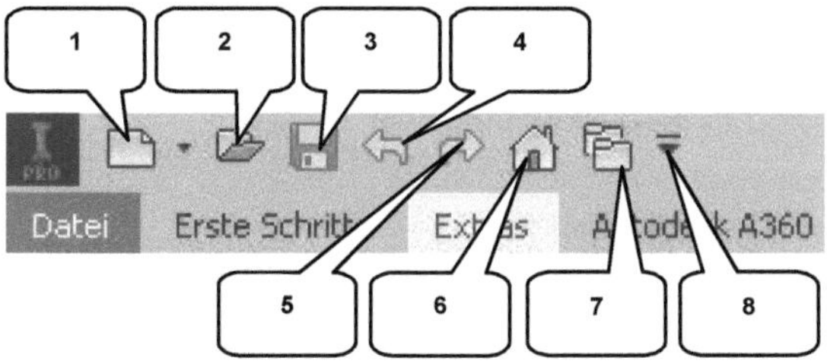

Die ***Schnellzugriff-Werkzeuge*** sind einige häufig verwendete Befehle, die einzeln ein- oder ausgeblendet werden können. Die folgenden Befehle befinden sich darin:

1) Erstellen eines neuen Dokuments
2) Öffnen eines vorhandenen Dokuments
3) Speichern des Dokuments
4) Einen Arbeitsschritt zurück
5) Einen Arbeitsschritt vorwärts
6) Aktiviert die Startseite
7) Öffnet die Projektverwaltung
8) Schnellzugriff-Werkzeuge anpassen

3.4 Multifunktionsleiste

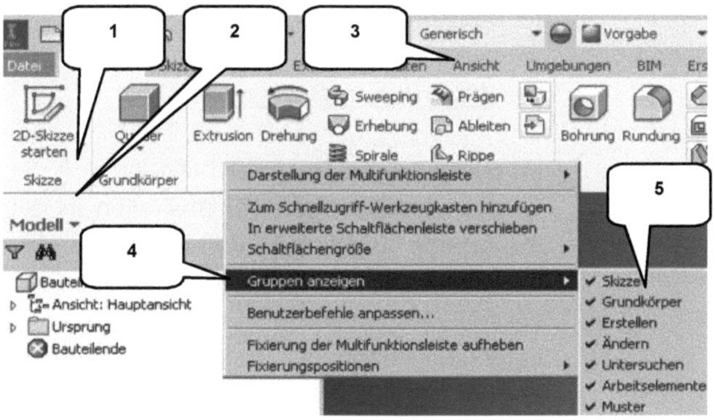

Die ***Multifunktionsleiste*** (1) befindet sich im oberen Bereich des Programms und enthält verschiedene Befehlsgruppen (2), deren Inhalt entsprechend der Auswahl einer der verfügbaren Registerkarten (3) variiert. Jede Registerkarte enthält diverse Befehlsgruppen, welche beliebig ein- oder ausgeblendet werden können.

Um Befehlsgruppen ein- oder auszublenden, muss mit der ***rechten Maustaste*** auf einen beliebigen Punkt im Bereich der Multifunktionsleiste (1) geklickt und die Option ***Gruppen anzeigen*** (4) gewählt werden. In der erweiterten Auswahl (5), können die einzelnen Befehlsgruppen danach aktiviert/deaktiviert werden.

HINWEIS: Sollten in diesem Buch Befehle verwendet werden, die Sie in Ihrer Multifunktionsleiste im entsprechenden Arbeitsbereich nicht finden können, kontrollieren Sie bitte, ob die entsprechende Befehlsgruppe aktiviert ist.

3.5 Browser

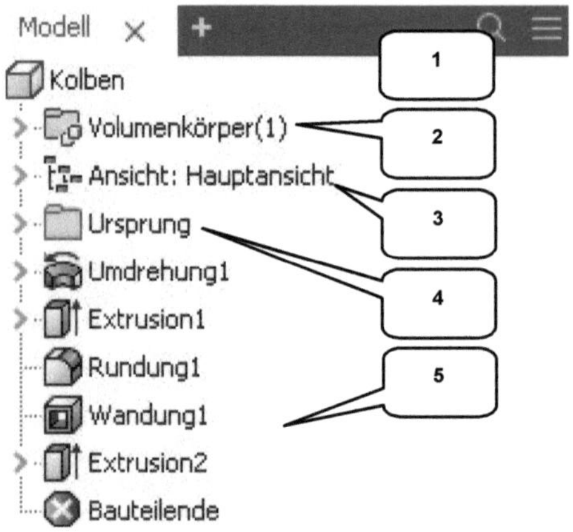

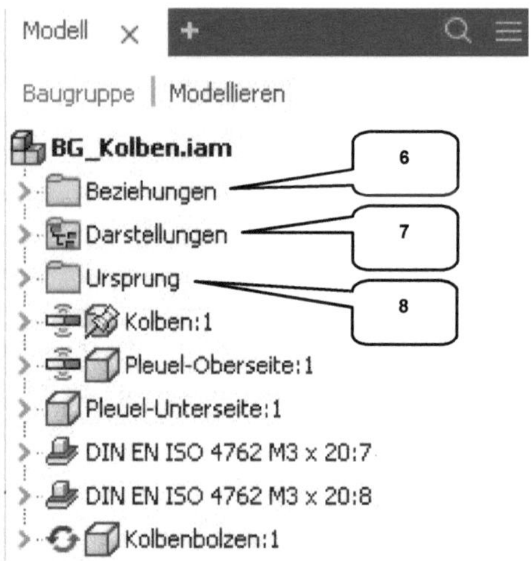

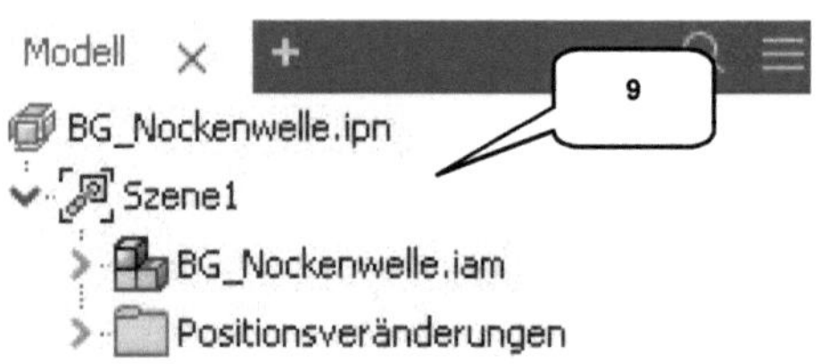

Der ***Browser*** (1) spiegelt den grundlegenden Aufbau eines Objekts wieder der je Arbeitsbereich inhaltlich variiert.

➢ ***Bauteil-Browser***

Im ***Bauteil-Browser*** befinden sich z. B. der Ordner ***Volumenkörper*** (2) (listet die einzelnen Volumenkörper eines Bauteils auf), der Ordner ***Ansicht*** (3) (beinhaltet die Ansichten eines Bauteils) sowie der Ordner ***Ursprung*** (4) (listet die Hauptachsen und -ebenen des Bauteils auf). Weiterhin werden alle bereits am Bauteil vorgenommenen ***Arbeitsschritte*** (5) chronologisch aufgelistet und können hier bearbeitet werden.

➢ ***Baugruppen-Browser***

Im ***Baugruppen-Browser*** befinden sich der Ordner ***Beziehungen*** (6) (mit allen in der Baugruppe besetzten Verbindungen/ Abhängigkeiten), der Ordner ***Darstellungen*** (7) (mit den Ansichten, Positionen und Detailgenauigkeiten der Baugruppe) und der Ordner ***Ursprung*** (8). Natürlich werden auch alle in der Baugruppe vorhandenen Komponenten (Bauteile/ Normteile) aufgelistet.

➢ ***Präsentations-Browser***

Der ***Präsentations-Browser*** enthält den Ordner ***Szene*** (9). Darin werden die Präsentationsdrehbücher der animierten Baugruppen und die zugehörigen Pfade abgelegt.

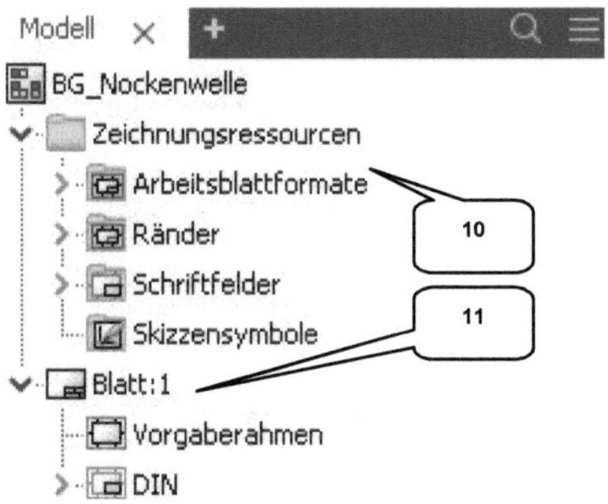

➢ ***Zeichnungs-Browser***

Im ***Zeichnungs-Browser*** gibt es den Ordner ***Zeichnungsressourcen*** (10) (mit allen vordefinierten Arbeitsblattformaten, Rändern, Schriftfeldern und Symbolen) und je Zeichnung einen Ordner ***Blatt*** (11). Jedes Zeichnungsblatt beinhaltet die dem Blatt zugeordneten Arbeitsblattformate, Ränder, Schriftfelder und Symbole sowie dargestellten Ansichten mit den darin abgebildeten Komponenten.

3.6 Arbeitsbereich

3.6.1 Startbildschirm

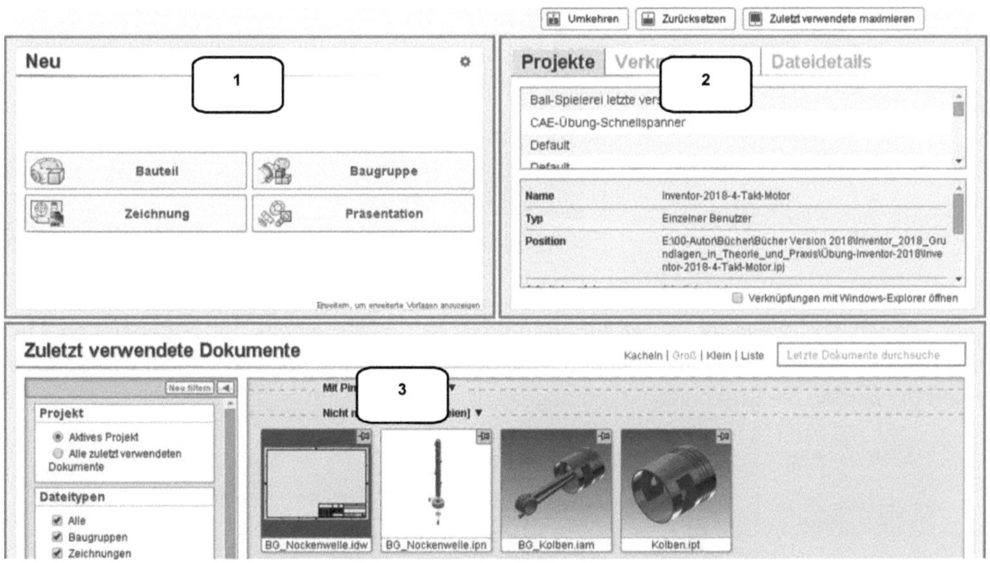

Nach dem Start des Programms wird dem Benutzer ein ***Startbildschirm*** mit den folgenden Inhalten angeboten:

1) Erstellen eines neuen Dokuments
2) Projektverwaltung
3) Öffnen eines bereits vorhandenen Dokuments

4 Die ersten Schritte

4.1 Programmhilfe und neue Funktionen

Im Register ***Erste Schritte*** (Befehlsgruppe ***Hilfe***) befindet sich der Befehl Hilfe (1). Ein Klick darauf öffnet im Arbeitsbereich die Online-Hilfe, sofern ein Internetzugang vorhanden ist (ggf. müssen die Einstellungen der Firewall des PCs bearbeitet werden).

Hier können Sie entweder in der ***Inhaltsübersicht*** (2) aus einem der angebotenen Themengebiete auswählen, oder bestimmte Befehle oder Begriffe ***suchen*** (3). Im ***Ausgabebereich*** (4) werden die Ergebnisse dann angezeigt.

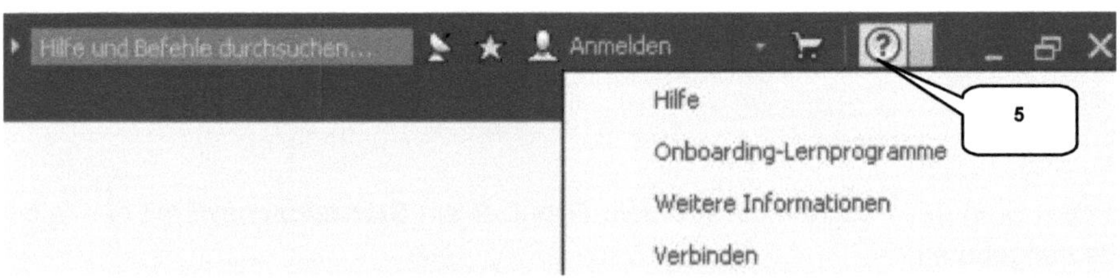

HINWEIS: Alternativ kann die Programmhilfe auch durch den Befehl Hilfe (5) in der oberen Programmleiste gestartet werden.

4.2 Videos und Lernprogramme

Startet man den Befehl **Lernpfad** (1), so öffnet sich eine interaktive Lernumgebung (2) in der schrittweise der Umgang mit der Software erlernt und mit diversen Übungen gefestigt werden kann.

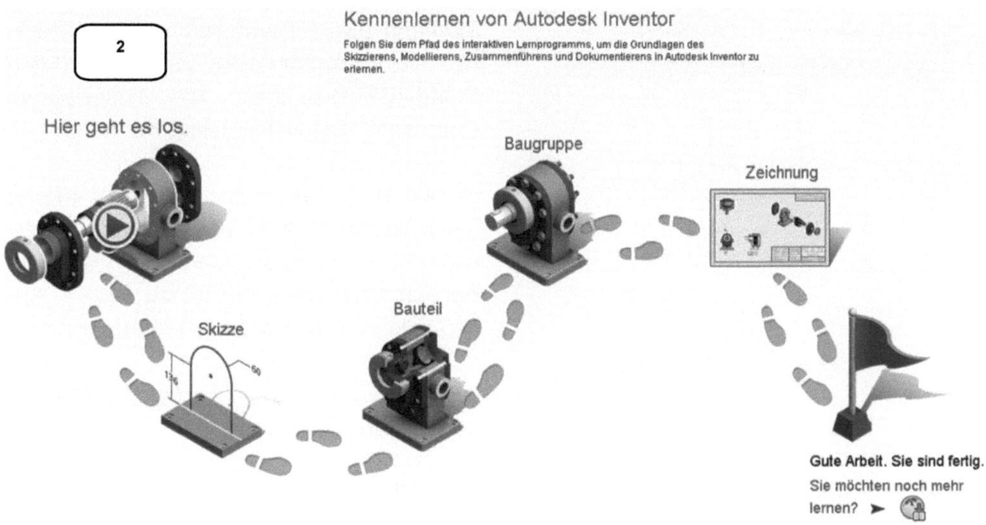

Mit dem Befehl **Lernprogramm Katalog** (3) öffnet sich im Arbeitsbereich eine Übersicht weiterer Lernprogramme (4).

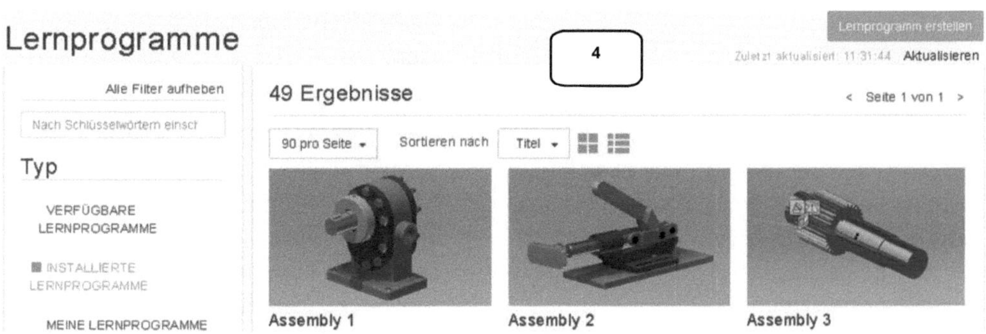

4.3 Zusatzmodule (empfohlene Einstellungen)

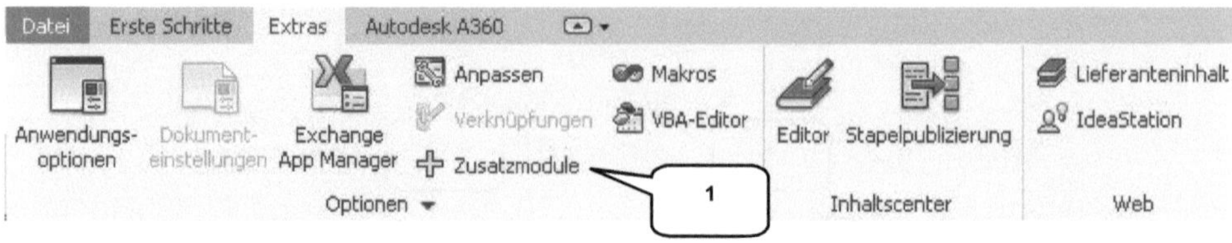

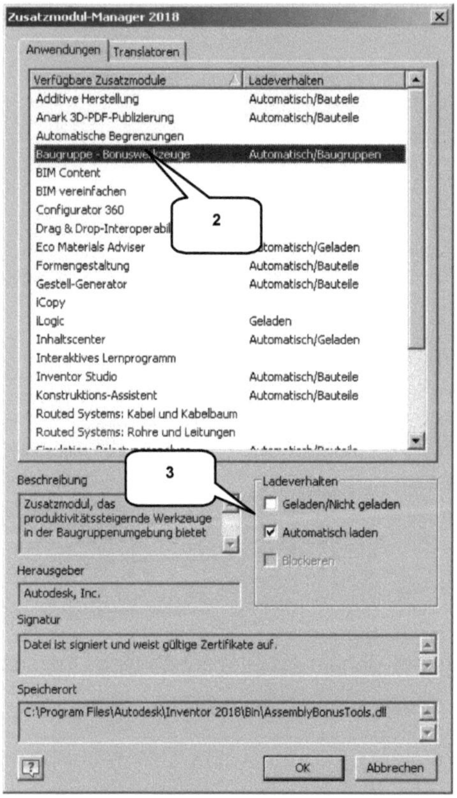

In der Befehlsgruppe ***Optionen*** (Register ***Extras***) befindet sich der Befehl **Zusatzmodule** (1) welcher den ***Zusatzmodul-Manager*** öffnet. Damit können die automatisch beim Programmstart zusätzlich zu den Standardeinstellungen zu aktivierenden Programm-Module festgelegt werden.

Um ein Modul automatisch laden zu lassen, muss dieses in der ***Liste*** (2) aktiviert werden, um anschließend die beiden Haken im Bereich ***Ladeverhalten*** (3) zu setzen. Andernfalls sind die Haken zu entfernen.

<u>Die Aktivierung der folgenden Module wird empfohlen:</u>

- Additive Herstellung
- Automatische Begrenzungen
- Baugruppe - Bonuswerkzeuge
- BIM-Austausch
- BIM-Vereinfachen
- Gestell-Generator
- iCopy
- iLogic
- Inhaltscenter
- Inventor Studio
- Konstruktions-Assistent
- Simulation: Belastungsanalyse
- Simulation: Dynamische Simulation
- Simulation: Gestellanalyse

HINWEIS: Je nach Programversion (Inventor® 2018 oder Inventor® Professional 2018) können einige der Module unter Umständen nicht verwendet werden. Bitte beachten Sie, dass eine generelle Aktivierung aller Module die Leistungsfähigkeit Ihres PCs negativ beeinträchtigen kann.

4.4 Anwendungsoptionen (empfohlene Einstellungen)

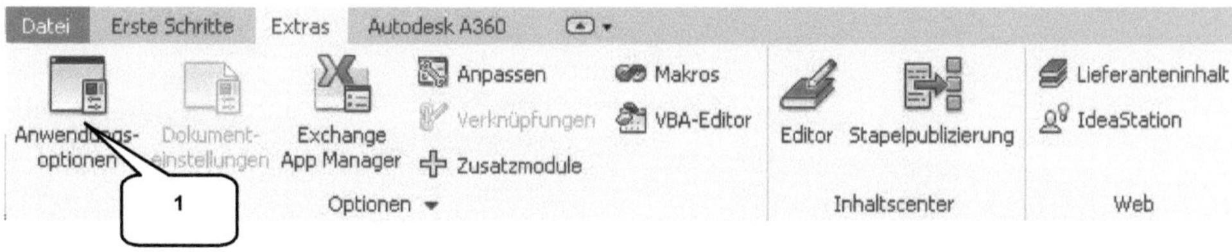

Mit dem Befehl **Anwendungsoptionen** (1) werden die Grundeinstellungen des Programms festgelegt. Er sollte jetzt geöffnet und die folgenden Einstellungen kontrolliert werden:

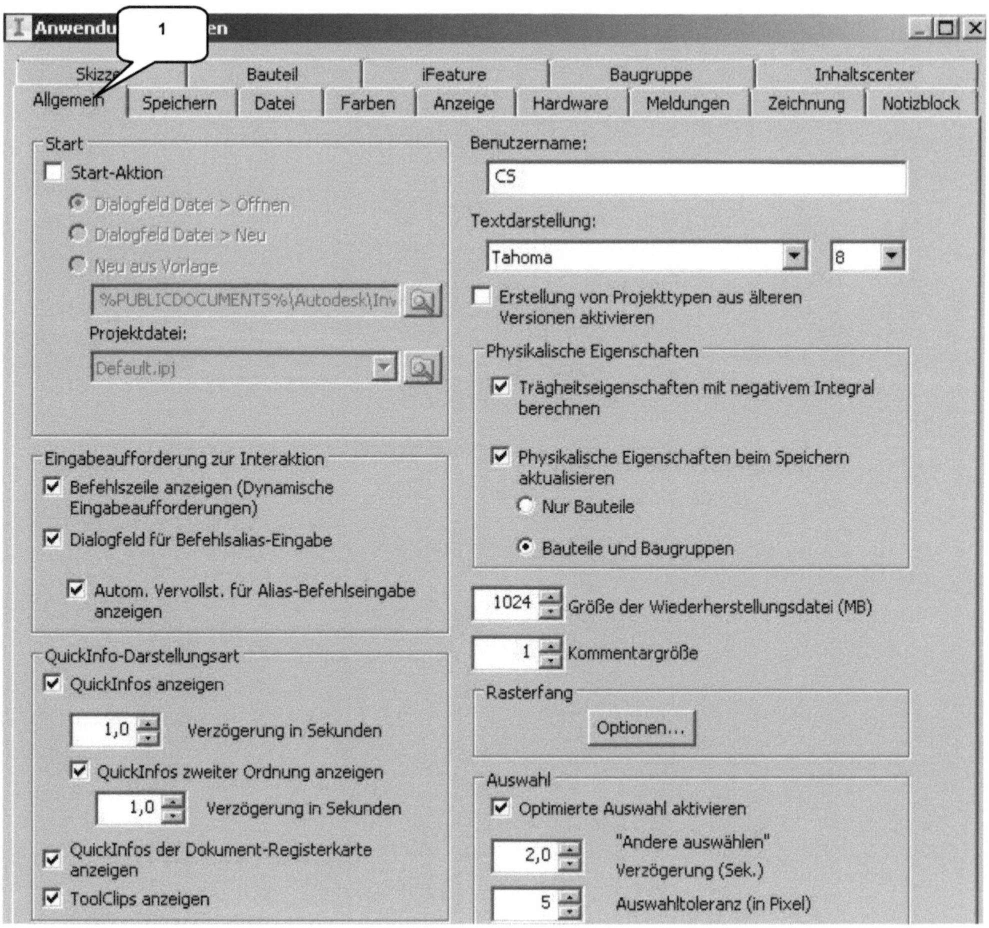

- Anwendungsoptionen (empfohlene Einstellungen) -

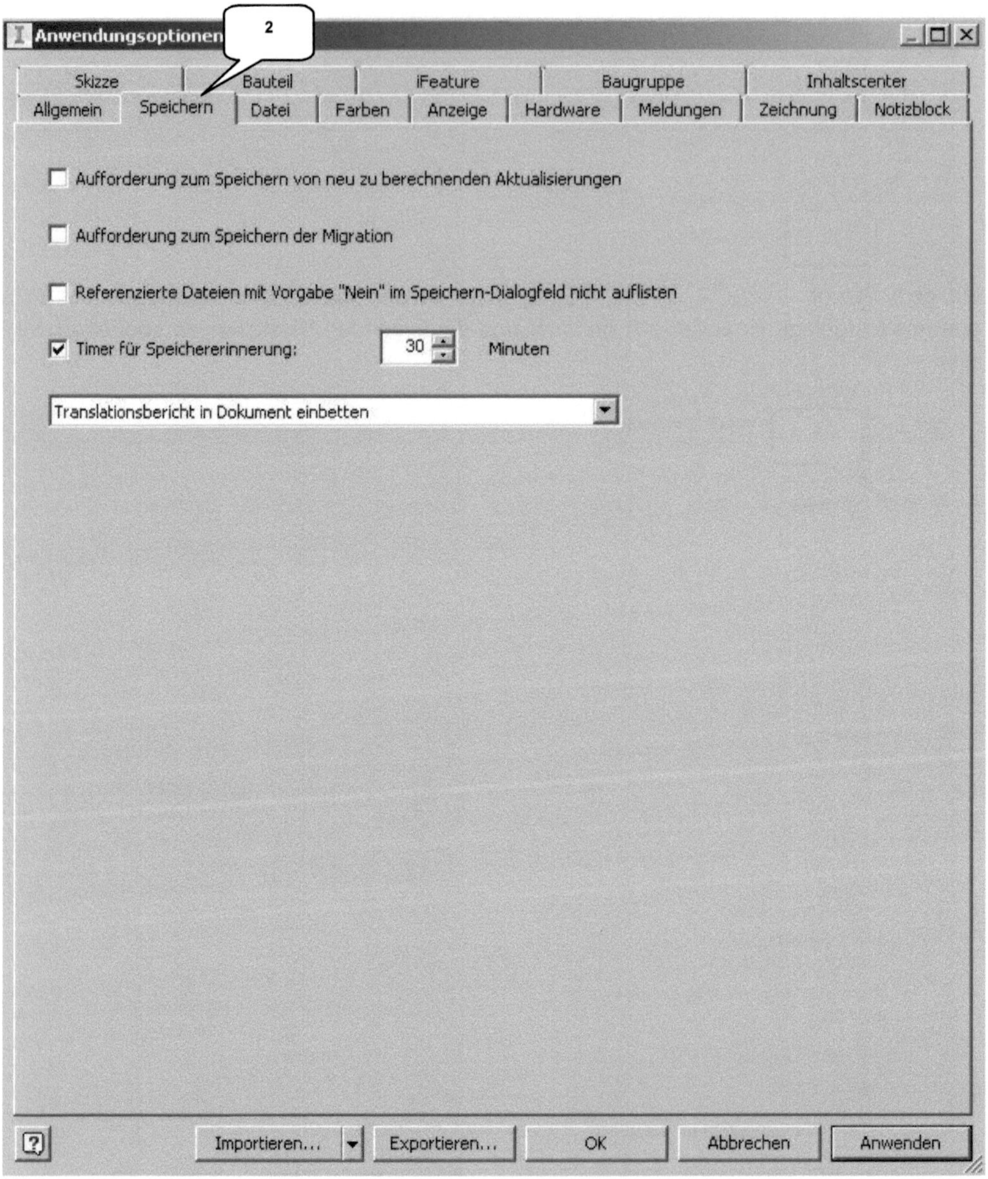

- Anwendungsoptionen (empfohlene Einstellungen) -

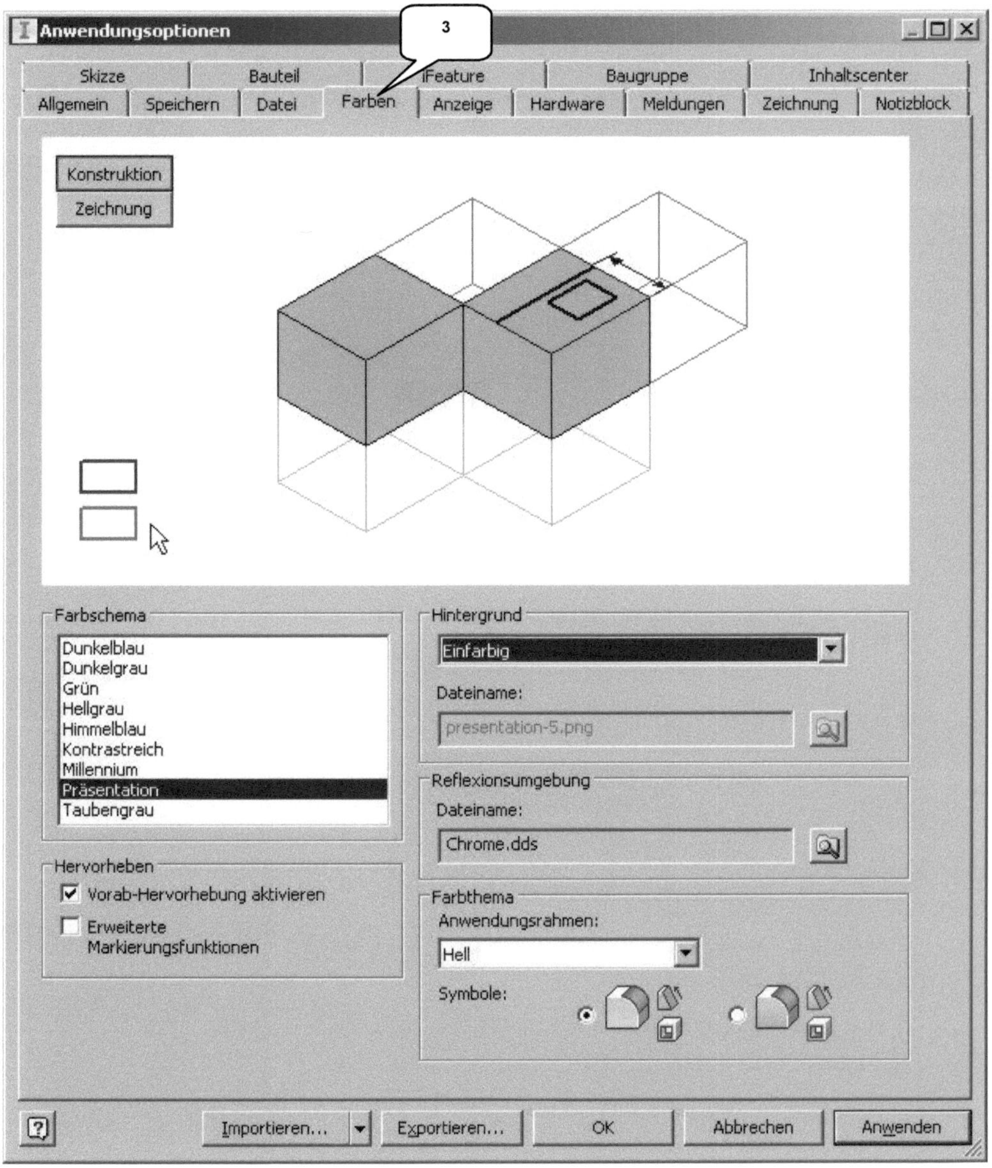

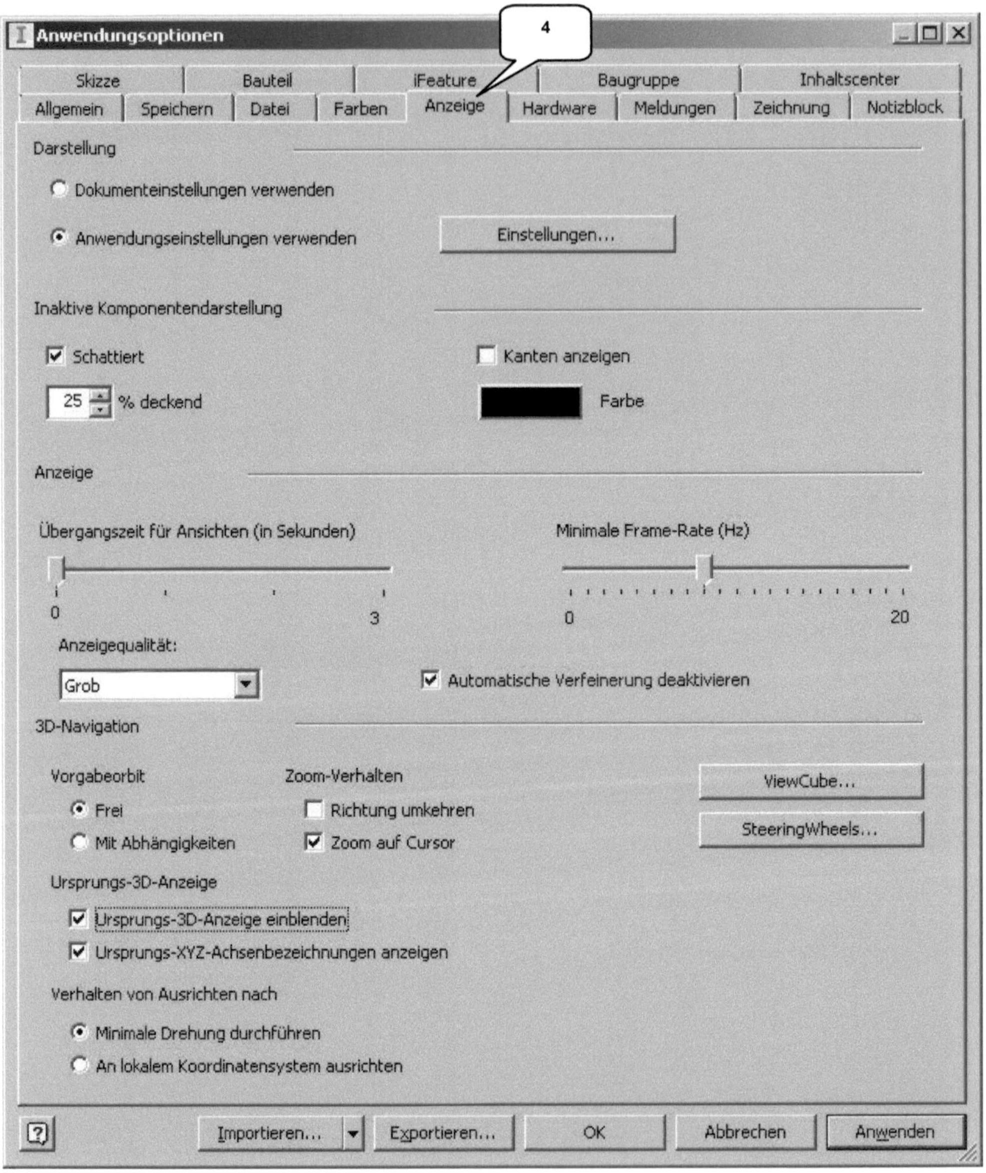
4
Anwendungsoptionen
Skizze
Bauteil
iFeature
Baugruppe
Inhaltscenter
Allgemein
Speichern
Datei
Farben
Anzeige
Hardware
Meldungen
Zeichnung
Notizblock
Darstellung
Dokumenteinstellungen verwenden
Anwendungseinstellungen verwenden
Einstellungen...
Inaktive Komponentendarstellung
Schattiert
Kanten anzeigen
25
% deckend
Farbe
Anzeige
Übergangszeit für Ansichten (in Sekunden)
Minimale Frame-Rate (Hz)
0
3
0
20
Anzeigequalität:
Grob
Automatische Verfeinerung deaktivieren
3D-Navigation
Vorgabeorbit
Frei
Mit Abhängigkeiten
Zoom-Verhalten
Richtung umkehren
Zoom auf Cursor
ViewCube...
SteeringWheels...
Ursprungs-3D-Anzeige
Ursprungs-3D-Anzeige einblenden
Ursprungs-XYZ-Achsenbezeichnungen anzeigen
Verhalten von Ausrichten nach
Minimale Drehung durchführen
An lokalem Koordinatensystem ausrichten
Importieren...
Exportieren...
OK
Abbrechen
Anwenden

- Anwendungsoptionen (empfohlene Einstellungen) -

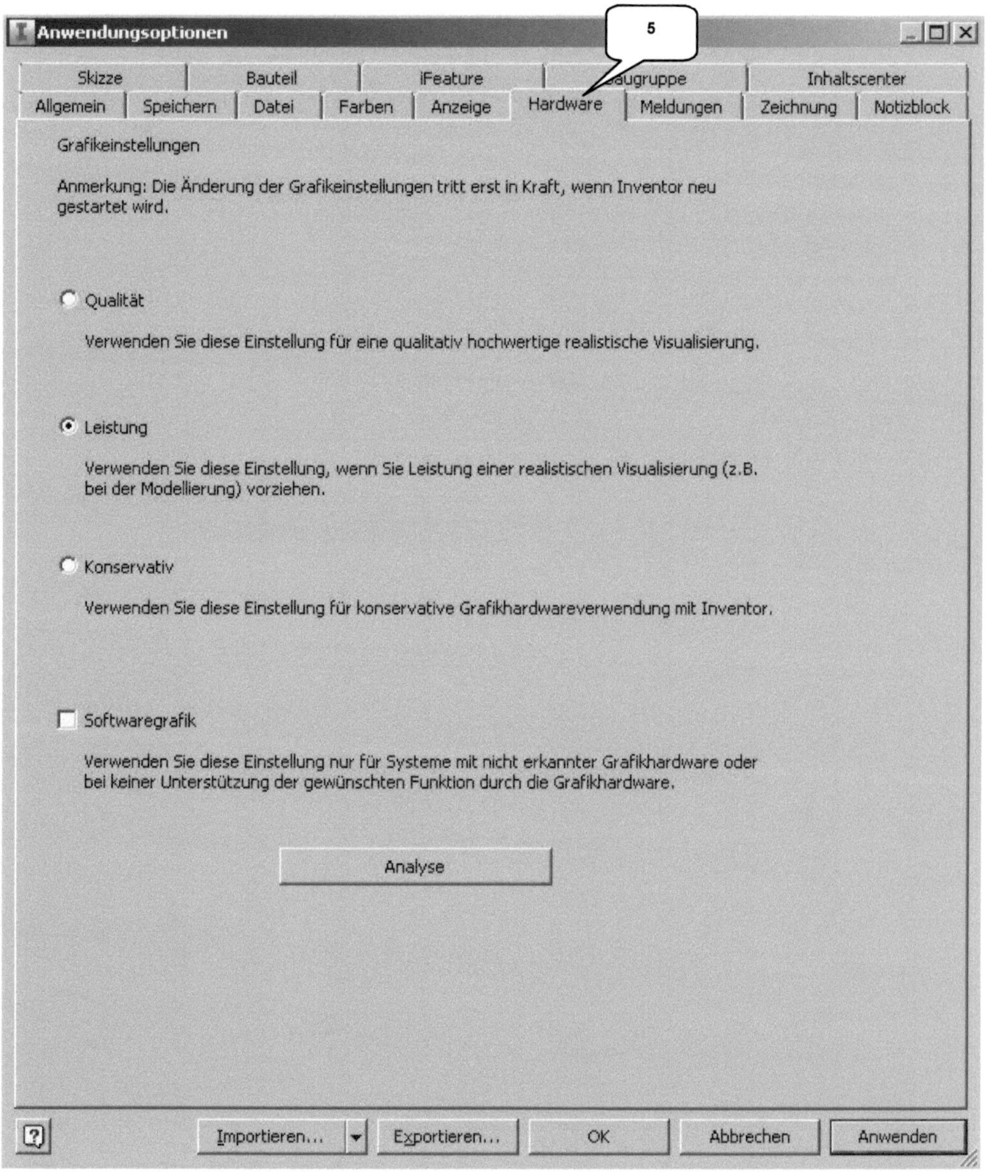

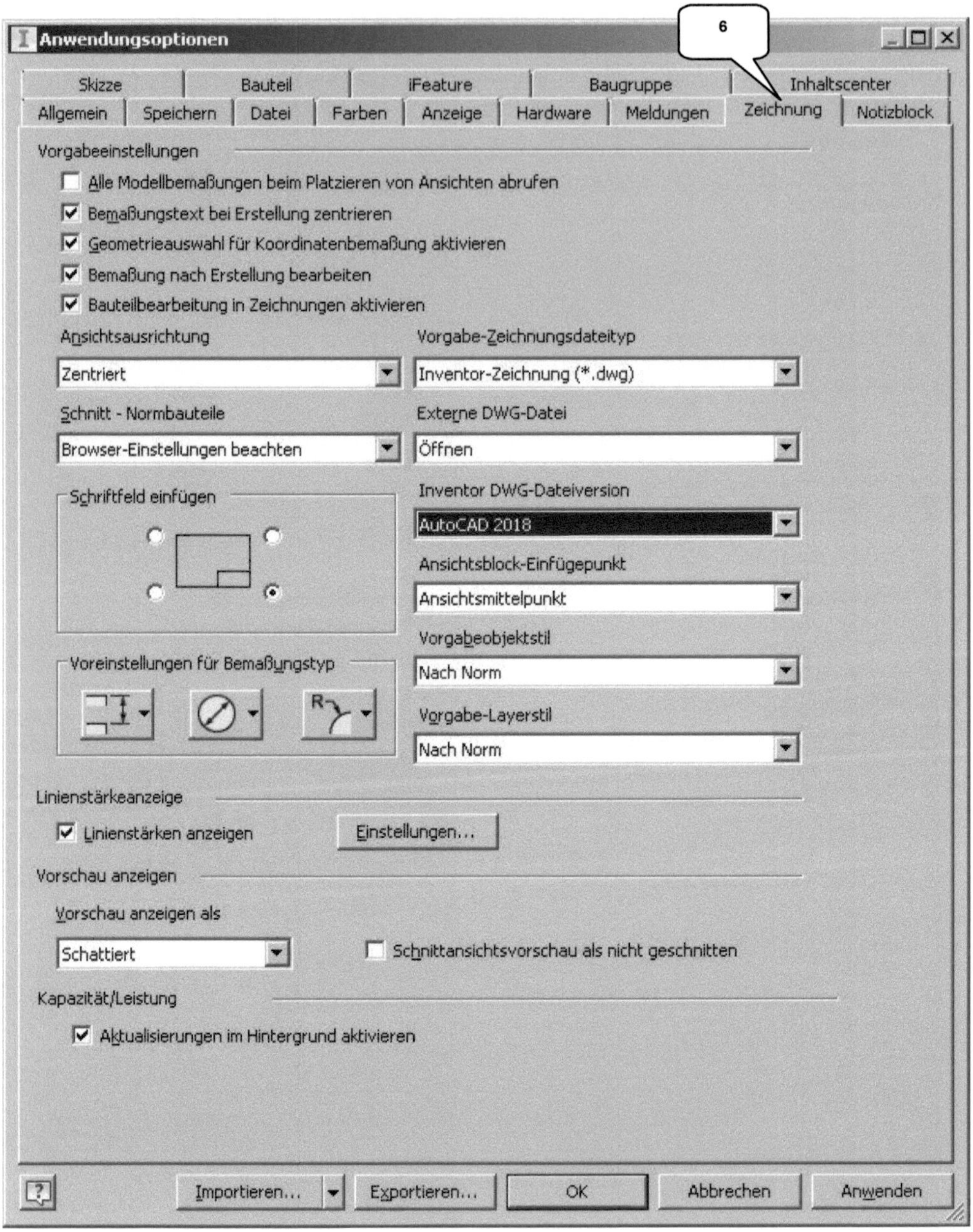
6
Anwendungsoptionen
Skizze
Bauteil
iFeature
Baugruppe
Inhaltscenter
Allgemein
Speichern
Datei
Farben
Anzeige
Hardware
Meldungen
Zeichnung
Notizblock
Vorgabeeinstellungen
Alle Modellbemaßungen beim Platzieren von Ansichten abrufen
Bemaßungstext bei Erstellung zentrieren
Geometrieauswahl für Koordinatenbemaßung aktivieren
Bemaßung nach Erstellung bearbeiten
Bauteilbearbeitung in Zeichnungen aktivieren
Ansichtsausrichtung
Zentriert
Vorgabe-Zeichnungsdateityp
Inventor-Zeichnung (*.dwg)
Schnitt - Normbauteile
Browser-Einstellungen beachten
Externe DWG-Datei
Öffnen
Schriftfeld einfügen
Inventor DWG-Dateiversion
AutoCAD 2018
Ansichtsblock-Einfügepunkt
Ansichtsmittelpunkt
Vorgabeobjektstil
Nach Norm
Voreinstellungen für Bemaßungstyp
Vorgabe-Layerstil
Nach Norm
Linienstärkeanzeige
Linienstärken anzeigen
Einstellungen...
Vorschau anzeigen
Vorschau anzeigen als
Schattiert
Schnittansichtsvorschau als nicht geschnitten
Kapazität/Leistung
Aktualisierungen im Hintergrund aktivieren
Importieren...
Exportieren...
OK
Abbrechen
Anwenden

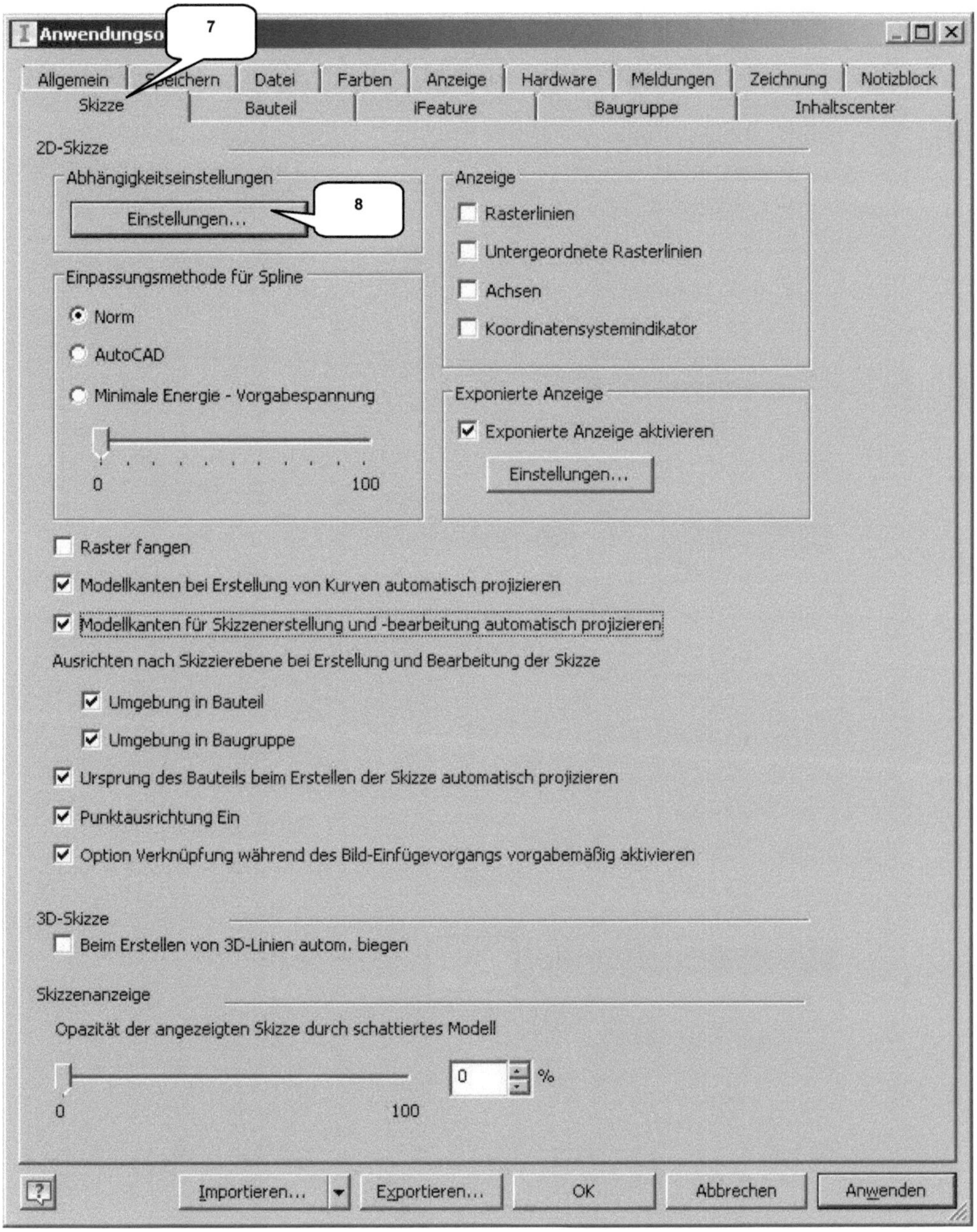
Anwendungso
7
Allgemein
Speichern
Datei
Farben
Anzeige
Hardware
Meldungen
Zeichnung
Notizblock
Skizze
Bauteil
iFeature
Baugruppe
Inhaltscenter
2D-Skizze
Abhängigkeitseinstellungen
Einstellungen...
8
Einpassungsmethode für Spline
Norm
AutoCAD
Minimale Energie - Vorgabespannung
0
100
Anzeige
Rasterlinien
Untergeordnete Rasterlinien
Achsen
Koordinatensystemindikator
Exponierte Anzeige
Exponierte Anzeige aktivieren
Einstellungen...
Raster fangen
Modellkanten bei Erstellung von Kurven automatisch projizieren
Modellkanten für Skizzenerstellung und -bearbeitung automatisch projizieren
Ausrichten nach Skizzierebene bei Erstellung und Bearbeitung der Skizze
Umgebung in Bauteil
Umgebung in Baugruppe
Ursprung des Bauteils beim Erstellen der Skizze automatisch projizieren
Punktausrichtung Ein
Option Verknüpfung während des Bild-Einfügevorgangs vorgabemäßig aktivieren
3D-Skizze
Beim Erstellen von 3D-Linien autom. biegen
Skizzenanzeige
Opazität der angezeigten Skizze durch schattiertes Modell
0
%
0
100
Importieren...
Exportieren...
OK
Abbrechen
Anwenden

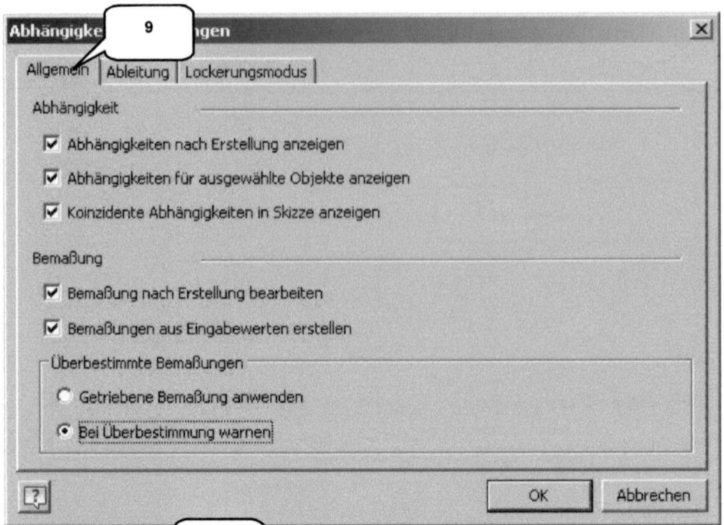
Abhängigke
9
ngen
Allgemein
Ableitung
Lockerungsmodus
Abhängigkeit
Abhängigkeiten nach Erstellung anzeigen
Abhängigkeiten für ausgewählte Objekte anzeigen
Koinzidente Abhängigkeiten in Skizze anzeigen
Bemaßung
Bemaßung nach Erstellung bearbeiten
Bemaßungen aus Eingabewerten erstellen
Überbestimmte Bemaßungen
Getriebene Bemaßung anwenden
Bei Überbestimmung warnen
OK
Abbrechen

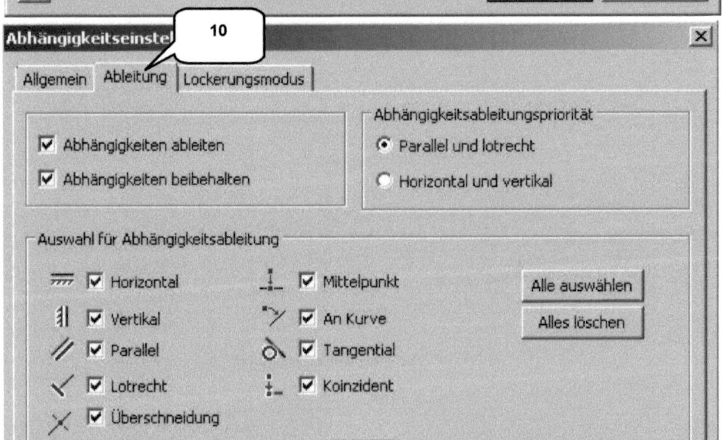
Abhängigkeitseinste
10
Allgemein
Ableitung
Lockerungsmodus
Abhängigkeiten ableiten
Abhängigkeiten beibehalten
Abhängigkeitsableitungspriorität
Parallel und lotrecht
Horizontal und vertikal
Auswahl für Abhängigkeitsableitung
Horizontal
Vertikal
Parallel
Lotrecht
Überschneidung
Mittelpunkt
An Kurve
Tangential
Koinzident
Alle auswählen
Alles löschen

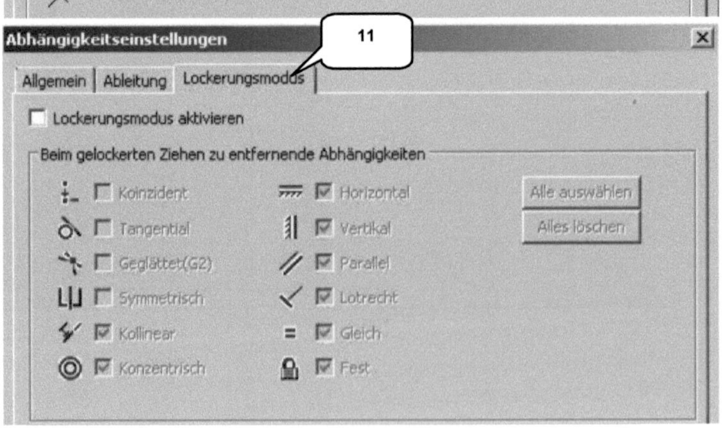
Abhängigkeitseinstellungen
11
Allgemein
Ableitung
Lockerungsmodus
Lockerungsmodus aktivieren
Beim gelockerten Ziehen zu entfernende Abhängigkeiten
Koinzident
Tangential
Geglättet(G2)
Symmetrisch
Kollinear
Konzentrisch
Horizontal
Vertikal
Parallel
Lotrecht
Gleich
Fest
Alle auswählen
Alles löschen

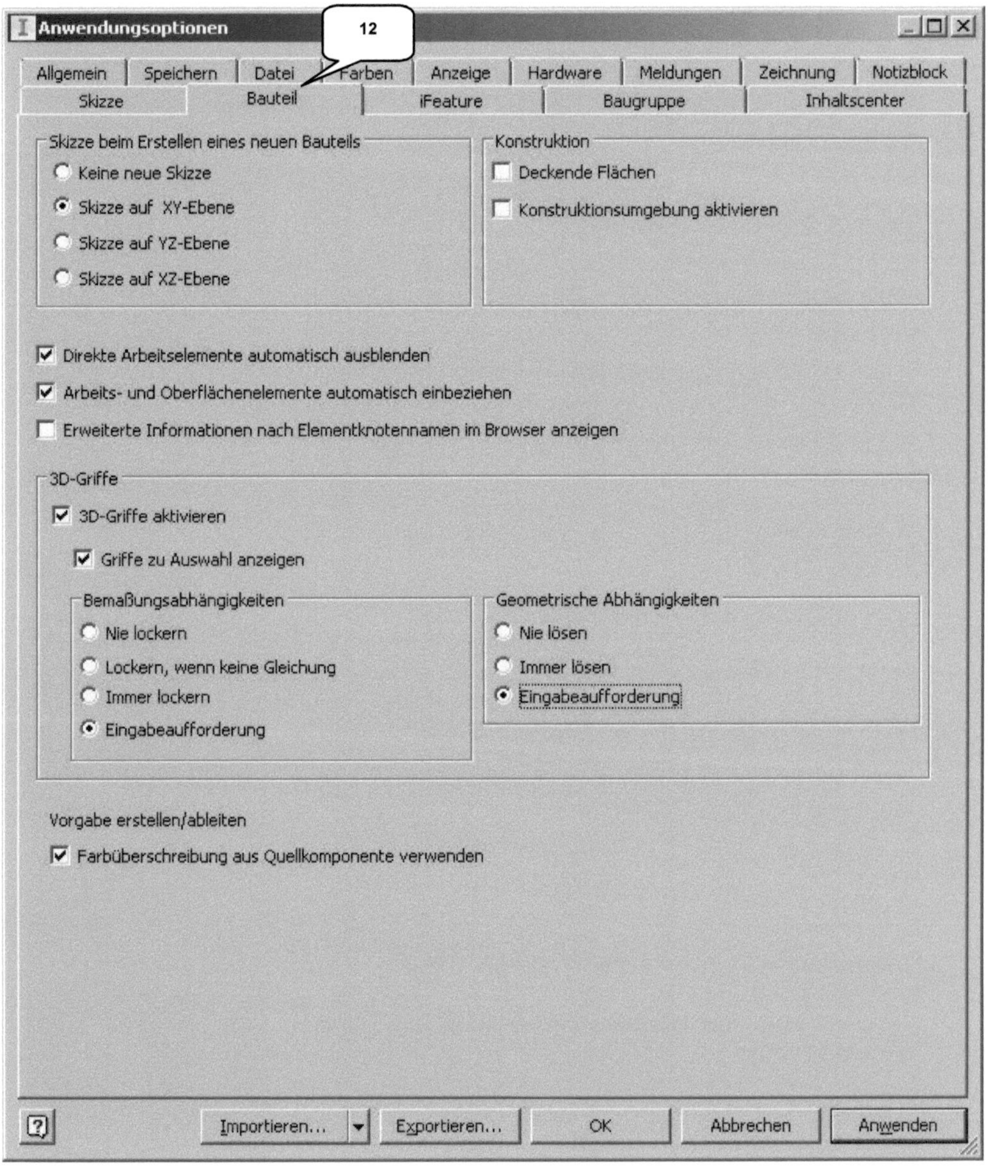
Anwendungsoptionen
12
Allgemein
Speichern
Datei
Farben
Anzeige
Hardware
Meldungen
Zeichnung
Notizblock
Skizze
Bauteil
iFeature
Baugruppe
Inhaltscenter
Skizze beim Erstellen eines neuen Bauteils
Keine neue Skizze
Skizze auf XY-Ebene
Skizze auf YZ-Ebene
Skizze auf XZ-Ebene
Konstruktion
Deckende Flächen
Konstruktionsumgebung aktivieren
Direkte Arbeitselemente automatisch ausblenden
Arbeits- und Oberflächenelemente automatisch einbeziehen
Erweiterte Informationen nach Elementknotennamen im Browser anzeigen
3D-Griffe
3D-Griffe aktivieren
Griffe zu Auswahl anzeigen
Bemaßungsabhängigkeiten
Nie lockern
Lockern, wenn keine Gleichung
Immer lockern
Eingabeaufforderung
Geometrische Abhängigkeiten
Nie lösen
Immer lösen
Eingabeaufforderung
Vorgabe erstellen/ableiten
Farbüberschreibung aus Quellkomponente verwenden
Importieren...
Exportieren...
OK
Abbrechen
Anwenden

- Anwendungsoptionen (empfohlene Einstellungen) -

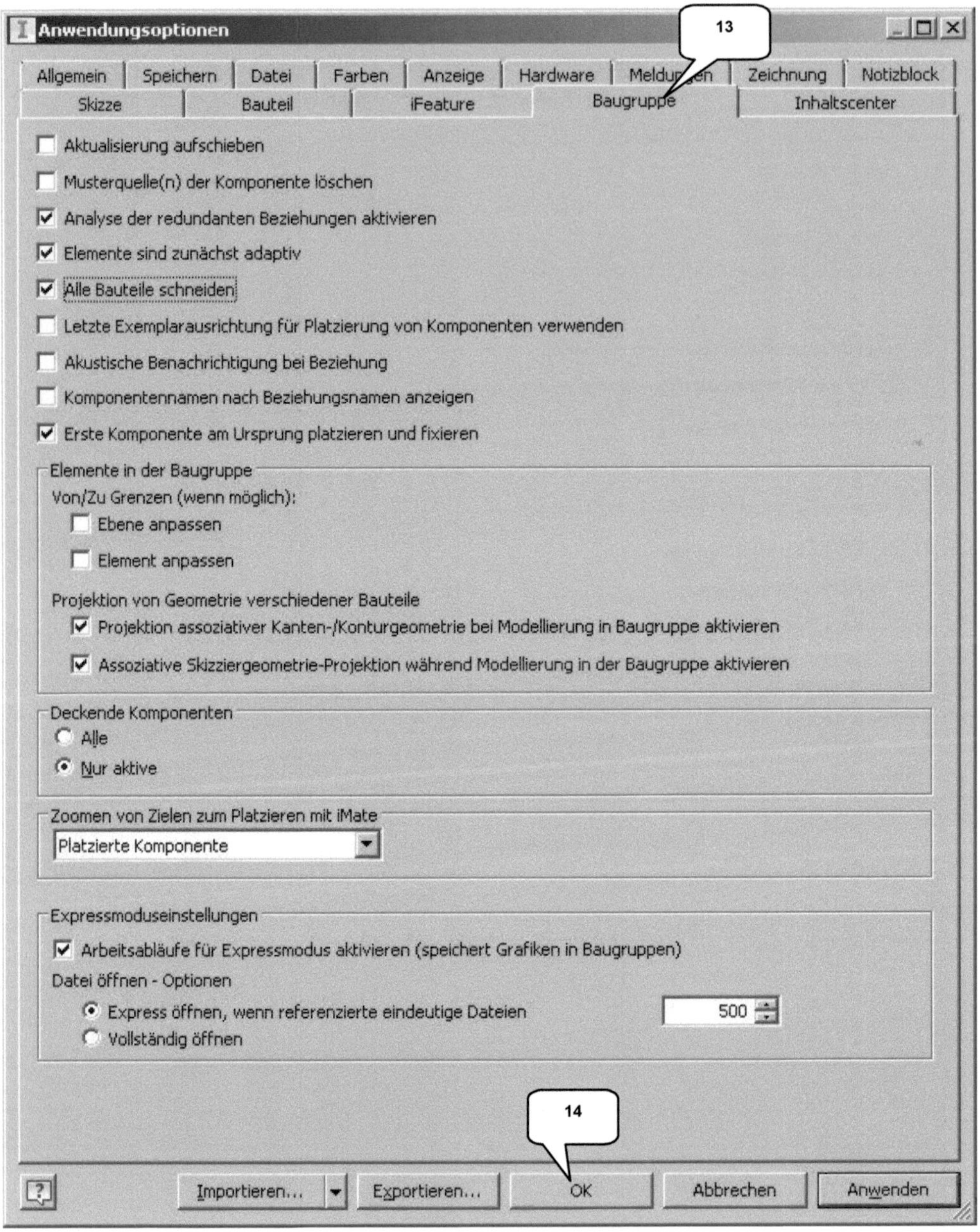

5 Aktivierung des Einzelbenutzerprojekts

Inventor® arbeitet grundsätzlich in Projekten, was die Koordination zusammenhängender Dateien und Einstellungen vereinfacht. Eine Projektdatei (*.ipj) sichert alle Informationen und Querverweise eines Projekts. Das ist wichtig, wenn später komplexe Baugruppen archiviert oder von einem PC auf einen anderen übertragen werden sollen.

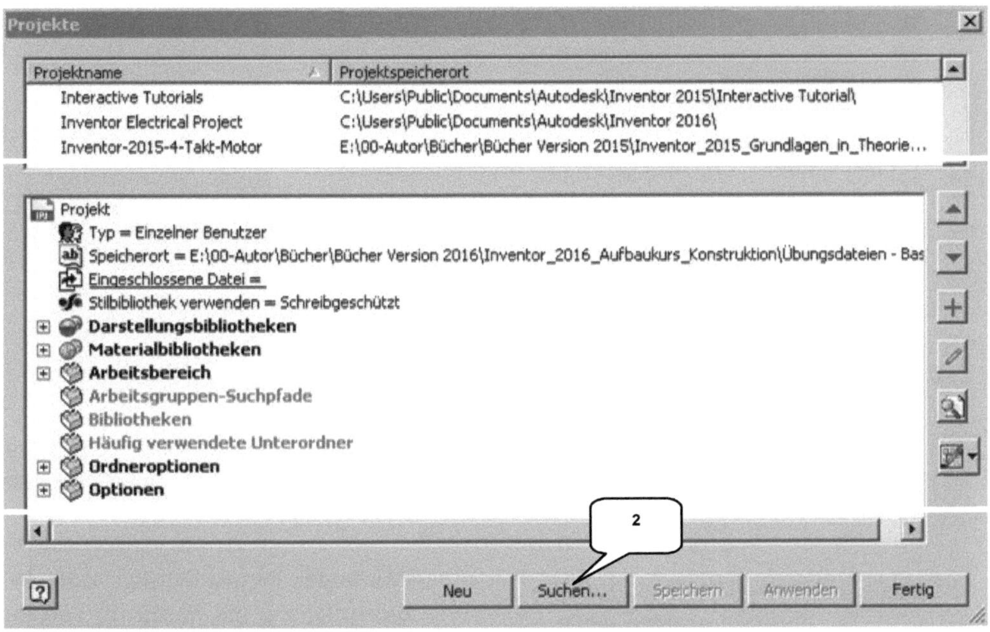

Starten Sie im Register ***Erste Schritte*** (Befehlsgruppe ***Starten***) den Befehl Projekte (1). Mit der Option ***Suchen*** (2) soll in Ihrem Projektordner die Projektdatei ***Übung-Konstruktion-2018.ipj*** (3) aktiviert werden, welche sich bereits bei den extrahierten Dateien befindet.

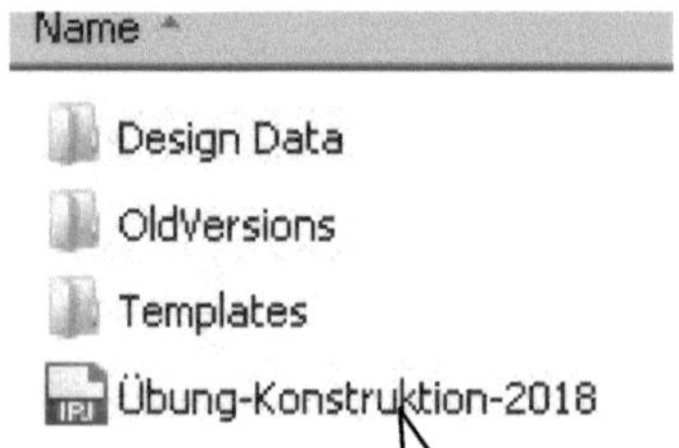

Das neue Projekt wird automatisch aktiviert, was durch ein kleines ✓ ***Häkchen*** in der entsprechenden Zeile des Projektfensters (4) signalisiert wird. Auch bei der späteren Arbeit mit dem Programm, sollte das jeweils aktive Projekt nach Programmstart stets kontrolliert werden.

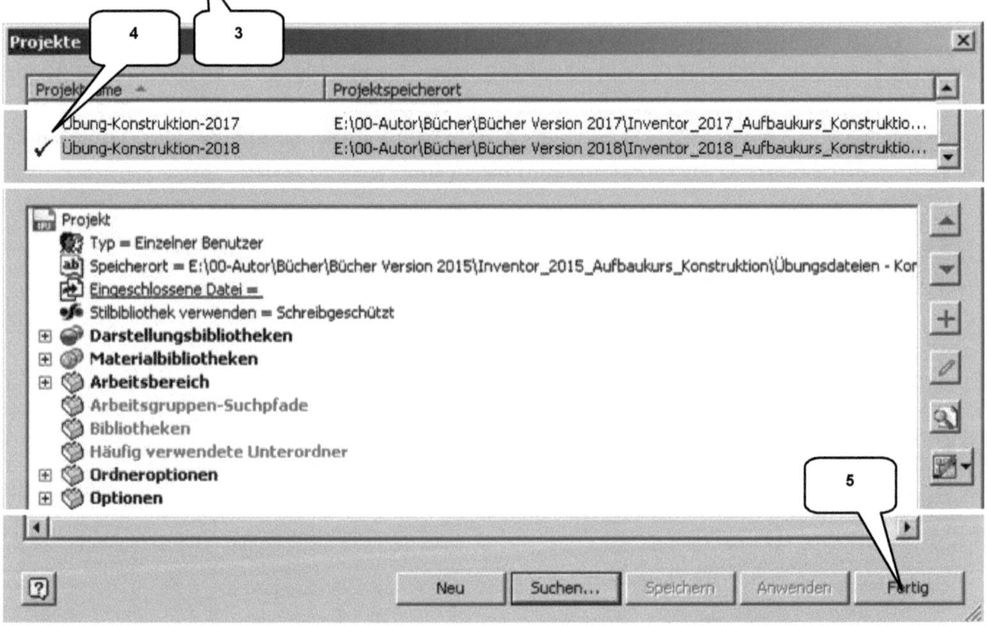

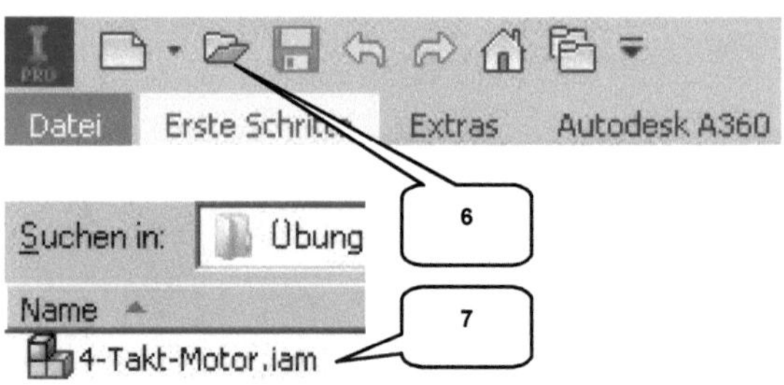

So kann vermieden werden, dass Dateien unbeabsichtigt einem anderen Projekt zugeordnet werden.

Wurde das Projekt aktiviert, kann das Befehlsfenster mit ***Fertig*** (5) beendet und die Baugruppe geöffnet werden.

Öffnen (6) Sie die vorhandene Baugruppe ***4-Takt-Motor.iam*** (7), welche sich bereits im Downloadordner befindet.

6 Komplettierung des Kurbeltriebs

6.1 Theoretische Grundlagen zum Zahnriemenantrieb

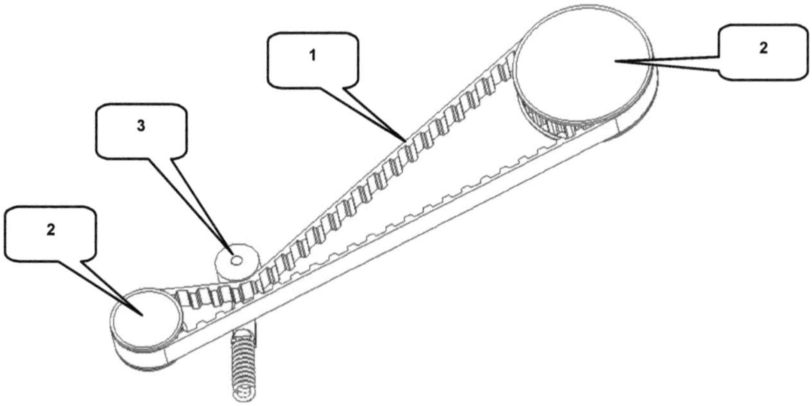

Die Nockenwelle eines 4-Takt-Motors wird durch die Kurbelwelle angetrieben, wobei die Kraftübertragung z. B. per Zahnriemen-, Ketten- oder Zahnradantrieb erfolgen kann. Zahnriemenantriebe kommen sehr häufig zum Einsatz, weil sie, bedingt durch ihren Aufbau (Gummigewebe mit innenliegenden Zugdrähten aus Metall), besonders geräuscharm während des Betriebs sind. Der hier verwendete Riemen (1) verbindet die Zahnräder beider Wellen (2) miteinander und wird mit einer zusätzlichen Spannrolle (3) versehen, welche ihn kontinuierlich spannen soll.

6.2 Konstruktion eines Zahnriemenantriebes

6.2.1 Befehlsgrundlagen ZAHNRIEMEN-GENERATOR

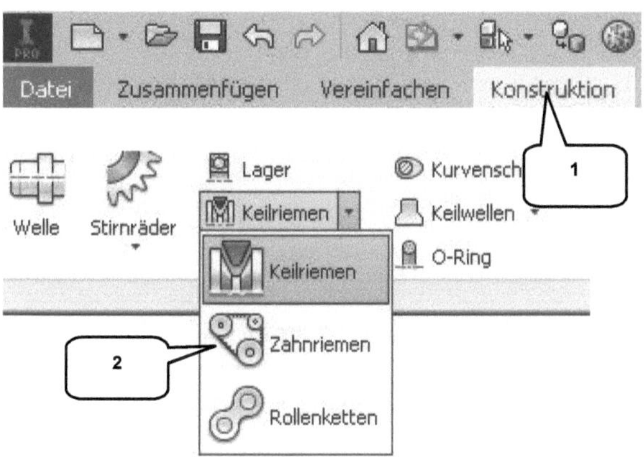

Im Register ***Konstruktion*** (1) finden Sie den **Zahnriemen-Generator** (2). Damit können Zahnriemenantriebe (bestehend aus Zahnriemen, Riemenscheiben und Spannrollen) berechnet und konstruiert werden. Sobald der Befehl gestartet wurde, öffnet sich das Befehlsfenster, worin die Einstellungen vorgenommen werden können.

Sie finden Sie eine Auswahl an Zahnriementypen, welche anhand ihrer Norm ausgewählt und bearbeitet werden können. Zahnriemenantriebe können entweder frei positioniert oder auf bereits vorhandene geometrische Elemente bezogen werden, wobei die Darstellung per Skizze, als Volumenkörper oder auch detailliert ausgeführt werden kann.

6.2.1.1 Register KONSTRUKTION

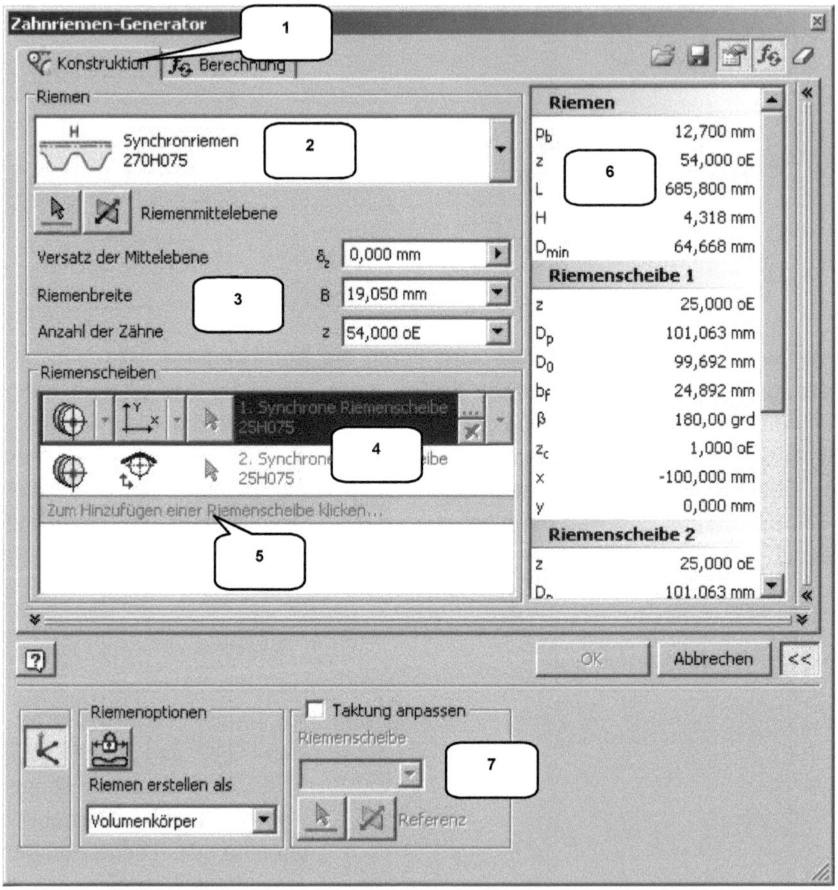

INHALT

Im Register ***Konstruktion*** kann ein Zahnriementyp aus dem Inhaltscenter ausgewählt und anschließend bearbeitet werden. Riemenscheiben und Spannrollen können ergänzt und bearbeitet werden. Die Konstellation kann als Vorlage exportiert werden, vorhandene Vorlagen können importiert werden.

OPTIONEN

1) Register: Konstruktion/ Berechnung
2) Riementyp auswählen
3) Riemenmittelebene, Versatz der Mittelebene, Riemenbreite und Anzahl der Zähne
4) Riemenscheiben/ Spannrollen bearbeiten
5) Riemenscheiben/ Spannrollen hinzufügen
6) Berechnungsergebnisse
7) Riementrieb als Skizze, Volumenkörper oder detailliert darstellen

6.2.1.2 Register BERECHNUNG

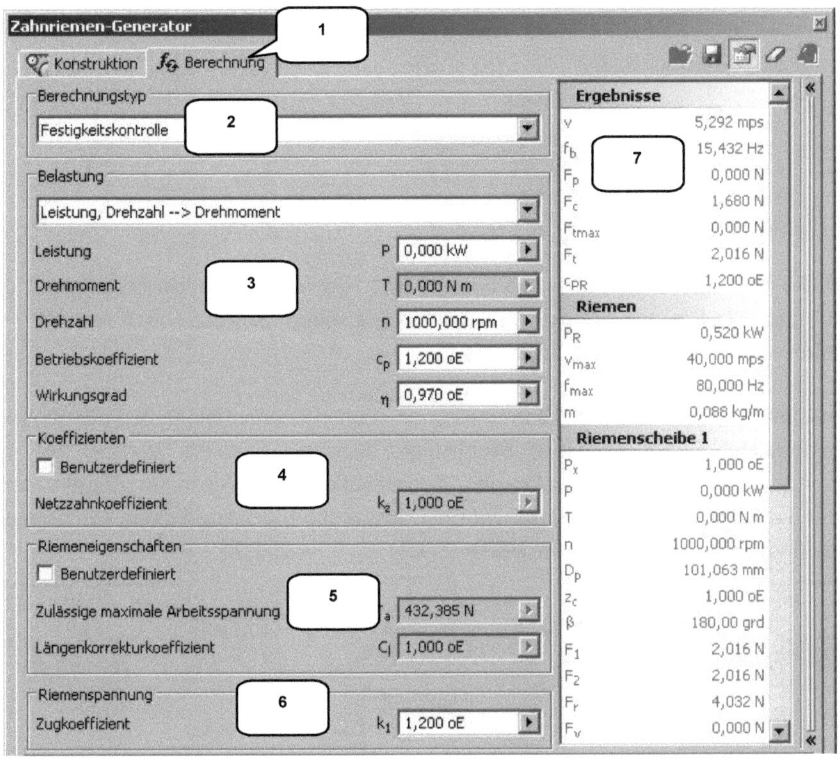

INHALT

Das Register ***Berechnung*** wird zur Berechnung des gesamten Riemensystems auf Belastung, Koeffizienten, Riemeneigenschaften und Riemenspannung verwendet.

1) Register: Konstruktion/ Berechnung
2) Berechnungstyp
3) Belastung
4) Koeffizienten
5) Riemeneigenschaften
6) Riemenspannung
7) Berechnungsergebnisse

6.2.2 Zahnriemenantrieb zwischen Nocken-und Kurbelwelle erzeugen

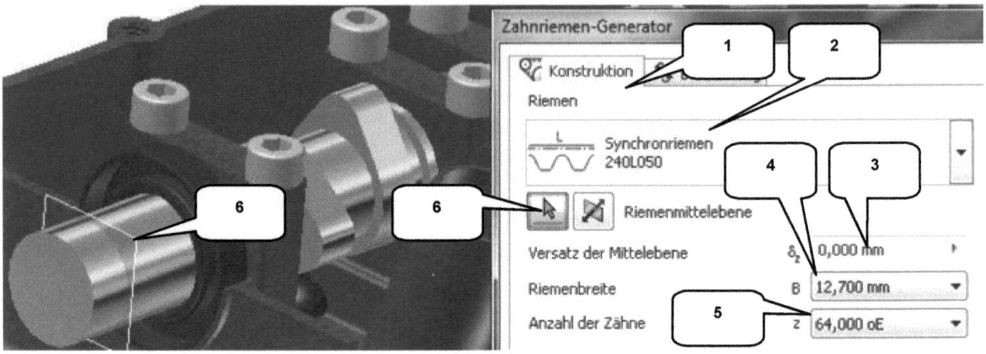

Wählen Sie im Register ***Konstruktion*** (1) den Riementyp ***Synchronriemen L*** aus (per Klick auf das ***Riemensymbol*** (2)), wählen Sie einen Versatz von ***0 mm*** (3) eine Riemenbreite von ***12,7 mm*** (4) und ***64*** Zähne (5).

Mit dem Zahnriemen-Generator können Riemen und Riemenscheiben auf bereits vorhandene geometrische Elemente einer Baugruppe bezogen platziert werden. Im aktuellen Übungsbeispiel sollen Nockenwelle und Kurbelwelle als Referenzen dienen. Im ersten Schritt ist die ***Referenzebene*** auszuwählen, wobei die markierte Ebene (6) zu verwenden ist (sie befindet sich auf der Nockenwelle).

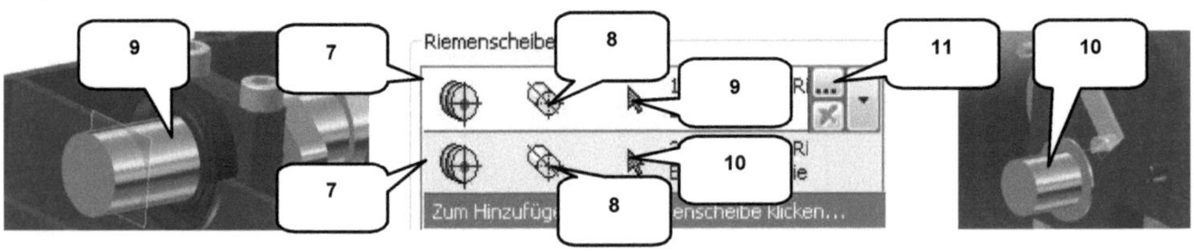

Anschließend können die Riemenscheiben referenziert werden. Im Auswahlfeld ***Riemenscheiben*** sollten bereits zwei Riemenscheiben voreingestellt sein. Achten Sie darauf, dass bei beiden die Optionen Komponente ***Komponente*** (7) und Feste Position ***Feste Position über ausgewählte Geometrie*** (8) aktiviert ist (die Einstellungen müssten ansonsten korrigiert werden).

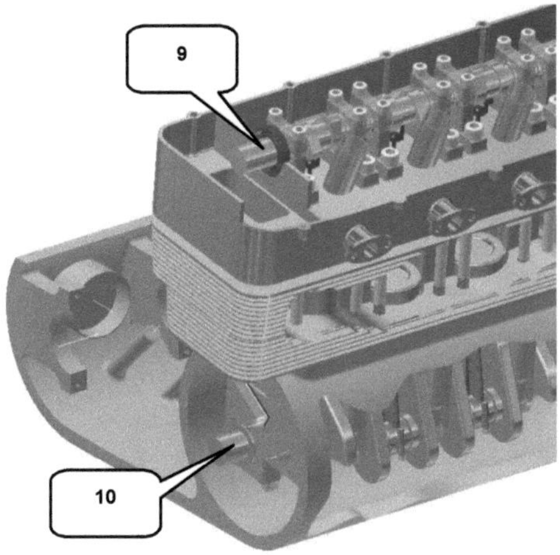

Weisen Sie der ersten Riemenscheibe die Mantelfläche der Nockenwelle (9) zu und der zweiten Riemenscheibe die Mantelfläche der Kurbelwelle (10).

HINWEIS: Sollte die Auswahl der Referenzen der Riemenscheiben nicht möglich sein (der ***Pfeil*** bleibt grau hinterlegt und lässt sich nicht aktivieren), so aktivieren Sie zuerst die Option ***Vorhanden***, wählen dann die Referenzen aus und kehren anschließend wieder zur Option ***Komponente*** zurück.

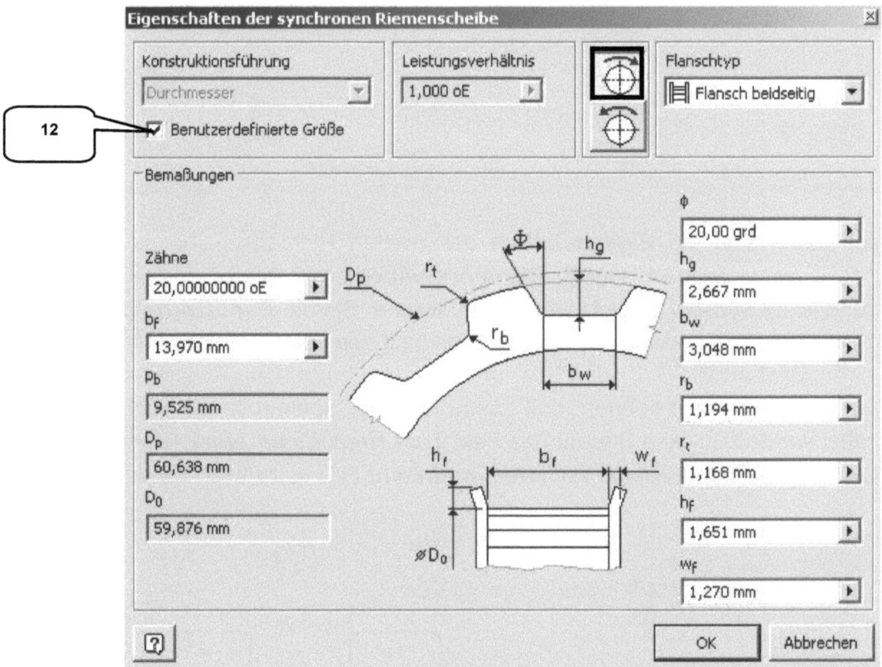

Klicken Sie auf die Zeile des ersten Riemenrades und öffnen Sie die ***Eigenschaften*** (11). Aktivieren Sie die ***Benutzerdefinierte Größe*** (12) und übernehmen Sie alle Einstellungen und Werte der oberen Abbildung. Beenden Sie den Befehl abschließend mit ***OK***.

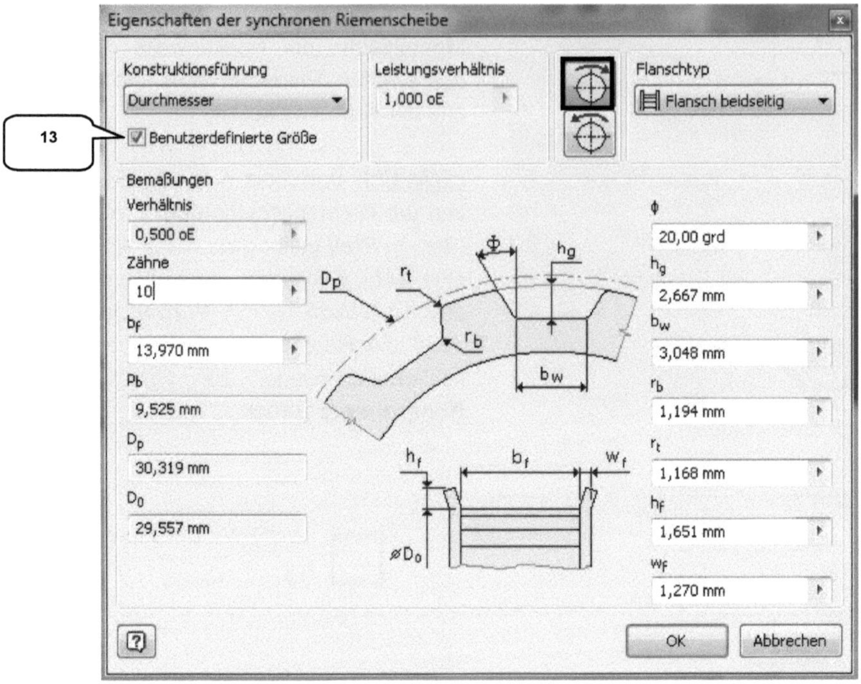

Im Anschluss daran sind die ***Eigenschaften*** der zweiten Riemenscheibe zu bearbeiten (hierfür muss die zweite Zeile im Bereich ***Riemenscheiben*** des Zahnriemen-Generators aktiviert und auf das ***Symbol*** geklickt werden). Aktivieren Sie die ***Benutzerdefinierte Größe*** (13) und übernehmen Sie die in der oberen Abbildung dargestellten Einstellungen.

Um den Riemen spannen zu können, soll zusätzlich eine Spannrolle als flache Riemenscheibe ergänzt werden. Klicken Sie auf das Feld ***Zum Hinzufügen einer Riemenscheibe klicken…*** (14) um die ***Flache Riemenscheibe (metrisch)*** (15) auswählen zu können.

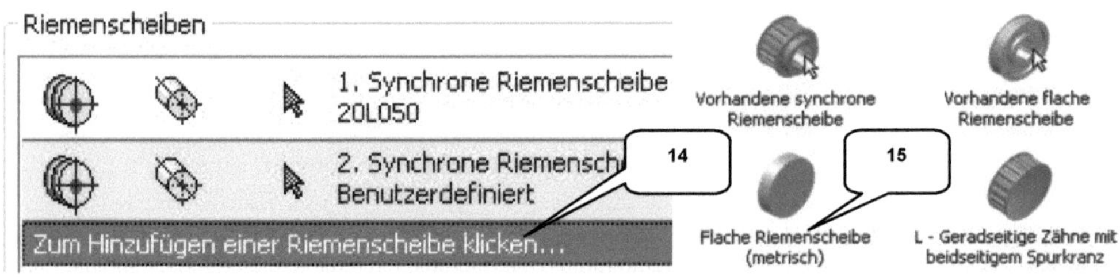

Aktivieren Sie in der neuen Zeile die Optionen Komponente ***Komponente*** (16) sowie ***Richtungsorientierte verschiebbare Position*** (17) und als ***Richtungsreferenz*** die Ebene (18) am Bauteil ***Führung-Spannrolle-Zahnriemen***.

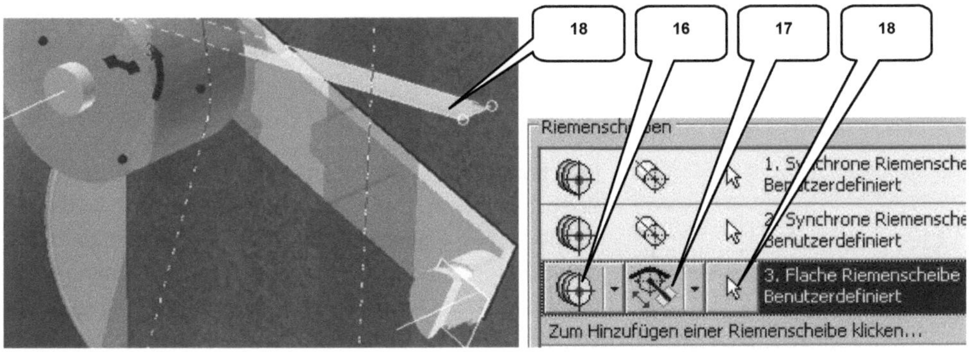

HINWEIS: Zahnriemenantriebe unterliegen festgelegten Berechnungsvorschriften. Um dem Programm zu ermöglichen, die Riemenlänge unter Beachtung aller Parameter korrekt errechnen zu können, ist es notwendig, eine der drei Riemenscheiben mit einem zusätzlichen Freiheitsgrad zu versehen. Dieser soll eine Korrektur des Längenausgleichs ermöglichen.

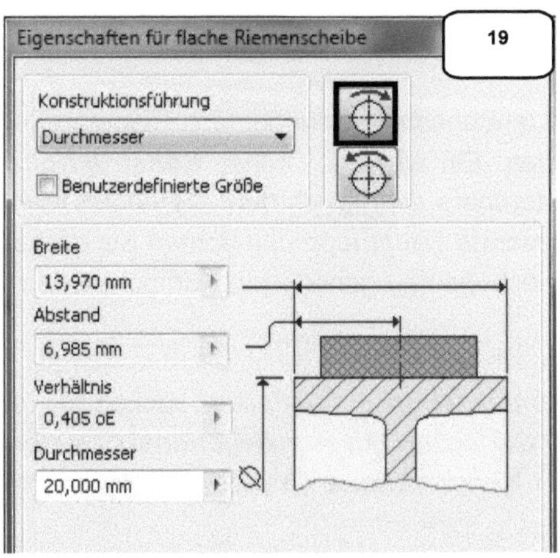

Die Option ***Richtungsorientierte verschiebbare Position*** gibt der Riemenscheibe die Möglichkeit, sich auf einer definierten Ebene frei bewegen zu können. Hierdurch kann die Position der Riemenscheibe auf der Ebene frei verschoben, die korrekte Zahnriemenlänge berechnet und der Zahnriemenantrieb erzeugt werden.

Öffnen Sie die ***Eigenschaften*** der flachen Riemenscheibe und übernehmen Sie die Einstellungen der nebenstehenden Abbildung (19).

Noch verläuft der Zahnriemen links neben der Spannrolle (20), was aufgrund der konstruktiven Eigenschaften des Zahnriemens (außen glatt, innen gezahnt) falsch wäre. Klicken Sie zur Korrektur auf den ***gebogenen Pfeil*** der Spannrolle (21). Anschließend sollte der Zahnriemen rechts neben der Spannrolle entlanggeführt werden (22).

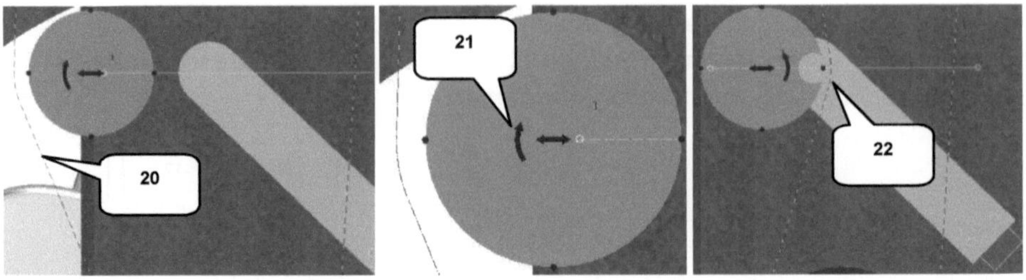

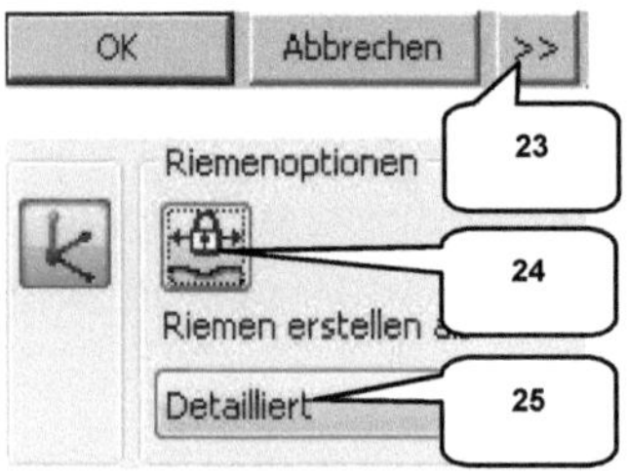

Das korrigierte Ergebnis ist in der oberen rechten Abbildung zu sehen. Der Riementrieb kann jetzt berechnet werden. >> ***Erweitern*** Sie das Befehlsfenster (23), deaktivieren Sie im unteren Bereich des Zahnriemen-Generators die ***Riemenlängensperre*** (24) und stellen Sie die Option ***Detailliert*** (25) ein. Wechseln Sie ins Register ***Berechnung***, beginnen Sie dort mit dem ***Berechnen*** und bestätigen Sie mit ***OK***.

HINWEIS: Sollte nach der Berechnung eine Fehlermeldung angezeigt werden, bestätigen Sie sie einfach. Leider reagiert das Programm auf kleine Abweichungen oft sehr sensibel, die Berechnung erfolgt allerdings trotzdem.

Die Abfrage nach dem Speicherort der neuen Komponenten (Zahnriemen, Riemenräder, Spannrolle) kann mit ***OK*** bestätigt werden. Ein weiterer Ordner ***Konstruktions-Assistent*** wird automatisch innerhalb des Projektordners erzeugt, in dem die neuen Komponenten gesichert werden. ***Speichern*** Sie die gesamte Baugruppe und achten Sie darauf, die Option ***Ja für alle*** zu aktivieren, um auch die neu generierten Komponenten zu speichern.

HINWEIS: Um eine Komponente des Registers ***Konstruktion*** zu bearbeiten, klicken Sie mit der ***rechten Maustaste*** darauf und wählen dann die Option ***Mit Konstruktions-Assistent bearbeiten***. Um es zu löschen, muss die Option ***Konstruktions-Assistent-Komponente löschen*** verwendet werden.

6.2.3 Befehlsgrundlagen ZUGFEDER-KOMPONENTEN-GENERATOR

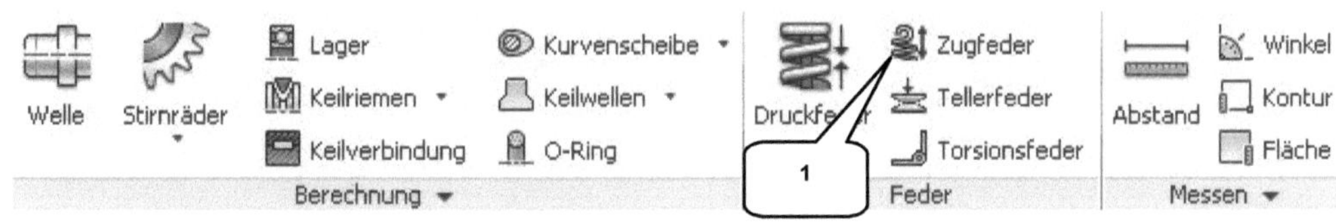

Der **Zugfeder-Komponenten-Generator** (1) dient zur Berechnung und zur Konstruktion von Zugfedern. Zugfedern können nicht bereits während der Konstruktionsphase auf vorhandene geometrische Elemente der Baugruppe bezogen werden, daher sind sie nach ihrer Erstellung manuell zu positionieren.

6.2.3.1 Register KONSTRUKTION

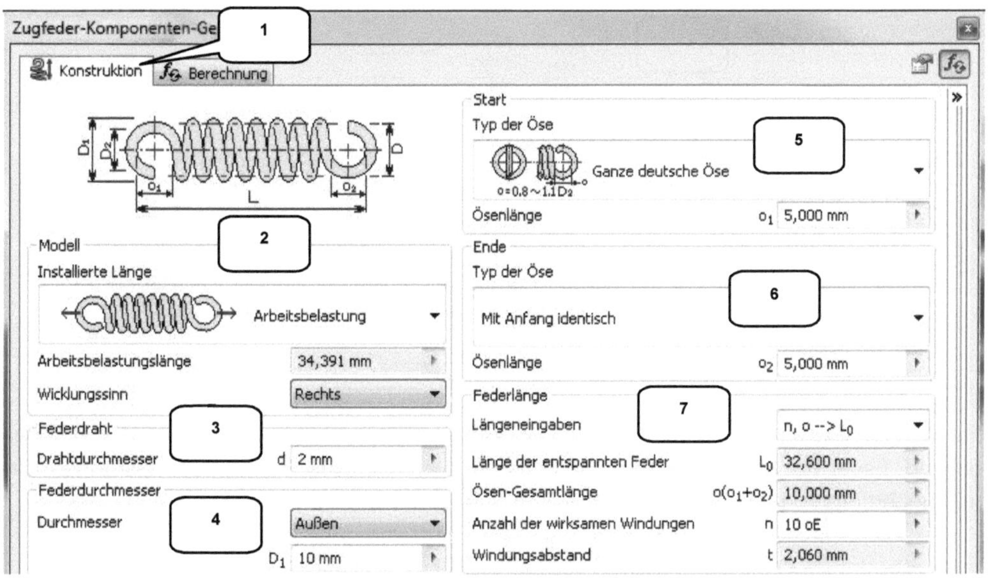

INHALT

Im Register ***Konstruktion*** können Federform, Drahtdurchmesser, Typ der Öse und Federlänge definiert werden.

OPTIONEN

1) Register: Konstruktion/ Berechnung
2) Darzustellende Belastung
3) Durchmesser Federdraht
4) Durchmesser Feder
5) Typ der ersten Öse
6) Typ der zweiten Öse
7) Federlänge

6.2.3.2 Register BERECHNUNG

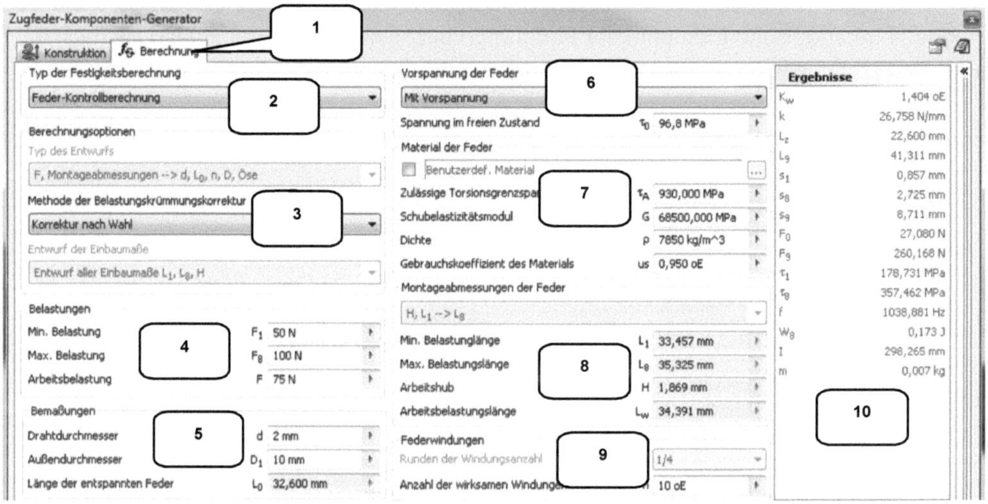

INHALT

Im Register ***Berechnung*** werden der Typ der Festigkeitsberechnung definiert (Zugfederentwurf, Feder-Kontrollberechnung, Berechnung der Arbeitskräfte), sowie Belastungen, Bemaßungen, Vorspannungen, Material, Windungen und Abmessungen festgelegt.

OPTIONEN

1) Register: Konstruktion/ Berechnung
2) Typ der Festigkeitsberechnung
3) Berechnungsoptionen
4) Belastungen
5) Bemaßungen
6) Vorspannung der Feder
7) Federmaterial
8) Montageabmessungen der Feder
9) Federwindungen
10) Berechnungsergebnisse

6.2.4 Spannrolle des Zahnriemens mit einer Zugfeder beaufschlagen

Weil der Zahnriemen im aktuellen Übungsbeispiel durch eine Spannrolle gespannt werden muss, um ein Springen des Zahnriemens über die Zähne der Zahnräder zu verhindern, ist diese Spannrolle zusätzlich mit einer Zugfeder zu beaufschlagen: Sie zieht die Spannrolle mit konstanter Kraft gegen den Riemen.

Übertragen Sie jetzt alle Werte und Einstellungen der folgenden beiden Abbildungen (1) und (2) in Ihr Befehlsfenster und starten Sie danach die Berechnung der Feder (3). Sie kann nach ihrer Fertigstellung einmal frei im Zeichenbereich abgelegt werden.

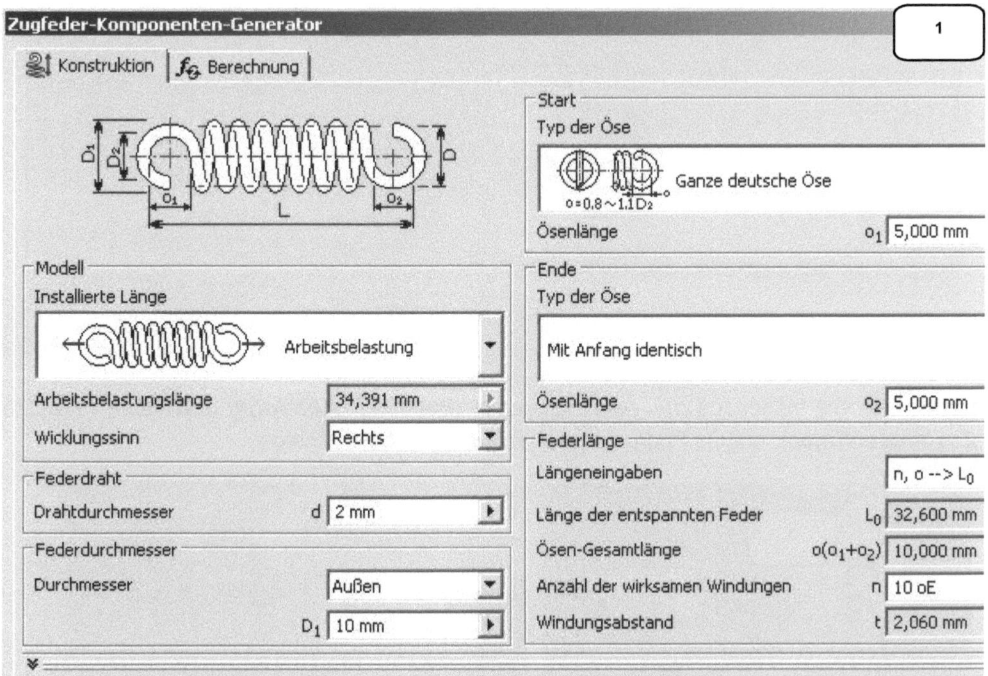

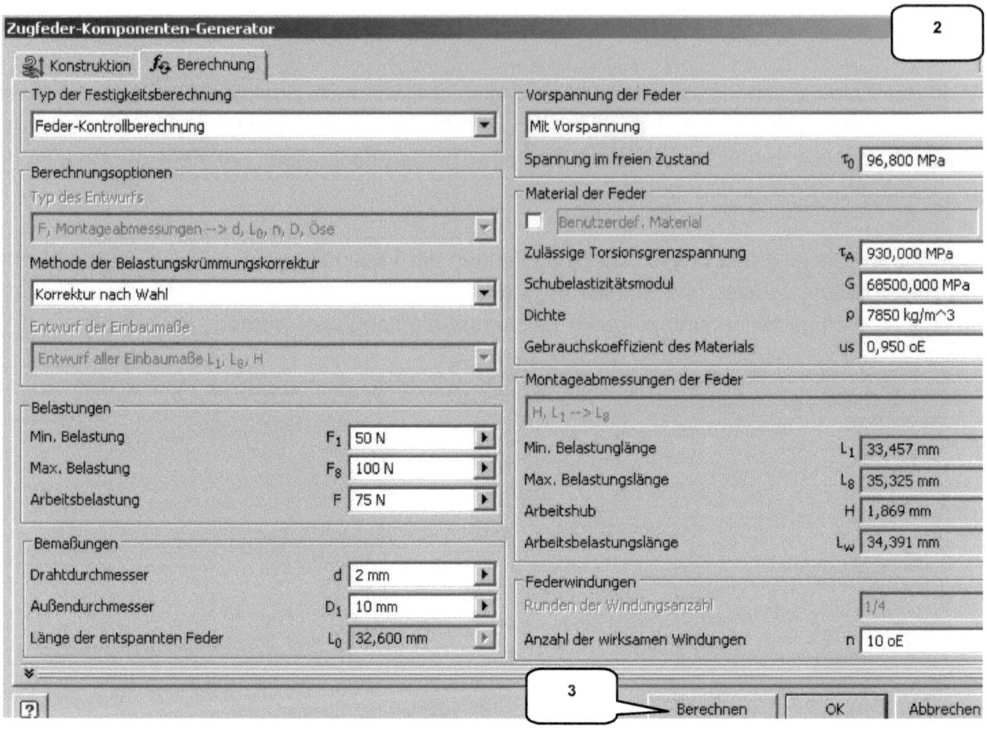

Verwenden Sie insgesamt drei Abhängigkeiten (Befehl ***Abhängig machen*** im Register ***Zusammenfügen***), um die Feder zu positionieren und auszurichten.

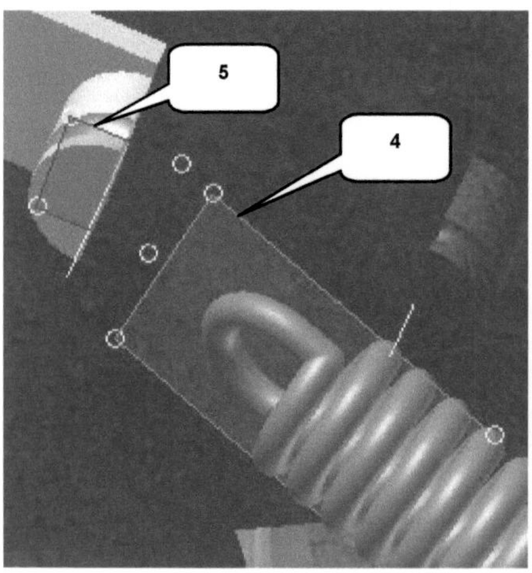

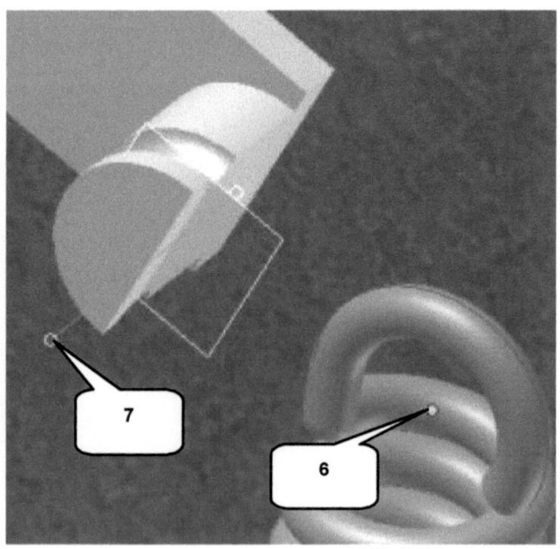

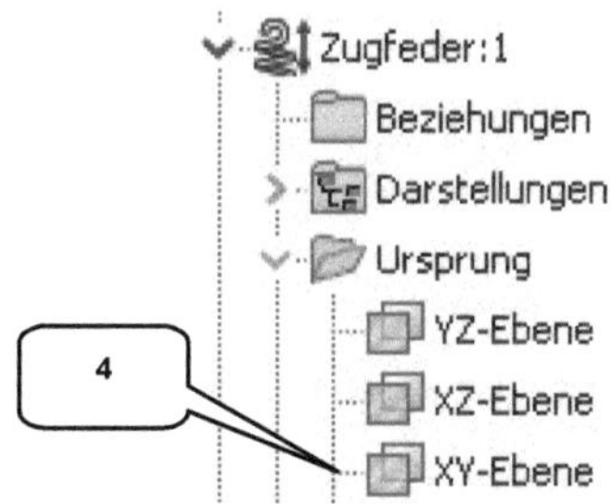

Verbinden Sie zuallererst die ***XY-Ebene*** der Zugfeder (4) mit der markierten ***Arbeitsebene*** des Bauteils ***Führung-Spannrolle-Zahnriemen*** (5). Danach sind die ***Mittelpunkte*** der Federösen (6) und (8) mit den markierten ***Achsen*** (7) und (9) zu verbinden (Bild (10) zeigt die Feder in ihrer Zielposition). ***Speichern*** Sie die gesamte Baugruppe im Anschluss daran und achten Sie darauf, im Befehlsfenster ***Speichern*** die Option Ja für alle ***Ja für alle*** zu aktivieren.

6.3 Konstruktion einer Druckfeder

6.3.1 Erzeugen einer geschnitten dargestellten Ansicht

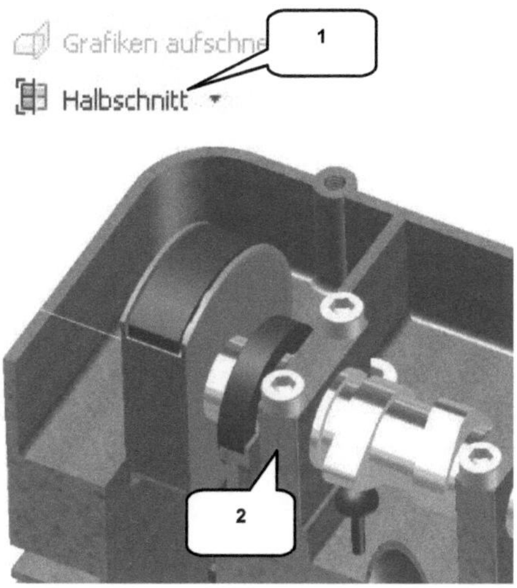

Weitere Federn sind zwischen den Ventilen und dem Zylinderkopf zu erzeugen. Weil sie die Ventile konstant gegen die Nockenwelle drücken sollen, sind diesmal Druckfedern zu verwenden. Zur besseren Ansicht während der Montage ist die Baugruppe geschnitten darzustellen. Wechseln Sie hierfür ins Register ***Ansicht***, starten Sie den Befehl ***Halbschnitt*** (1) in der Befehlsgruppe ***Darstellung*** und wählen Sie die markierte Seitenfläche (2) des Nockenwellenhalters. Bestätigen Sie die Auswahl mit ***OK*** und kehren Sie ins Register ***Konstruktion*** zurück.

6.3.2 Befehlsgrundlagen DRUCKFEDER-GENERATOR

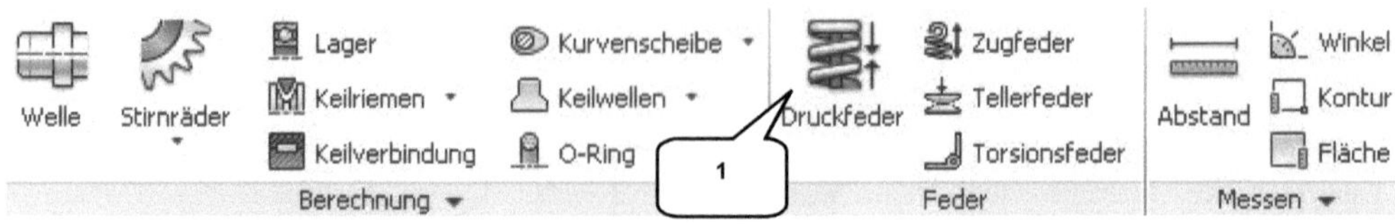

Der **Druckfeder-Generator** (1) berechnet und konstruiert Druckfedern, wobei diese bereits während des Befehls auf vorhandene geometrische Elemente der Baugruppe platziert werden können.

6.3.2.1 Register KONSTRUKTION

INHALT

Im Register ***Konstruktion*** kann die Druckfeder definiert und auf vorhandene geometrische Referenzen der Baugruppe bezogen werden. Weiterhin sind die physikalischen Eigenschaften, wie Federanfang, -ende, -länge und -durchmesser auszuwählen.

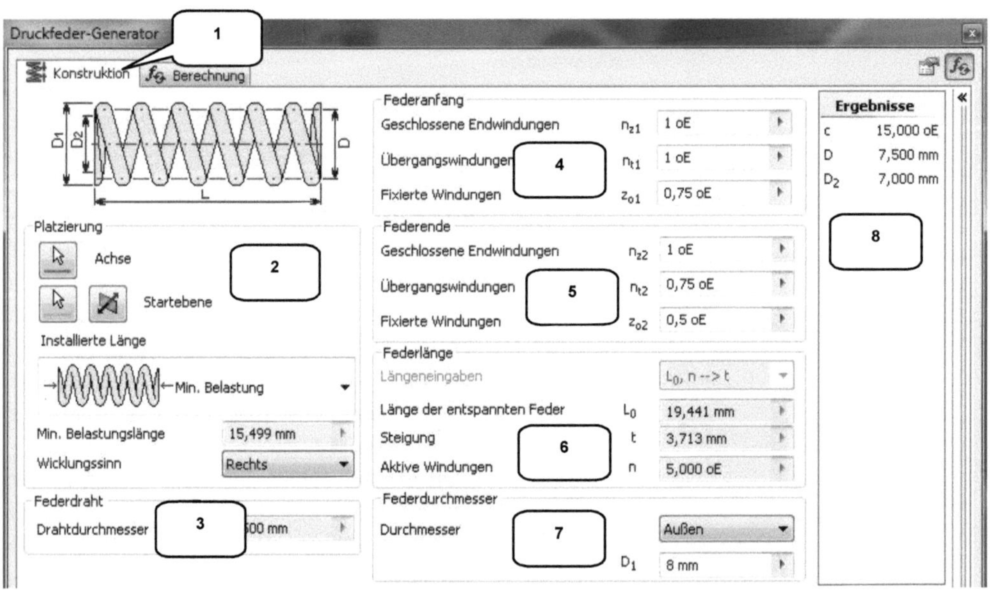

OPTIONEN

1) Register: Konstruktion/ Berechnung
2) Platzierung (Achse, Ebene), Federbelastung
3) Federdrahtdurchmesser
4) Federanfang
5) Federende
6) Federlänge
7) Federdurchmesser
8) Berechnungsergebnisse

6.3.2.2 *Register BERECHNUNG*

INHALT

Im Register ***Berechnung*** werden Berechnungstyp, Berechnungsoptionen, Federmaterial und Federbelastung definiert.

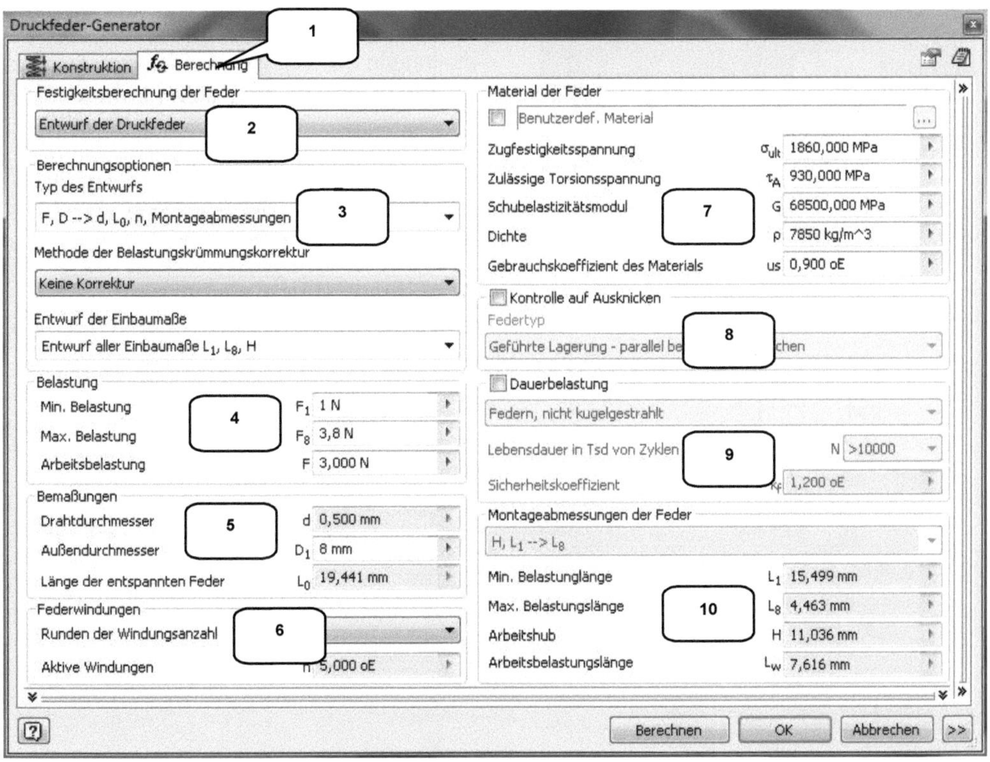

OPTIONEN

1) Register: Konstruktion/ Berechnung
2) Berechnungstyp
3) Berechnungsoptionen
4) Belastung
5) Bemaßungen
6) Windungen
7) Federmaterial
8) Kontrolle auf Ausknicken
9) Dauerbelastung
10) Montageabmessungen der Feder

6.3.3 Druckfeder zwischen Ventil und Zylinderkopf erzeugen

Im Register ***Konstruktion*** sollten zuerst die geometrischen Referenzen definiert werden: Als ***Achse*** ist dabei die Zylinderfläche des Ventils (1) und als ***Startebene*** die Oberfläche des Zylinderkopfes (2) auszuwählen. Weiterhin sind alle Werte und Einstellungen der folgend dargestellten Register ***Konstruktion*** (3) und ***Berechnung*** (4) zu übernehmen.

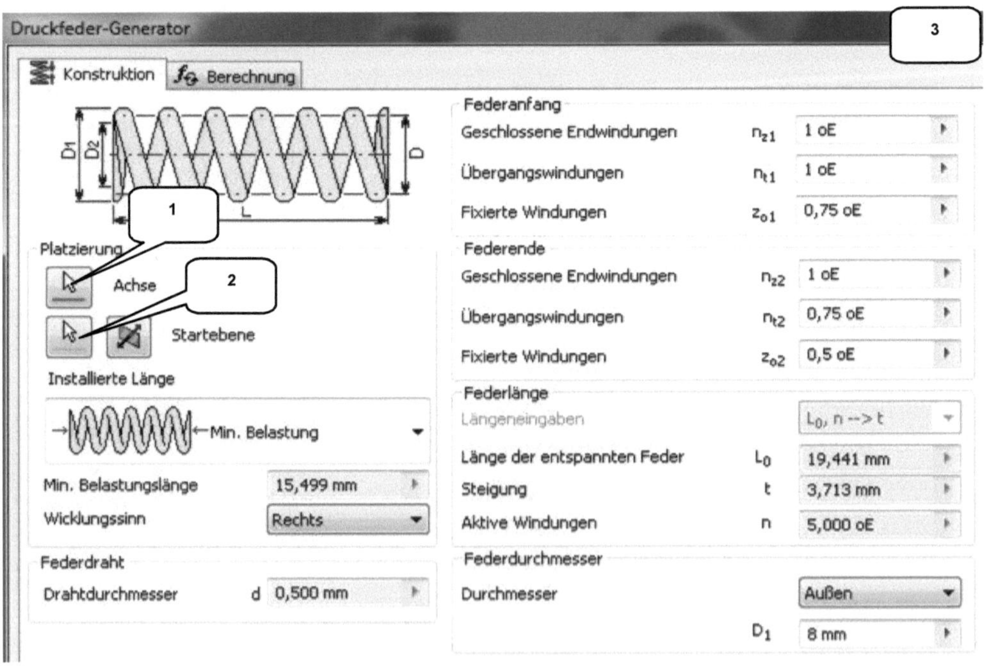

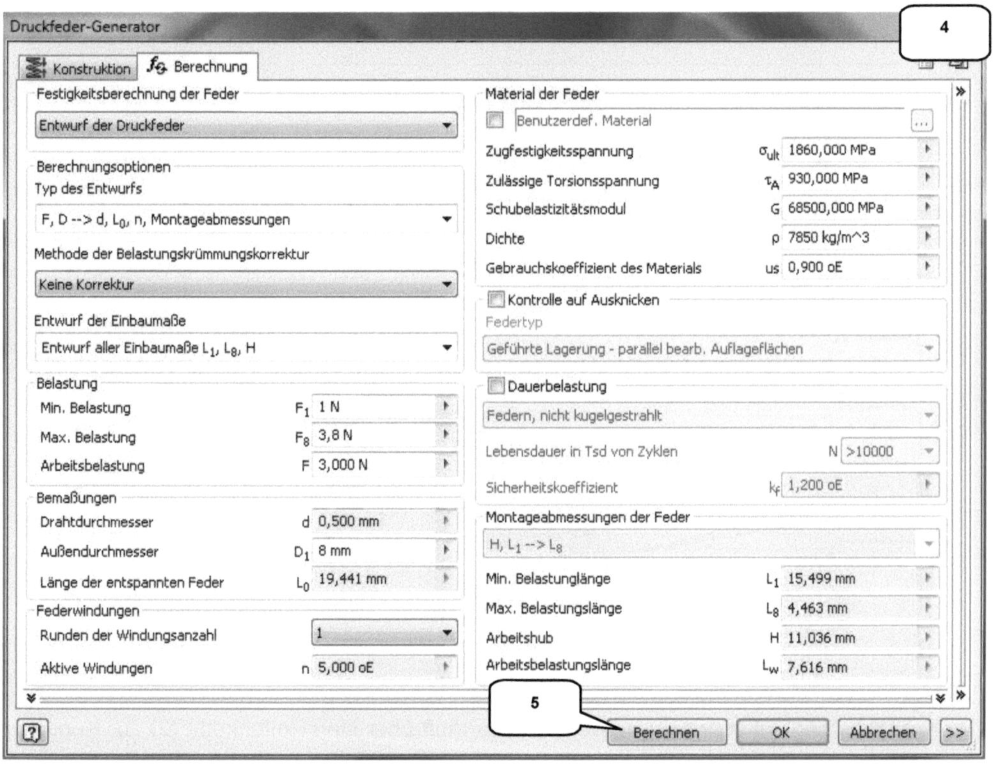

HINWEIS: Der Wert für die ***minimale Belastungslänge*** errechnet sich automatisch anhand der anderen Eingaben und muss daher nicht eingegeben werden.

Nachdem alle Werte übertragen wurden, kann die Berechnen ***Berechnung*** (5) gestartet werden und die Berechnungsergebnisse können mit OK ***OK*** übernommen werden. Auch die Schnittdarstellung der Baugruppe sollte wieder beendet werden (Register ***Ansicht***, Befehl Schnitt beenden ***Schnitt beenden***).

Speichern Sie die Baugruppe abschließend und achten Sie im Befehlsfenster ***Speichern*** auf die aktivierte Option Ja für alle ***Ja für alle***.

7 Getriebekonstruktion

7.1 Theoretische Grundlagen zum Getriebeaufbau

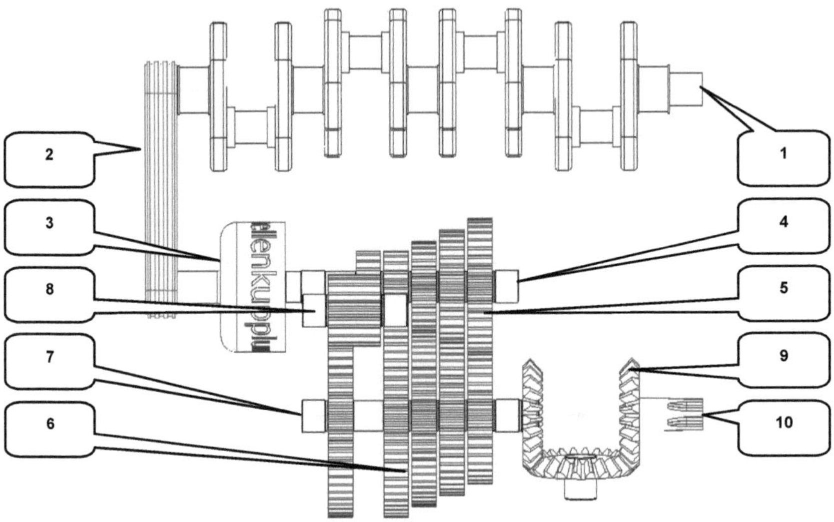

Der Kraftfluss beginnt in der Kurbelwelle (1), verläuft über eine Rollenkette (2) zur Kupplung (3), und wird von dort aus zur Antriebswelle (4) weitergeleitet.

In diesem Übungsbeispiel soll ein Ziehkeilgetriebe Anwendung finden, bei dem alle Zahnradpaare ständig im Eingriff sind. Die Zahnräder (5) der Antriebswelle sind fest mit dieser verbunden. Die Zahnräder (6) der Abtriebswelle können sich allerdings frei auf ihr drehen.

Um den Kraftfluss eines Zahnradpaares auf die Abtriebswelle (7) übertragen zu können, wird diese Welle mit einer konstruktiven Besonderheit versehen: Sie ist innen hohl und führt dort einen Keil. Er wird durch eine Rollenkette bewegt, welche axial durch die Welle verläuft. Je nach Position des Keils, werden Zahnrad und Abtriebswelle eines Ganges miteinander verbunden.

Beim Rückwärtsgang wird der Kraftfluss zusätzlich über die Rücklaufwelle (8) auf die Abtriebswelle übertragen, wobei sich die Drehrichtung ändert.

Von der Abtriebswelle verläuft der Kraftfluss weiter zum Kegelradgetriebe (9), und eine Keilwellenverbindung (10) bildet den formschlüssigen Übergang aus dem Getrieberaum heraus.

7.2 Lagerung der Wellen

7.2.1 Lagerhalterungen importieren

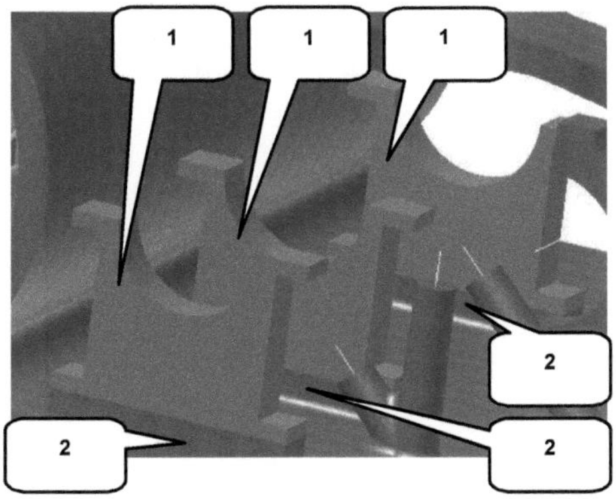

Fügen Sie das Bauteil ***Antriebswelle-Zwischenhalter.ipt*** drei Mal (1) in die Baugruppe ein (Komponente platzieren). Um die neuen Bauteile zu positionieren (wie in der nebenstehenden Abbildung dargestellt - passend auf den Sockeln (2) des Gehäuses), ist der Befehl Abhängig machen zu verwenden. Achten Sie darauf, dass die drei Halter fluchtend mit den Sockeln abschließen.

7.2.2 Befehlsgrundlagen LAGER-GENERATOR

Der Lager-Generator (1) ermöglicht die Konstruktion von Wälzlagern, wobei diese bereits während des Befehls auf bereits vorhandene geometrische Elemente bezogen platziert werden können.

7.2.2.1 Register KONSTRUKTION

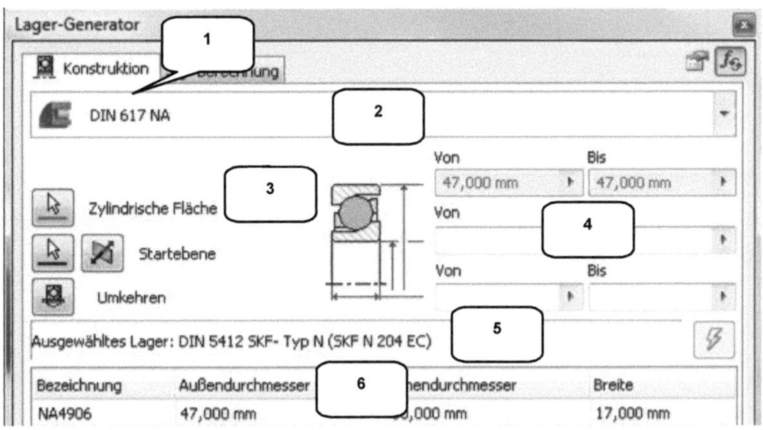

INHALT

Im Register ***Konstruktion*** werden Typ, Größe und Position eines Lagers definiert.

OPTIONEN

1) Register: Konstruktion/ Berechnung
2) Lagertyp
3) Platzierung
4) Abmessungen
5) Lager regenerieren
6) Verfügbare Lagergrößen

7.2.2.2 Register BERECHNUNG

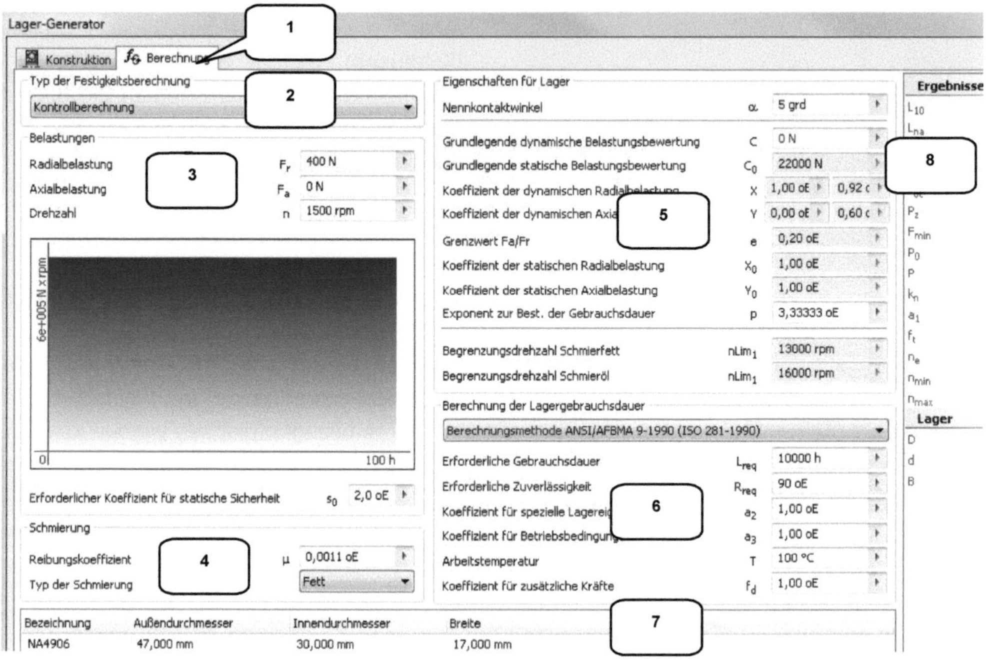

INHALT

Im Register ***Berechnung*** sind alle Parameter wie der Typ der Festigkeitsberechnung, Belastungen, Schmierung und Lebensdauer zu definieren.

OPTIONEN

1) Register: Konstruktion/ Berechnung
2) Typ der Festigkeitsberechnung
3) Belastungen
4) Schmierung
5) Eigenschaften des Lagers
6) Gebrauchsdauer
7) Verfügbare Lagergrößen
8) Berechnungsergebnisse

7.2.3 Erzeugen eines Zylinderollenlagers

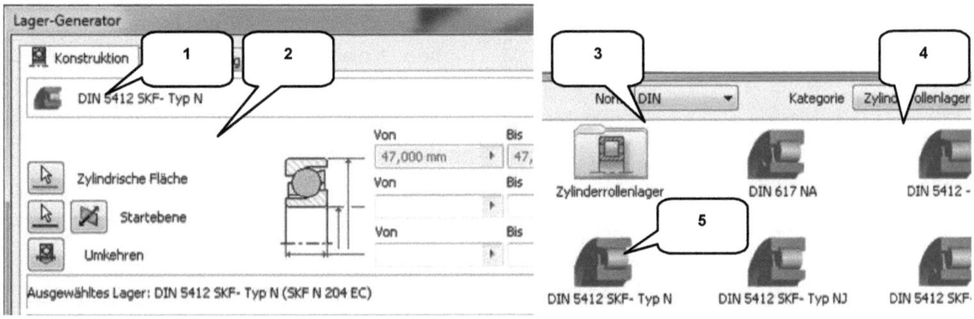

Klicken Sie im Register ***Konstruktion*** (1) auf den Auswahlbereich für den Typ der Festigkeitsberechnung (2), um das Auswahlfenster zu aktivieren. Wählen Sie die Norm ***DIN*** (3), die Kategorie ***Zylinderrollenlager*** (4) und wählen den Typ ***DIN 5412 SKF – TYP N*** (5).

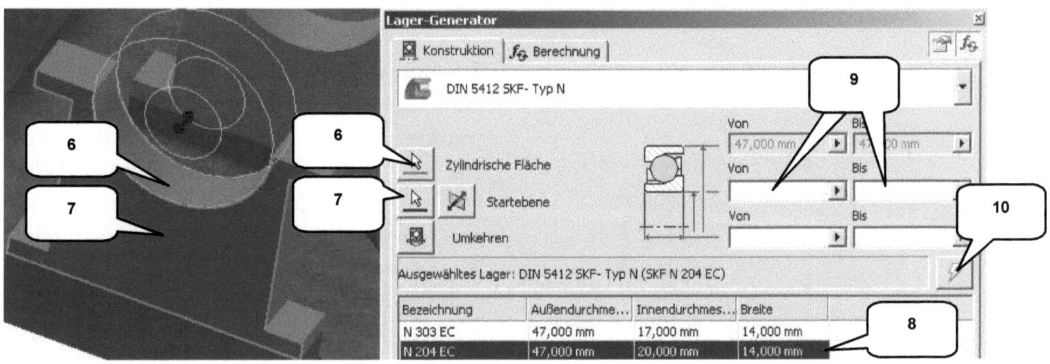

Zurück im Hauptbefehl muss als Referenz für die ***zylindrische Fläche*** (6) die markierte Zylinderfläche der Aussparung und als ***Startebene*** (7) die Stirnfläche des gleichen Führungselements gewählt werden. In der Tabelle (unterer Bereich des Befehlsfensters) ist das Lager der zweiten Zeile (8) (N 204 EC, $D_{Außen}$: 47 mm, D_{Innen}: 20 mm, Breite: 14 mm) zu aktivieren. Der Befehl kann im Anschluss daran mit OK ***OK*** bestätigt werden.

HINWEIS: Sollte das gesuchte Lager ***N 204 EC*** nicht in der Tabelle verfügbar sein, muss noch einmal konrtolliert werden, ob eventuell abweichende Randbedingungen für die Durchmesser ($D_{Außen}$, D_{Innen}) definiert wurden (9). Wenn ja, sind die Zellen zu bereinigen und die Tabelle muss ***aktualisiert*** werden (10).

Nach der Erstellung des ersten Zylinderrollenlagers sind fünf weitere, identische Lager zu erzeugen. Sie können als Kopien des ersten Lagers erstellt werden.

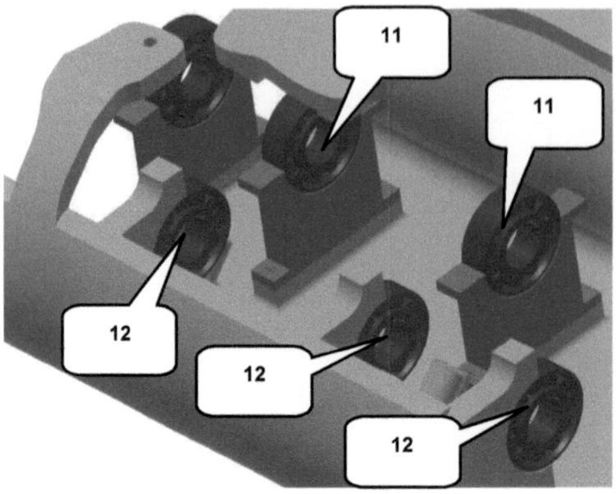

Klicken Sie mit der ***rechten Maustaste*** im Zeichenbereich auf das bereits vorhandene Lager und wählen Sie im Kontextmenü die Option ***Kopieren***. Per ***rechter Maustaste*** und der Option ***Einfügen*** sind die insgesamt 5 Kopien zu erstellen und frei abzulegen. Verwenden Sie den Befehl **Abhängig machen** um die Lager zu platzieren: Zwei Lager sind an den beiden Zwischenhalter (11) zu befestigen und drei Lager am Motorgehäuse (12).

7.2.4 Browser strukturieren

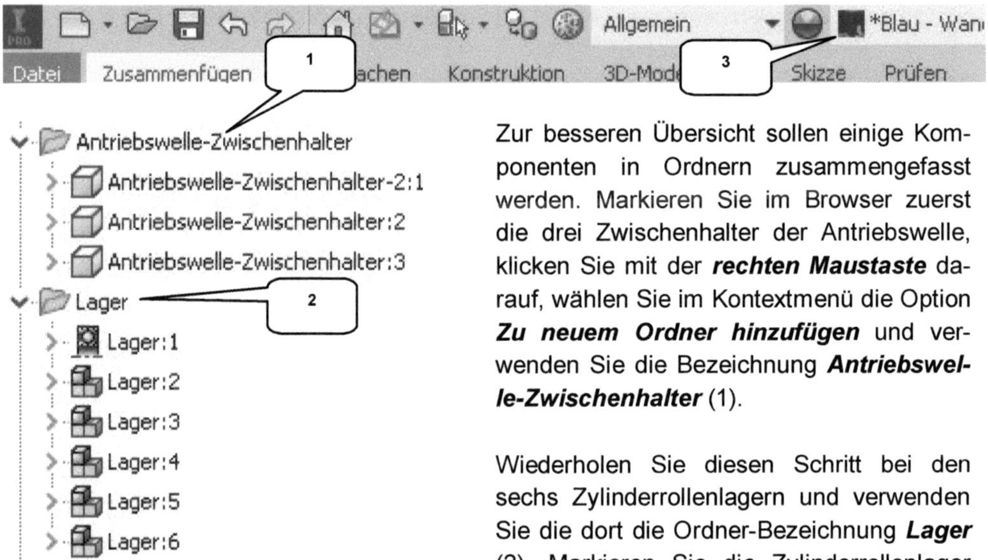

Zur besseren Übersicht sollen einige Komponenten in Ordnern zusammengefasst werden. Markieren Sie im Browser zuerst die drei Zwischenhalter der Antriebswelle, klicken Sie mit der ***rechten Maustaste*** darauf, wählen Sie im Kontextmenü die Option ***Zu neuem Ordner hinzufügen*** und verwenden Sie die Bezeichnung ***Antriebswelle-Zwischenhalter*** (1).

Wiederholen Sie diesen Schritt bei den sechs Zylinderrollenlagern und verwenden Sie die dort die Ordner-Bezeichnung ***Lager*** (2). Markieren Sie die Zylinderrollenlager anschließend und weisen Sie ihnen eine Farbe zu (z. B. ***Blau-Wandfarbe-glänzend*** (3)).

7.2.5 Importieren der oberen Lagerhalterungen

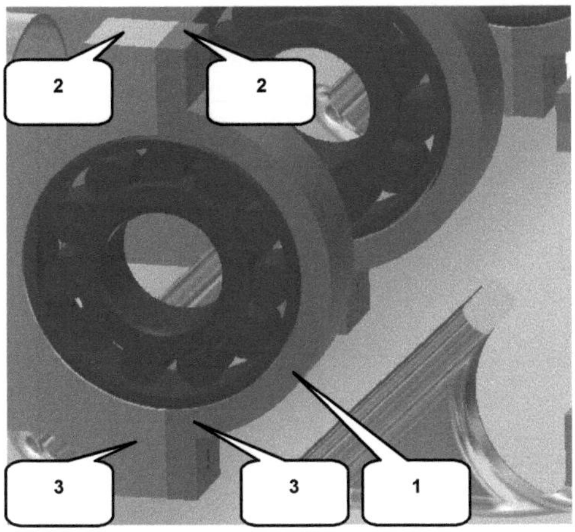

Platzieren Sie das Bauteil ***Antriebs-Abtriebswelle-Halter.ipt*** (1) aus dem Projektordner und legen Sie es (einmal) frei in der Baugruppe ab. Setzen Sie zwei fluchtende Abhängigkeiten (2, 3), um das neue Bauteil mit dem Motorgehäuse an der nebenstehend dargestellten Position zu befestigen und das Zylinderrollenlager damit zu fixieren.

Fügen Sie fünf weitere Halter in die Baugruppe ein, um auch die restlichen Zylinderrollenlager fixieren zu können.

7.2.6 Browser strukturieren

Markieren Sie im Browser die sechs zuletzt eingefügten Halter und erzeugen Sie daraus den Ordner ***Antriebs-Abtriebswelle-Halter*** (1).

7.3 Befestigung der Lagerhalterungen

Die Lagerhalterungen sollen durch Schraubenverbindungen am Motorgehäuse bzw. am Zwischenhalter der Antriebswelle befestigt werden, wobei die benötigten Bohrungen noch zu erzeugen sind. Das Programm beinhaltet ein Tool, mit dem Gewindebohrungen und Verbindungskomponenten aus dem Inhaltscenter (Schrauben, Scheiben, Muttern) in einem einzigen Schritt generiert werden können: den ***Schraubenverbindungs-Generator***.

7.3.1 Befehlsgrundlagen SCHRAUBENVERBINDUNGS-GENERATOR

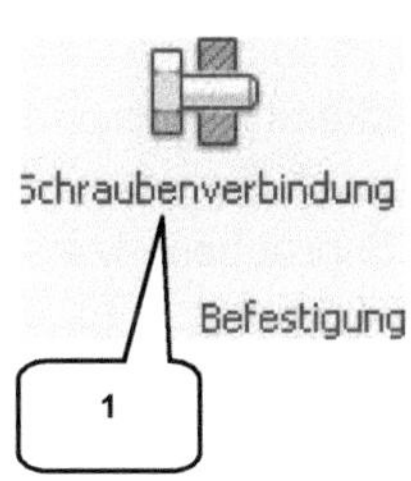

Mit dem Schraubenverbindungs-Generator (1) können Schraubenverbindungen, bestehend aus Schraube, Scheibe und Mutter, erzeugt sowie Festigkeits-, Belastungs- und Ermüdungsberechnungen durchgeführt werden. Nach Auswahl des Schraubentyps und der gewünschten Größe, werden die benötigten Bohrungen/ Gewindebohrungen automatisch berechnet und vom Programm selbstständig in die Bauteile eingefügt.

7.3.1.1 Register KONSTRUKTION

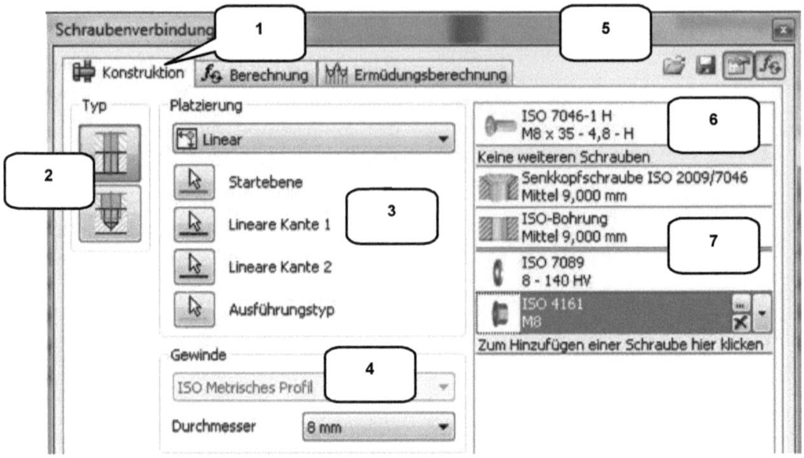

INHALT

Das Register ***Konstruktion*** dient zur Positionierung der Schraubenverbindung, zur Definition von Bohrungs- und Gewindetyp sowie zur Auswahl der zu montierenden Normteile.

OPTIONEN

1) Register: Konstruktion/ Berechnung/ Ermüdungsberechnung
2) Bohrungen durchgängig oder begrenzt erzeugen
3) Platzierungstyp (Linear, Konzentrisch, Auf Punkt, Nach Bohrung)
4) Gewindetyp
5) Einstellungen importieren/ exportieren, Berechnung, Dateibenennung
6) Komponenten einfügen
7) Vorschau in chronologischer Reihenfolge

7.3.1.2 Register BERECHNUNG

INHALT

Im Register ***Berechnung*** kann die Schraubenverbindung auf ihre Belastbarkeit hin überprüft werden. Dabei stehen die folgenden grundsätzlichen Optionen zur Verfügung: Berechnung eines benötigten Schraubendurchmessers, Berechnung der benötigten Schraubenanzahl, Berechnung des notwendigen Schraubenmaterials oder eine Kontrollberechnung anhand einer Festigkeitsprüfung. Alle zur Berechnung benötigten Parameter (Kräfte, Momente, Materialien etc.) sind vor der Berechnung anzugeben.

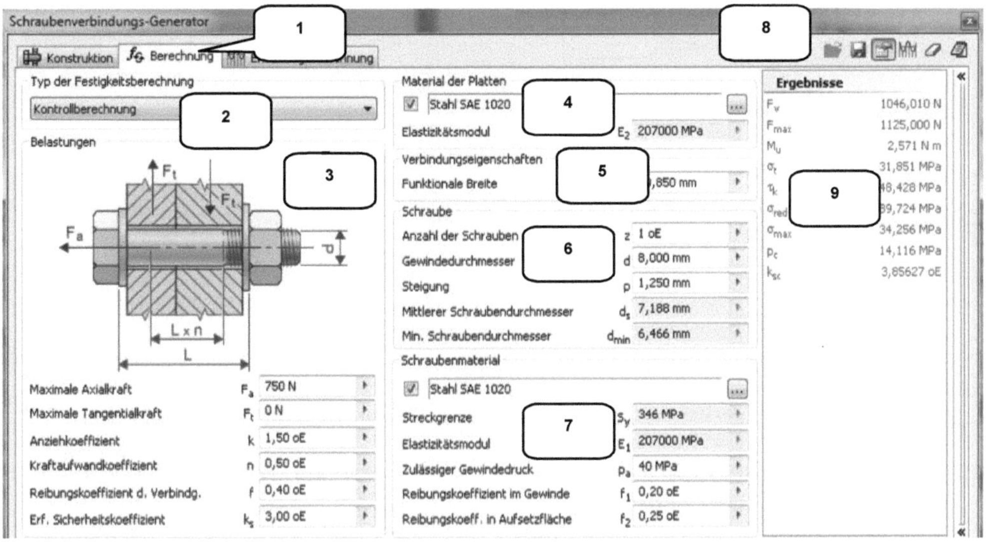

OPTIONEN

1) Register: Konstruktion/ Berechnung/ Ermüdungsberechnung
2) Typ der Festigkeitsberechnung
3) Belastungen
4) Plattenmaterial
5) Verbindungseigenschaften
6) Schraubeneigenschaften
7) Schraubenmaterial
8) Ermüdungsberechnung, Berechnung, Ergebnisdarstellung als *.html
9) Ergebnisdarstellung

HINWEIS: Um das Register ***Berechnung*** öffnen zu können, muss im Register ***Konstruktion*** die gleichnamige Option ***Berechnung*** aktiviert worden sein.

7.3.1.3 Register ERMÜDUNGSBERECHNUNG

INHALT

Im Register ***Ermüdungsprüfung*** können thermo-dynamische Belastungen berechnet werden, wobei die simulierten Kräfte schwankend, wiederkehrend, symmetrisch oder asymmetrisch beaufschlagt werden können. Weiterhin stehen diverse Berechnungsmethoden zur Verfügung, wie z. B. die Methode der virtuellen Beanspruchung oder Methoden nach Goodman, Gerber, Soderberg u. a..

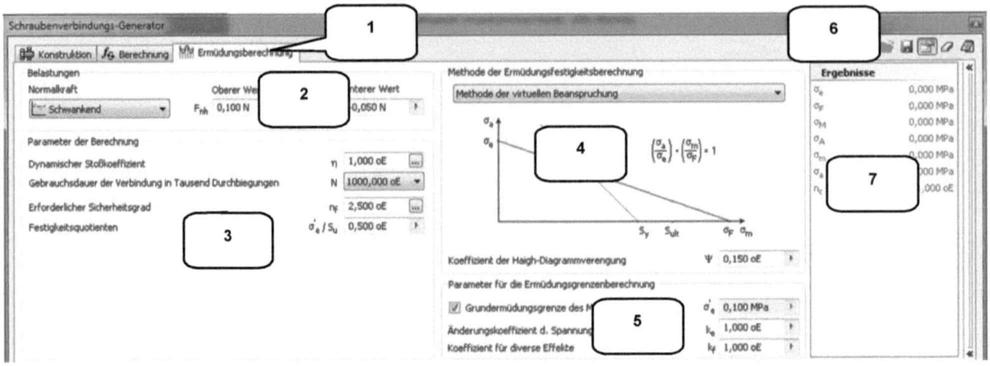

OPTIONEN

1) Register: Konstruktion/ Berechnung/ Ermüdungsberechnung
2) Belastungsart (schwankend, wiederkehrend, asymmetrisch, symmetrisch umgekehrt)
3) Berechnungsparameter
4) Ermüdungsfestigkeitsberechnung
5) Parameter für die Ermüdungsgrenzen
6) Berechnungsvorlagen exportieren, Dateibenennung aktivieren/ deaktivieren, Berechnungsdaten zurücksetzen oder Ergebnisse als *.html darstellen
7) Ergebnisdarstellung

HINWEIS: Um das Register ***Ermüdungsberechnung*** öffnen zu können, muss im Register ***Konstruktion*** die gleichnamige Option ***Ermüdungsberechnung*** aktiviert worden sein.

7.3.2 Lagerhalterungen der Antriebswelle miteinander verbinden

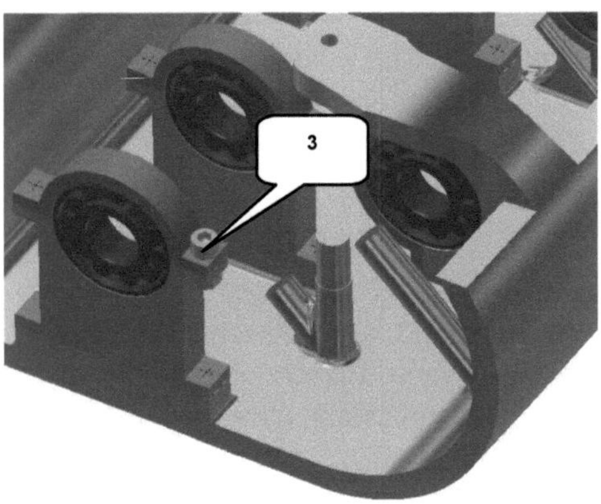

In der folgenden Übung sollen Schraubenverbindungen, bestehend aus Schrauben und Muttern in die Baugruppe eingefügt werden, wobei die zugehörigen Durchgangsbohrungen in den entsprechenden Bauteilen vom Programm automatisch zu erzeugen sind. Verwenden Sie dabei den Verbindungstyp ***Durch alle*** (1) und als Typ der Platzierung die Option Linear ***Linear*** (2).

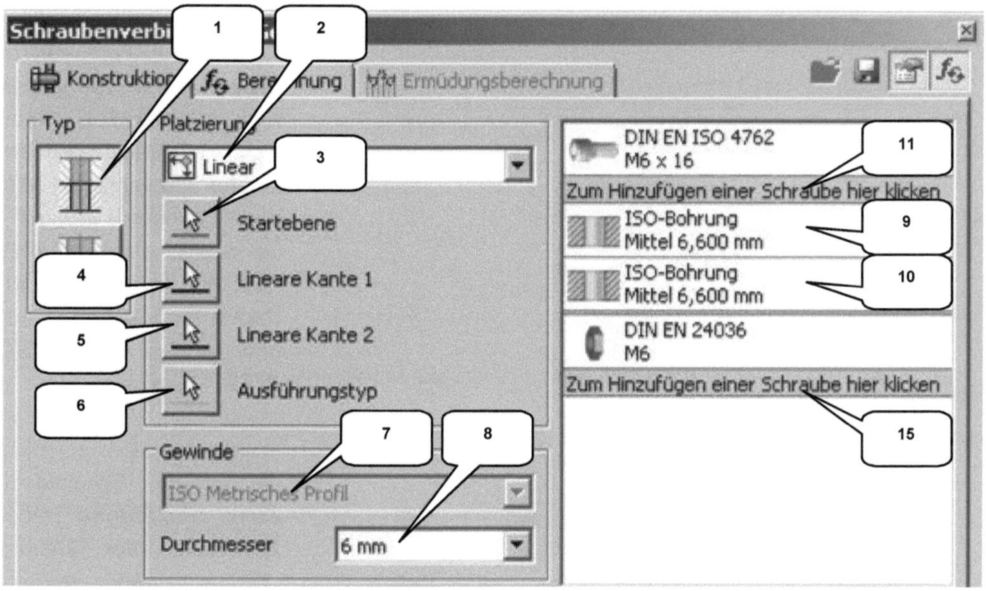

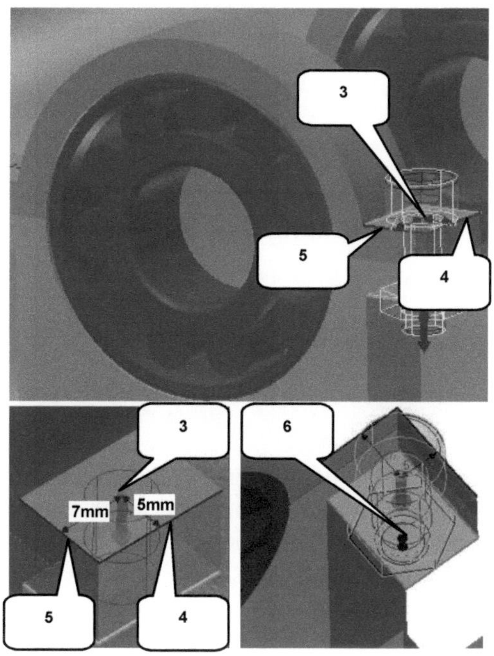

Als ***Startebene*** (3) (Auflagefläche des Schraubenkopfes) dient die markierte Fläche des oberen Halters und als Referenzen für die ***linearen Kanten*** (4) und (5) sind die jeweils markierten Kanten zu verwenden, wobei die Abstände ***5 mm*** und ***7 mm*** einzutragen sind. Als ***Ausführungstyp*** (6) ist die markierte Fläche des unteren Halters zu wählen (sie dient als Auflagefläche für die Mutter).

Im Auswahlfeld ***Gewinde*** (7) sollte ein ***ISO Metrisches Profil*** mit dem Durchmesser ***6 mm*** (8) ausgewählt werden. Im rechten Bereich des Befehlsfensters werden die beiden Durchgangsbohrungen bereits angezeigt: Eine Bohrung für den oberen (9) und eine Bohrung für den unteren Halter (10).

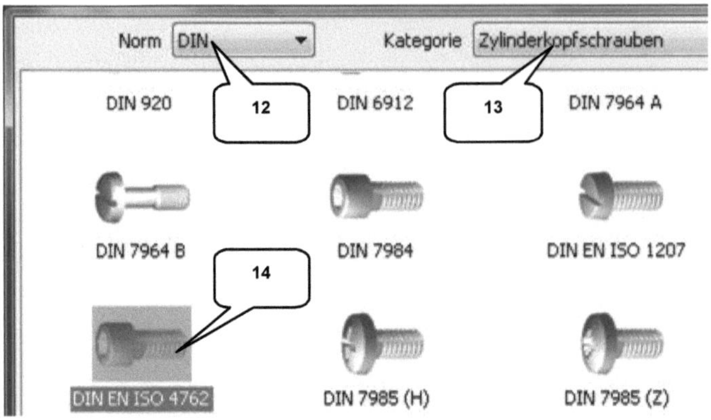

Per Klick auf die <u>obere</u> Schaltfläche ***Zum Hinzufügen einer Schraube hier klicken*** (11) öffnet sich ein neues Eingabefenster (eventuell erst beim zweiten Versuch). Darin sind die Norm ***DIN*** (12), die Kategorie ***Zylinderkopfschrauben*** (13) und der Typ ***DIN EN ISO 4762*** (14) auszuwählen.

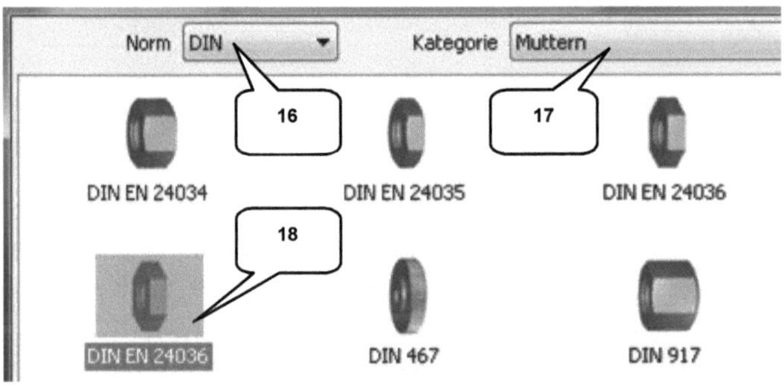

Wurde das erledigt, muss die <u>untere</u> Schaltfläche ***Zum Hinzufügen einer Schraube hier klicken*** (15) angewählt werden. Aktivieren Sie dann die Norm ***DIN*** (16), die Kategorie ***Muttern*** (17) und wählen Sie den Typ ***DIN EN 24036*** (18).

Die nun komplett zusammengestellte Konstellation der Schraubenverbindung soll exportiert werden, um sie auch für die restlichen Bohrungen verfügbar zu machen: sie wird damit als reproduzierbare XML-Datei gespeichert.

Aktivieren Sie die Option ***Vorlage exportieren*** (19). Im neu geöffneten Eingabefenster wählen Sie den Speicherort Ihres Projekts, tragen als Dateinamen die Bezeichnung ***Schraubenverbindung-M6*** ein (Dateityp ***Vorlagen (*.xml)***) und Speichern ***Speichern*** danach. Wird der Schraubenverbindungs-Generator anschließend mit OK ***OK*** bestätigt, berechnet und erstellt das Programm die Schraubenverbindung.

Mithilfe der gespeicherten Vorlage können die folgenden Schraubenverbindungen jetzt wesentlich komfortabel erzeugt werden.

Starten Sie den **Schraubenverbindungs-Generator** erneut, klicken Sie auf ***Vorlage importieren*** (20) und wählen Sie die Vorlage ***Schraubenverbindung-M6.xml***.

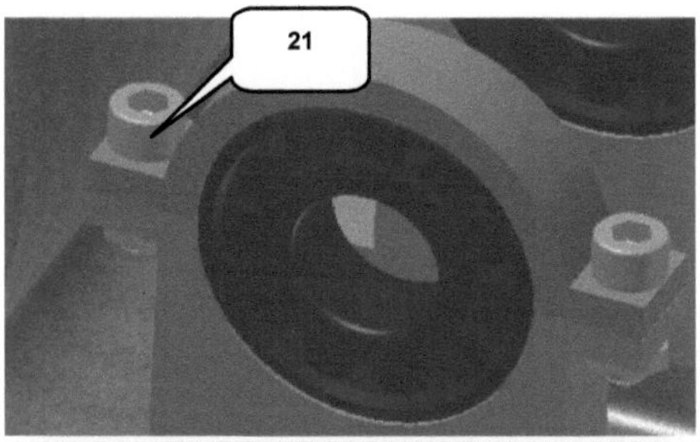

Das Programm importiert die Normteile aus der Vorlage und lediglich die Bohrungen sind noch zu positionieren. Verwenden Sie in den Bereichen ***Typ*** und ***Platzierung*** dieselben Einstellungen wie in der vorhergehenden Schraubenverbindung und platzieren Sie sie auf markierter Position (21).

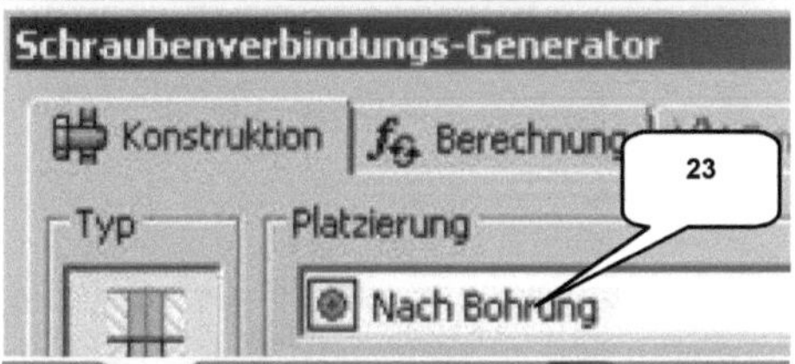

Starten Sie den **Schraubenverbindungs-Generator**, öffnen Sie die Vorlage ***Schraubverbindung-M6.xml*** (20) und erzeugen Sie vier weitere Schraubenverbindungen, wie in der nebenstehenden Abbildung dargestellt (22).

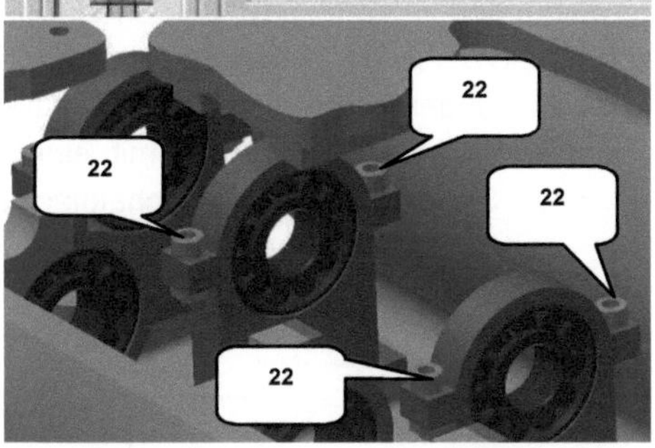

Aktivieren Sie den Platzierungstyp ***Nach Bohrung*** (23) und wählen Sie als ***Referenz*** für die vorhandene ***Bohrung*** die bereits in den Bauteilen vorhandenen Bohrungslöcher. Beenden Sie den Generator abschließend und ***speichern*** Sie die Baugruppe.

HINWEIS: Alle Bauteile ***Antriebswelle-Zwischenhalter.ipt*** und ***Antriebs-Abtriebswelle-Halter.ipt*** wurden durch den letzten Befehl automatisch mit Bohrungen versehen (aufgrund der identischen Quelldatei). Die Vorlage ***Schraubverbindung-M6.xml*** kann trotzdem verwendet werden, nur der Platzierungstyp ist auf ***Nach Bohrung*** (23) zu ändern. Als ***Vorhandene Bohrung*** ist die bereits erstellte Bohrung zu wählen. Die Auswahl der Referenzkanten entfällt damit.

7.3.3 Lagerhalterungen der Wellen am Motorgehäuse befestigen

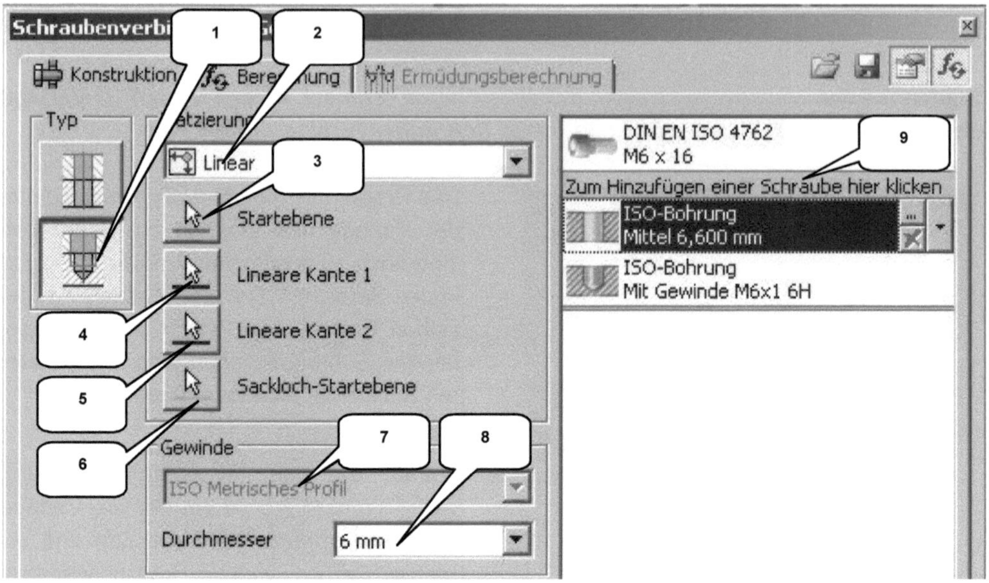

Starten Sie den **Schraubenverbindungs-Generator** um auch zwischen den drei Zwischenhaltern und dem Motorgehäuse Schraubenverbindungen zu erzeugen. Verwenden Sie die Option ***Nicht durchgehend*** (1), den Platzierungstyp Linear ***Linear*** (2), die ***Startebene*** (3), die beiden ***linearen Kanten*** (4, 5) mit den Abständen ***5 mm*** und ***7 mm*** und die ***Sackloch-Startebene*** (6). Als Gewindetyp ist das ***ISO Metrische Profil*** (7) mit einem Nenndurchmesser von ***6 mm*** (8) zu verwenden. Klicken Sie danach auf die Schaltfläche ***Zum Hinzufügen einer Schraube hier klicken*** (9).

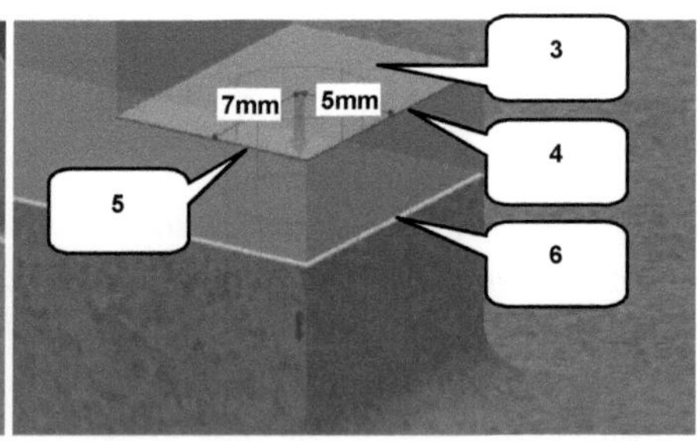

HINWEIS: Als ***Sackloch-Startebene*** (6) ist die markierte Fläche am Motorgehäuse zu wählen, auf welcher der Zwischenhalter montiert wurde.

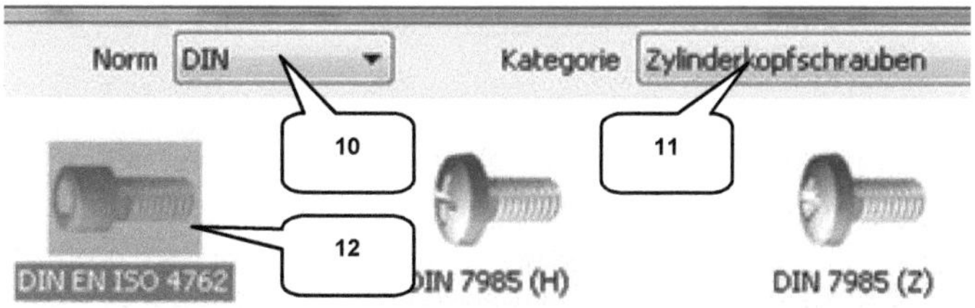

Im Auswahlfenster wählen Sie die Norm ***DIN*** (10), die Kategorie ***Zylinderkopf-schrauben*** (11) und den Typ ***DIN EN ISO 4762*** (12).

Bestätigen Sie die Eingaben mit Anwenden ***Anwenden*** und wiederholen Sie die letzten Arbeitsschritte, bis alle 12 in den folgenden Abbildungen markierten Schraubenverbindungen vollständig erzeugt wurden.

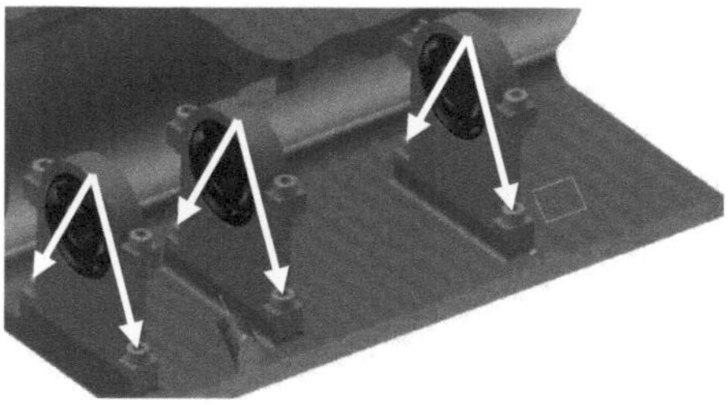

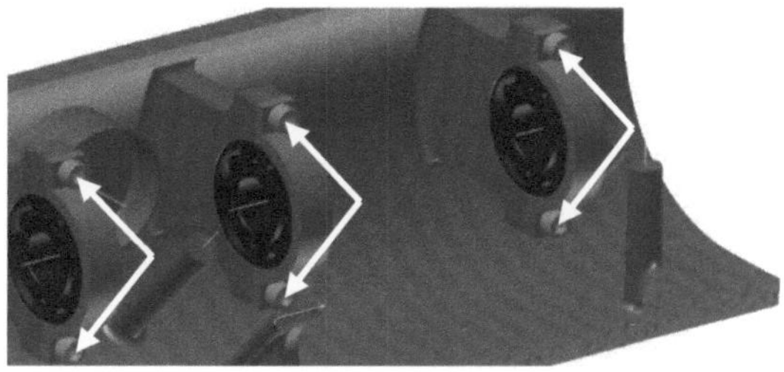

Zur besseren Übersicht sollten alle Schraubenverbindungen im Browser in einem Ordner zusammengefasst werden und die Baugruppe ist danach zu ***speichern*** (Erstspeicherung der neuen Komponenten mit der Option ***Ja für alle*** bestätigen).

7.4 Konstruktion der Getriebewellen

7.4.1 Platzieren der Lamellenkupplung

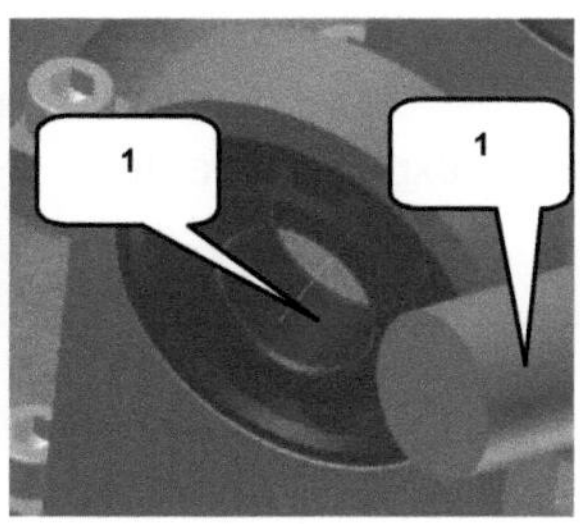

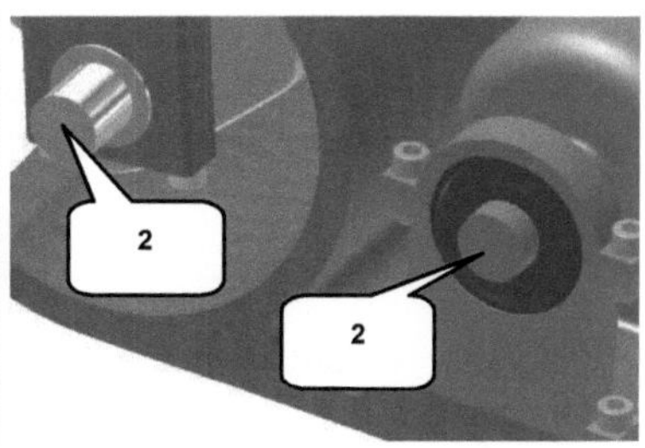

Importieren Sie das Bauteil ***Kupplung.ipt*** aus dem Projektordner in die Baugruppe und positionieren Sie es wie in den oberen Abbildungen dargestellt. Setzen Sie eine axiale Abhängigkeit zwischen den Längsachsen des markierten Lagers und der Kupplung (1) und eine fluchtende Abhängigkeit zwischen den Stirnflächen von Kupplung und Kurbelwelle (2).

7.4.2 Befehlsgrundlagen WELLEN-GENERATOR

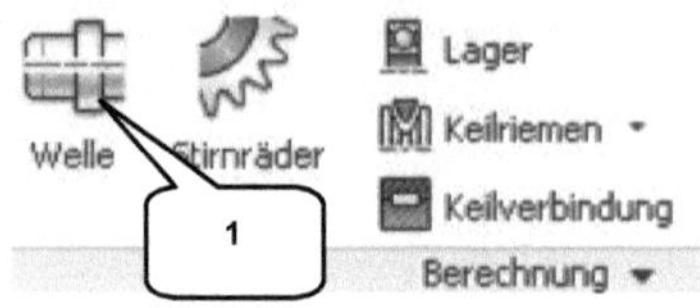

Mit dem **Wellen-Generator** (1) können Wellen berechnet und konstruiert werden. Sie können aus Vollmaterial oder als Hohlwellen konstruiert und zusätzlich um Bohrungen, Kerben oder Aussparungen ergänzt werden.

7.4.2.1 Register KONSTRUKTION

INHALT

Das Register ***Konstruktion*** ermöglicht die Platzierung anhand vorhandener geometrischer Elemente anderer Komponenten der Baugruppe und die Dimensionierung der einzelnen Wellenabschnitte. Sie kann mit Fasen, Rundungen, Rillen, Gewinden, Nuten, Bohrungen oder Kerben bestückt werden, wobei die einzelnen Wellenabschnitte zylindrisch, geschnitten, kegelig, polygonal oder nach eigenen Skizzenkonturen modelliert werden können. Die Daten einer Welle können importiert oder exportiert werden.

OPTIONEN

1) Register: Konstruktion/ Berechnung/ Diagramme
2) Platzierung
3) Neue Wellenabschnitte erzeugen/ vorhandene bearbeiten
4) Wellentyp
5) Wellenabschnitte auflisten
6) Berechnungen, Dateibenennung, Zurücksetzen der Berechnungswerte

7.4.2.2 Register BERECHNUNG

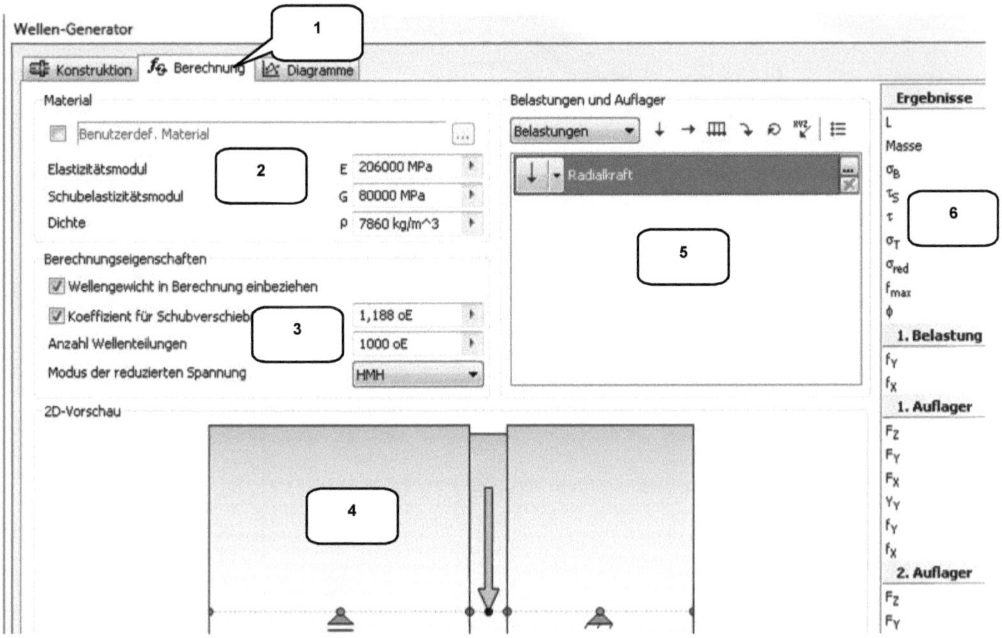

INHALT

Im Register ***Berechnung*** werden der Welle alle physikalischen Materialeigenschaften zugewiesen, Berechnungseigenschaften hinterlegt, Auflager (Fest-/ Loslager) definiert und Belastungsarten festgelegt. Diese können in Form von radialen oder axialen Kräften, als Streckenlasten bzw. Biege- und Drehmomenten beaufschlagt werden.

OPTIONEN

1) Register: Konstruktion/ Berechnung/ Diagramme
2) Material
3) Berechnungseigenschaften
4) Belastungsanalyse (2D-Vorschau)
5) Belastungen und Auflager
6) Berechnungsergebnisse

7.4.2.3 Register DIAGRAMME

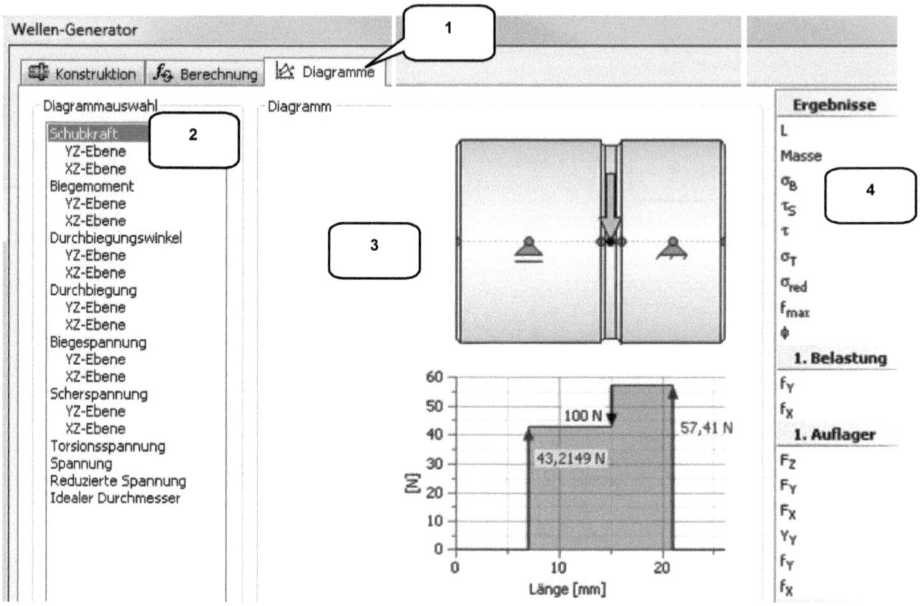

INHALT

Das Register ***Diagramme*** bietet, zusätzlich zur grafischen Vorschau der Wellenbelastung, ein Diagramm mit der grafischen Darstellung der Berechnungsergebnisse (Schubkraft, Biegemoment, Durchbiegung und Durchbiegewinkel, Biegespannung, Scherspannung, Torsionsspannung, reduzierte Spannung und idealer Durchmesser). Die einzelnen Berechnungsergebnisse werden als Diagramme im mittleren Bereich des Befehlsfensters angezeigt, sobald Sie im Bereich der Diagrammauswahl aktiviert wurden. In tabellarischer Form werden sie im Bereich der Ergebnisse aufgelistet.

OPTIONEN

1) Register: Konstruktion/ Berechnung/ Diagramme
2) Diagrammauswahl
3) Wellenbelastung, Diagramm
4) Berechnungsergebnisse

7.4.3 Konstruktion der Antriebswelle

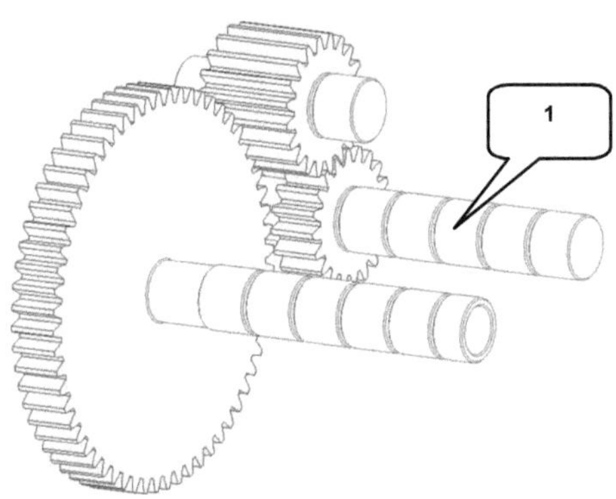

Zuerst ist die ***Antriebswelle*** (1) zu konstruieren: Sie wird fünf Zahnräder tragen (vier für die Vorwärtsgänge und eins für den Rückwärtsgang).

Sie ist fest mit der Kupplung verbunden und überträgt den Kraftfluss entweder über die Zahnräder direkt auf die Abtriebswelle (Vorwärtsgänge), oder über die Rücklaufwelle zur Abtriebswelle (Rückwärtsgang).

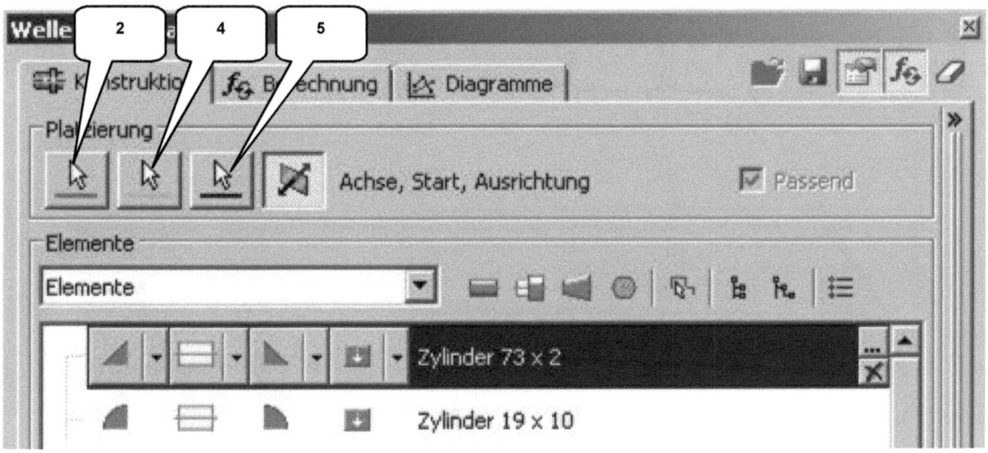

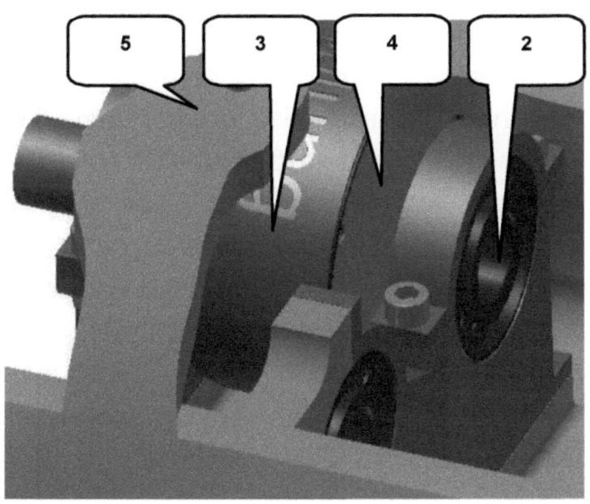

Nachdem der Wellen-Generator gestartet wurde hängt die noch unbearbeitete Welle bereits frei am Mauszeiger: sie sollte zuerst positioniert werden. Wählen Sie als ***Referenz*** der axialen Ausrichtung die Bohrungsfläche (2) des sich neben der Kupplung (3) befindlichen Lagers. Als ***Startfläche*** ist die markierte Fläche der Kupplung (4) zu verwenden und als ***Referenz*** zur radialen Ausrichtung die markierte Oberfläche des Motorgehäuses (5).

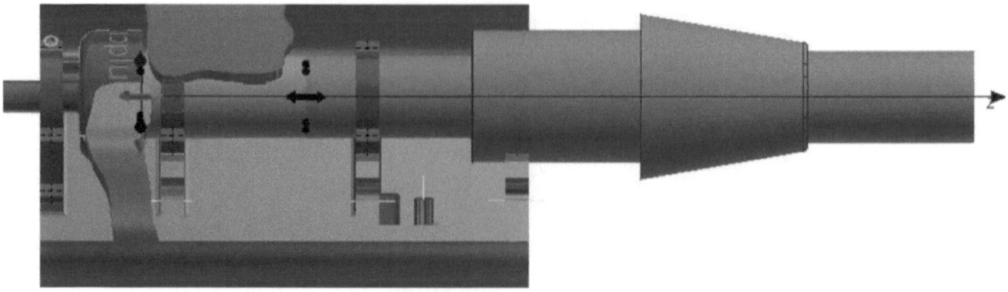

Die Welle sollte jetzt bereits in der Vorschau zu sehen sein und müsste von der Kupplung weg in Richtung Getrieberaum zeigen (siehe obere Abbildung). Sollte dies bei Ihnen nicht der Fall sein (die Welle verläuft durch die Kupplung hindurch nach außen), ist die Richtung mit der Option ***Seite umkehren*** (6) zu korrigieren.

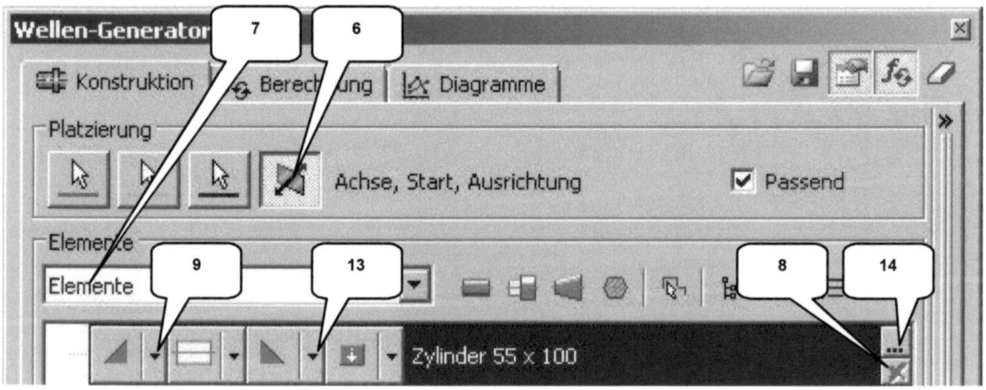

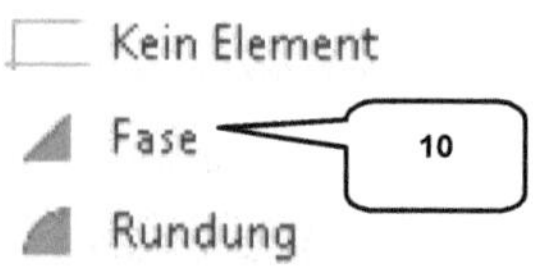

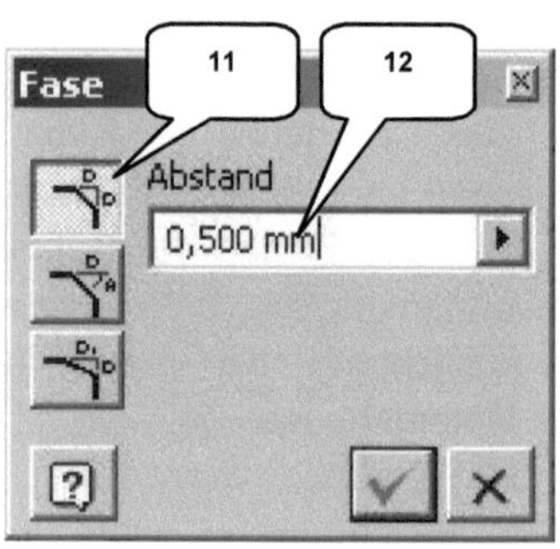

Die Antriebswelle soll aus verschiedenen Segmenten unterschiedlicher Längen und Durchmesser bestehen. Zur Konstruktion muss der Bereich ***Elemente*** (7) aktiviert werden. Löschen Sie jetzt alle vorhandenen Abschnitte bis auf den ersten, indem Sie auf die entsprechende Zeile klicken, um danach die Option ***Löschen*** (8) zu wählen (das ***Hinweisfenster*** kann mit ***Ja*** bestätigt werden). Sobald nur noch eine Zeile vorhanden ist, wird mit der Bearbeitung begonnen. Klicken Sie hierfür auf das kleine markierte Dreieck (9) auf der linken Seite der Zeile, wählen Sie die Option ***Fase*** (10), aktivieren Sie die Option ***Abstand*** (11) und tragen Sie den Wert ***0,5 mm*** (12) ein.

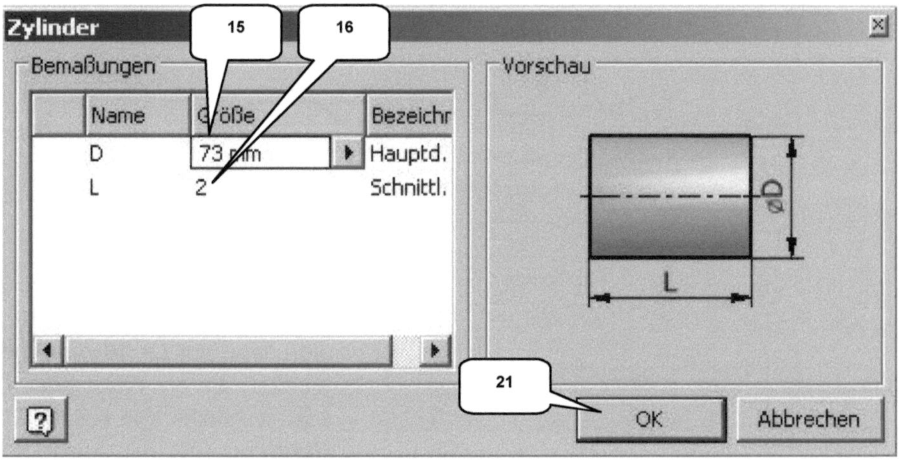

Erzeugen Sie auch auf der rechten Seite des Wellenabschnitts (13) eine ***Fase*** mit denselben Einstellungen. Jetzt können Durchmesser und Länge des Abschnitts definiert werden. Öffnen Sie dessen ***Eigenschaften*** (14) und tragen Sie den Durchmesser ***D= 73 mm*** (15) und die die Länge ***L= 2 mm*** (16) ein. ***OK*** (17) bestätigt die Eingaben.

Zurück im Hauptbefehl ist dann die Option ***Zylinder einfügen*** (18) zu wählen, um einen weiteren Wellenabschnitt zu generieren. Die zweite Fase des ersten Wellenabschnitts (19) sollte jetzt rot dargestellt werden (19), da das Programm die Fase aufgrund des identischen Durchmessers beider Abschnitte nicht erzeugen kann. Ignorieren Sie dieses Problem vorerst.

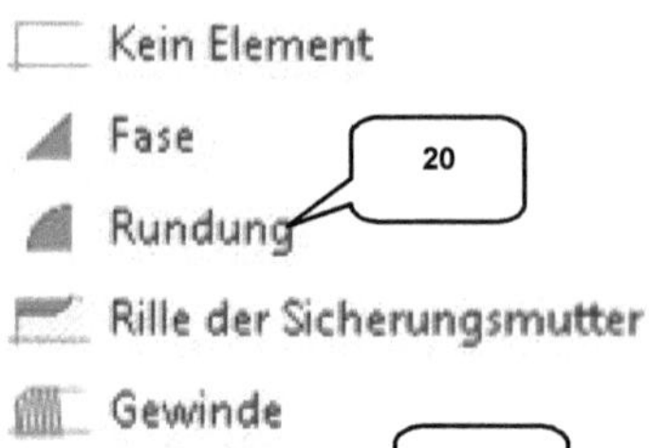

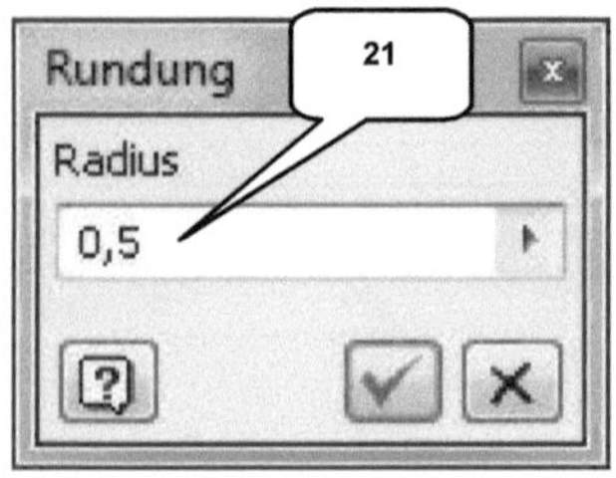

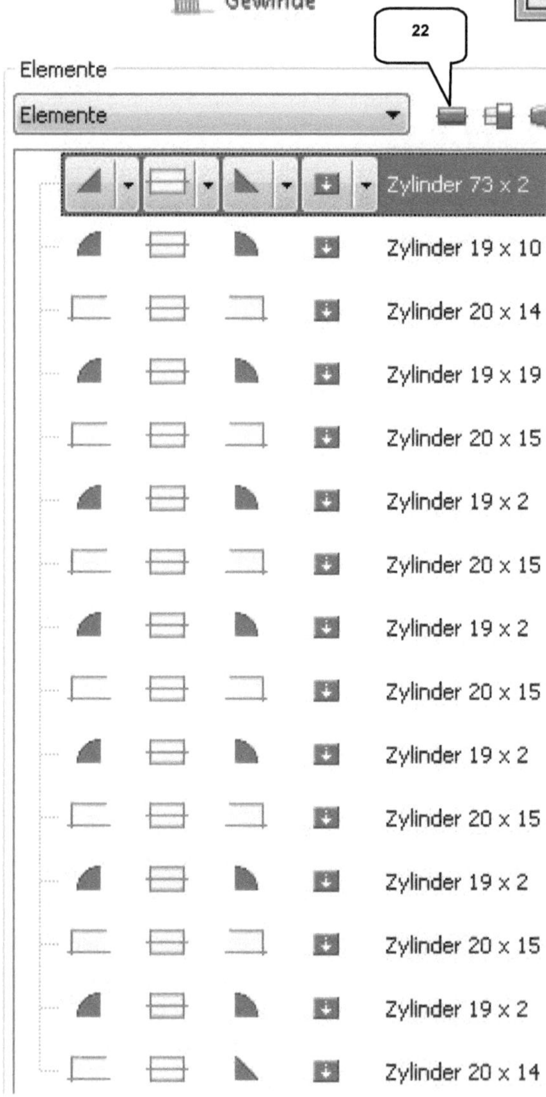

Ändern Sie in der zweiten Zeile den Durchmesser auf ***D= 19 mm***, die Länge auf ***L= 10 mm*** und bearbeiten Sie die Wellenenden dieses Abschnitts. Sie sollen eine ***Rundung*** (20) mit einem Radius von ***0,5 mm*** (21) erhalten.

Erzeugen Sie weitere ***13 Wellenabschnitte*** (22), bis insgesamt 15 Zeilen im Fenster ***Elemente*** vorhanden sind. Die jeweiligen Durchmesser und Längen sind der nebenstehenden Abbildung zu entnehmen. Einige Abschnitte sind mit ***Rundungen*** zu versehen, wobei ein jeweiliger Radius von ***0,5 mm*** zu verwenden ist. Der letzte Abschnitt erhält an dessen Ende eine ***Fase*** (Option ***Abstand***, Wert ***0,5 mm***). Nachdem alle Einstellungen übernommen wurden, kann der Befehl mit OK ***OK*** bestätigt und beendet werden.

7.4.4 Befestigungsflansch der Antriebswelle mit Bohrungen versehen

Um die Antriebswelle mit der Lamellenkupplung verbinden zu können, müssen im Befestigungsflansch der Welle (erster Wellenabschnitt: 73 x 2 mm) insgesamt sechs Bohrungen erzeugt werden. Markieren Sie Kupplung (1) und Antriebswelle (2) und isolieren Sie beide Komponenten (***rechte Maustaste*** > ***Isolieren***). Um die Sicht auf die Gewindebohrungen der Kupplung freizugeben, kann der Antriebswelle temporär ein anderes Material (z. B. Glas) zugewiesen werden. Doppelklicken Sie die Antriebswelle (2) um in ihren Baugruppenbereich zu gelangen. Doppelklicken Sie erneut darauf um in den Modellbereich zu gelangen.

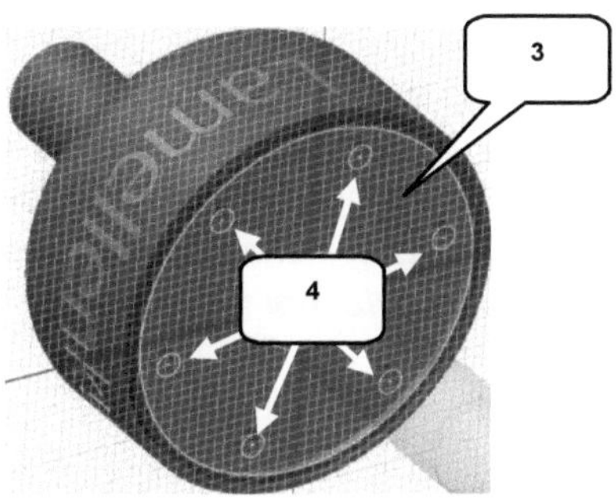

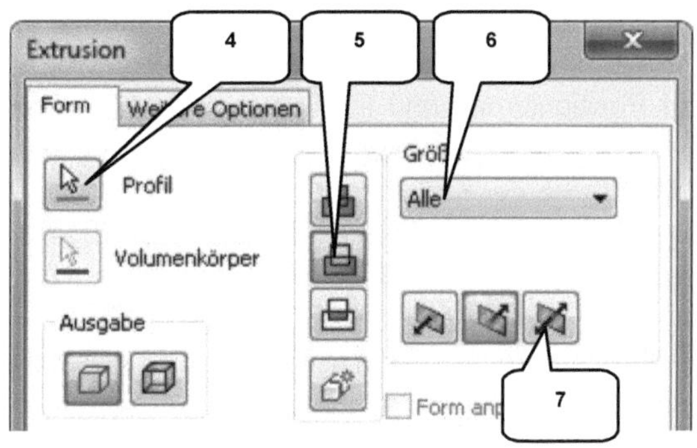

Im Bauteil ***Welle.ipt*** angelangt, ist auf der markierten Fläche (3) eine neue 2D-Skizze zu erzeugen. Projizieren Sie die sechs Bohrungen der Kupplung (4) in den Skizzenbereich und beenden Sie die Skizze danach.

Zurück im Modellbereich ist der Befehl Extrusion zu starten und die sechs projizierten Kreise (4) sind zu extrudieren. Verwenden Sie das Verfahren ***Differenz*** (5), die Größe ***Alle*** (6) und die Richtung ***Symmetrisch*** (7). Bauteil- und Baugruppenbereich der Welle können anschließend verlassen werden (2x auf Zurück klicken), um der Baugruppe im Baugruppenbereich die Farbe ***Chrom-poliert-blau*** zuzuweisen.

7.4.5 Schrauben aus dem Inhaltscenter importieren

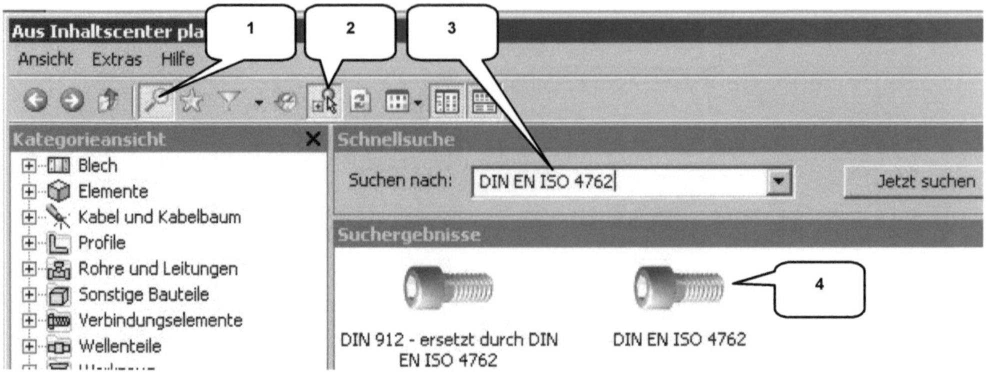

Die Verbindungsschrauben zwischen Antriebswelle und Lamellenkupplung sind dem Inhaltscenter zu entnehmen. Starten Sie den Befehl Aus Inhaltscenter platzieren (Register ***Zusammenfügen***), aktivieren Sie ggf. die beiden Optionen ***Suche*** (1) und ***AutoDrop*** (2), tragen Sie den Suchbegriff ***DIN EN ISO 4762*** (3) ein und doppelklicken Sie die in der oberen Abbildung markierte Schraube (4).

Zur Positionierung und Dimensionierung der Schraube ist eine konzentrische ***Referenz*** (hier die ***Gewindebohrungen*** der Kupplung (5)) auszuwählen und als ***Startfläche*** soll die Seitenfläche der Kupplung (6) angeklickt werden. Aktivieren Sie die Option ***Mehrere einfügen*** (7) und doppelklicken Sie den ***Pfeil*** (8) am Ende der bereits schematisch dargestellten Schraube. Im folgenden Auswahlfenster ist die Schraubenlänge ***10 mm*** (9) zu wählen.

Bestätigen (10) Sie den Befehl anschließend um ihn zu beenden und die Schrauben zu generieren.

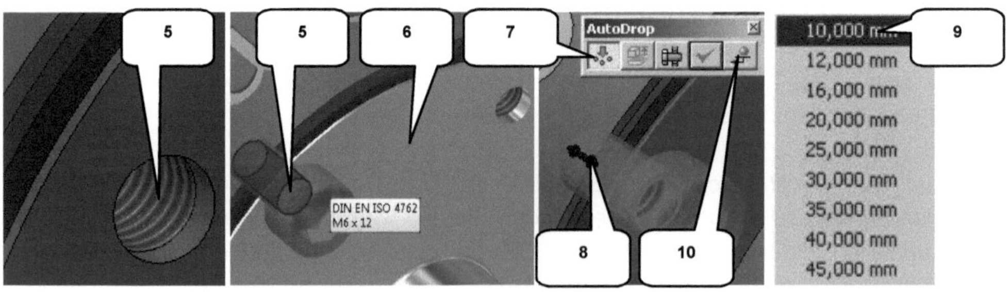

7.4.6 Abschließende Arbeiten an der Antriebswelle

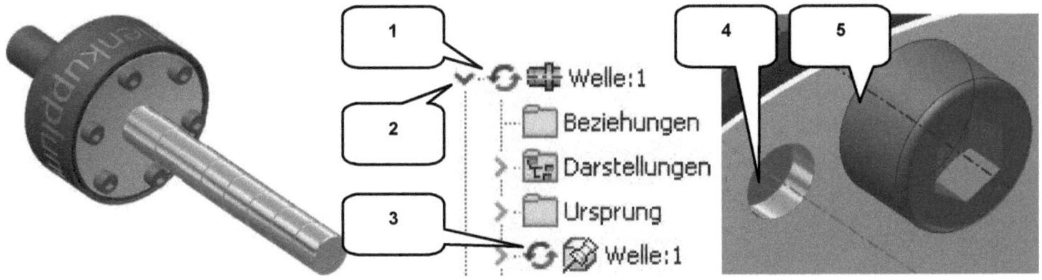

Durch die zuletzt in die Antriebswelle eingefügten Bohrungen, wird die Welle im Browser als ***adaptiv*** (1) gekennzeichnet. Um später einen reibungslosen Bewegungsablauf des gesamten Getriebes gewährleisten zu können, muss diese Adaptivität allerdings wieder deaktiviert und beide Komponenten (Kupplung, Antriebswelle) mit einer neuen Abhängigkeit aneinander gebunden werden. Klappen Sie im Browser die Baugruppe ***Welle.iam*** (2) auf und deaktivieren Sie beim Bauteil ***Welle.ipt*** (3) die ***Adaptivität*** (***rechte Maustaste*** > ***Adaptiv***). Die Kupplung muss jetzt bei gedrückter linker Maustaste etwas gedreht werden, bis Schrauben und Bohrungen der Welle nicht mehr auf derselben Position sitzen (4). Beide Bauteile sollen mit einer axialen ***Abhängigkeit*** verbunden werden. Hierfür sind die Achse der Bohrung (4) und die Achse der Schraube (5) miteinander zu verbinden.

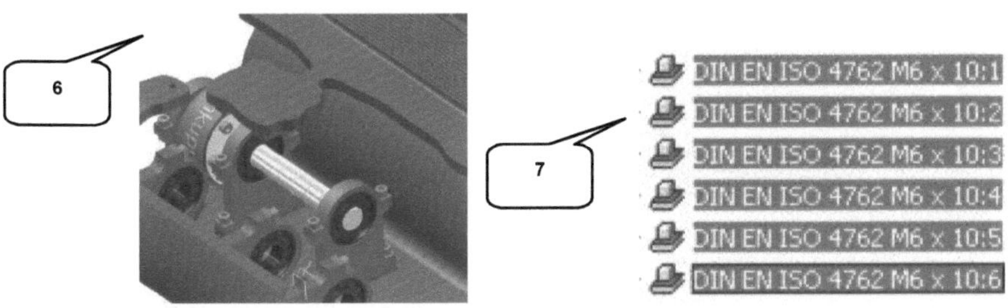

Klicken Sie danach mit der ***rechten Maustaste*** auf einen beliebigen Punkt im Hintergrund des Zeichenbereiches (6) und wählen Sie Option ***Isolieren rückgängig***, um alle anderen Komponenten wieder einzublenden. Markieren Sie anschließend die neuen Schrauben im Browser (7) und wählen Sie im Kontextmenü der rechten Maustaste die Option ***Ordner*** mit der Bezeichnung ***Schrauben***.

HINWEIS: Sollte die Option ***Isolieren rückgängig*** nicht verfügbar sein, wurde eventuell zwischenzeitlich gespeichert. Dann müssen die ausgeblendeten Komponenten manuell wieder sichtbar gemacht werden. Hierfür sind alle im Browser grau dargestellten Objekte zu markieren und mit der Option ***Sichtbarkeit*** der ***rechten Maustaste*** wieder einzublenden (Nicht das Bauteil ***Motorradrahmen.ipt*** einblenden!).

7.4.7 Importieren der Halterungen für die Rücklaufwelle

Fügen Sie das Bauteil ***Rücklaufwelle-Halter.ipt*** in die Baugruppe ein und legen Sie es zweimal darin ab. Positionieren Sie die beiden Bauteile, wie in der oberen Abbildung dargestellt, bündig an den dafür vorgesehenen Absätzen im oberen Bereich des Getrieberaumes (1, 2).

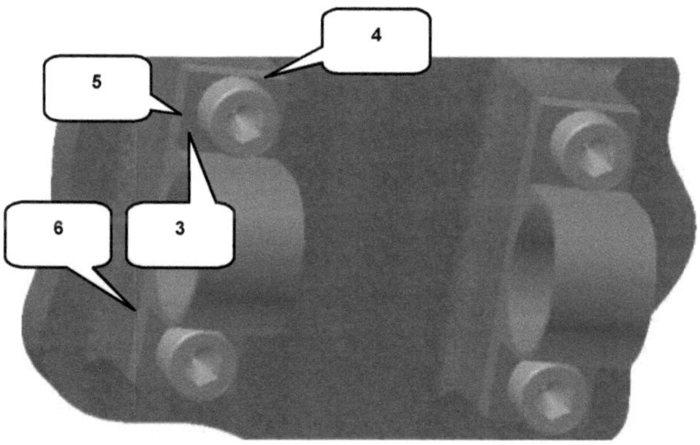

Starten Sie den Schraubenverbindungs-Generator um die beiden Halter mit dem Motorgehäuse zu verschrauben. Wählen Sie die Option ***Nicht durchgehend***, den Platzierungstyp Linear ***Linear***, die markierte ***Startebene*** (3), als ***Referenzen*** die beiden ***linearen Kanten*** (4, 5) mit den jeweiligen Abständen ***5 mm*** und ***7 mm***, sowie die markierte ***Sackloch-Startebene*** (6). Verwenden Sie den Gewindetyp ***ISO Metrisches Profil*** und den Durchmesser ***6 mm***. Klicken Sie danach auf die Schaltfläche ***Zum Hinzufügen einer Schraube hier klicken*** um die ***Zylinderkopfschraube DIN EN ISO 4762*** zu platzieren.

Insgesamt sind vier Schraubenverbindungen einzufügen. ***Speichern*** Sie die Baugruppe und achten Sie darauf, die Option ***Ja, für alle*** zu aktivieren.

7.4.8 Konstruktion der Rücklaufwelle

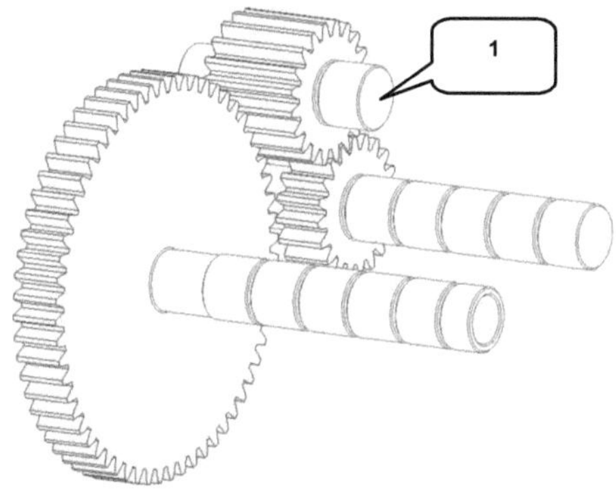

Die ***Rücklaufwelle*** (1) ist sehr kurz und trägt nur ein einziges Zahnrad: das Rücklaufrad. Der Kraftfluss wird von den Zahnrädern der Antriebswelle auf die Rücklaufwelle übertragen und von dieser weiter zur Abtriebswelle. Dabei wird die Drehrichtung der Abtriebswelle umgekehrt.

Starten Sie den Wellen-Generator und ***löschen*** Sie alle vorhandenen Abschnitte bis auf den ersten. Erzeugen Sie danach vier neue ***Abschnitte*** (2) und übernehmen Sie alle Durchmesser und Längen aus der nebenstehenden Abbildung. Alle ***Rundungen*** sind mit einem Radius von ***0,5 mm*** und alle ***Fasen*** mit der Option ***Abstand*** (***0,5 mm***) zu versehen. Beenden Sie den Befehl mit OK ***OK*** und legen Sie die Welle frei im Zeichenbereich ab.

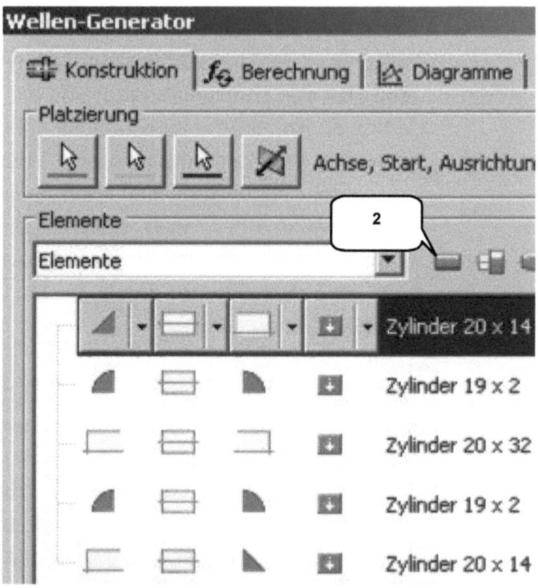

Erzeugen Sie zur Positionierung der Welle eine axiale Abhängigkeit zwischen Welle (3) und Halter (4) und eine fluchtende Abhängigkeit zwischen den beiden markierten Flächen (5) und (6).

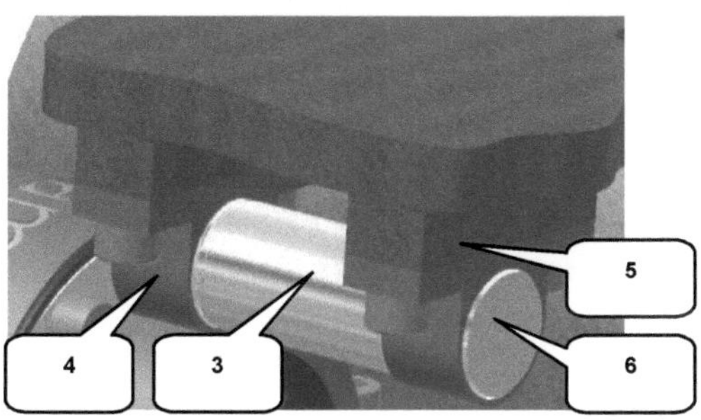

Weisen Sie der Rücklaufwelle abschließend die Farbe ***Chrom-poliert-blau*** zu und ***speichern*** Sie sie die Baugruppe.

7.4.9 Konstruktion der Abtriebswelle

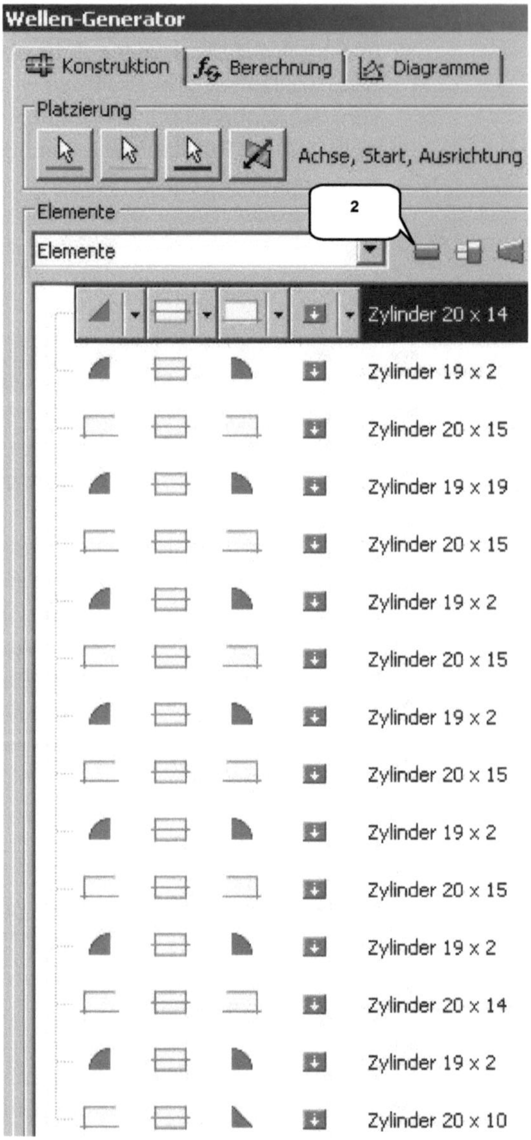

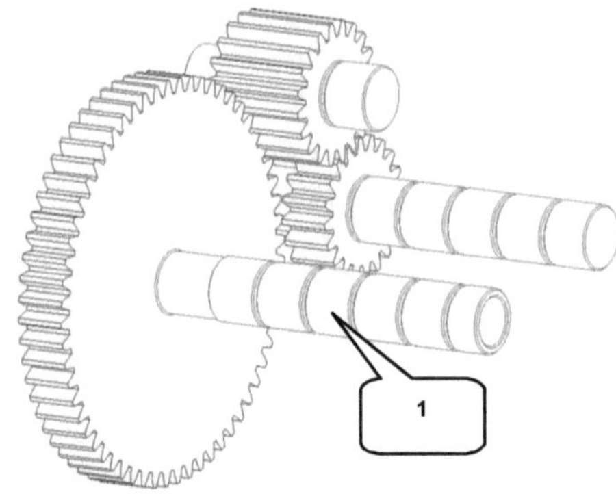

Die ***Abtriebswelle*** (1) trägt fünf Zahnräder (vier für die Vorwärtsgänge und einen für den Rückwärtsgang) und weiterhin ein Kegelrad. Der Kraftfluss kann entweder von der Antriebswelle oder von der Rücklaufwelle auf die Abtriebswelle übertragen werden. Sie muss als Hohlwelle konstruiert werden, weil eine Schaltkette durch sie hindurch verlaufen wird.

Starten Sie den **Wellen-Generator** und ***löschen*** Sie alle vorhandenen Abschnitte bis auf den ersten. Erzeugen Sie danach 14 weitere ***Abschnitte*** (2), wobei die jeweiligen Durchmesser und Längen der nebenstehenden Abbildung zu entnehmen sind. Alle ***Rundungen*** sind mit einem Radius von ***0,5 mm*** und alle ***Fasen*** mit der Option ***Abstand*** und einem Wert ***0,5 mm*** zu gestalten. Wechseln Sie im Feld ***Elemente*** zur Option ***Hohlräume Links*** (3), um eine Durchgangsbohrung zu erzeugen.

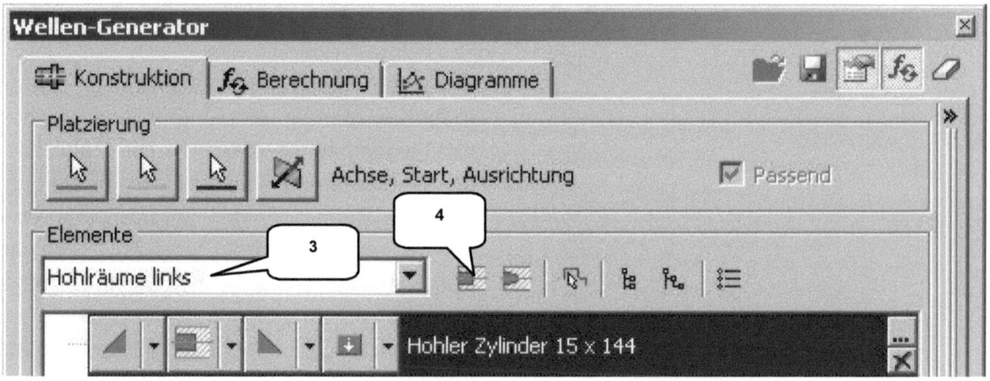

Wählen Sie die Option ***Inneren Zylinder einfügen*** (4) und erzeugen Sie eine Bohrung mit einem Durchmesser ***D= 15 mm*** und einer Länge ***L= 144 mm***. Fügen Sie diesem Element zwei ***Fasen*** (Option ***Abstand***, Wert ***0,5 mm***) hinzu und bestätigen Sie den Befehl mit ***OK***. Die Welle kann jetzt frei im Zeichenbereich abgelegt werden.

Positionieren Sie die Welle (5) mit einer axialen **Abhängigkeit** im Lager (6), und achten Sie dabei auf die korrekte Position des Wellenabschnitts ***19 × 19 mm*** (7) (Welle ggf. vorher ausrichten). Setzen Sie eine fluchtende **Abhängigkeit** zwischen der Stirnseite der Welle (8) und der Seitenfläche des Lagers (9), weisen Sie ihr die Farbe ***Chrom-poliert-blau*** zu und **speichern** Sie die Baugruppe abschließend.

7.5 Konstruktion der Zahnradpaare

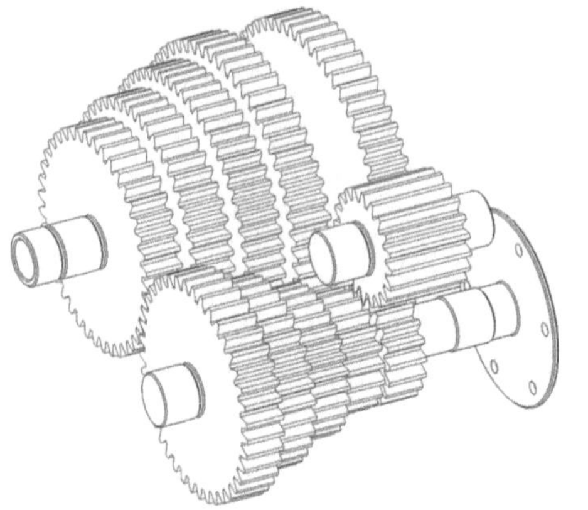

Bei einem ***Ziehkeilgetriebe*** sind die Zahnradpaare ständig im Eingriff und werden nicht voneinander getrennt. Die Zahnräder der Antriebswelle sind fest mit ihr verbunden, die Zahnräder der Abtriebswelle können frei auf ihr gedreht werden. Durch die Abtriebswelle hindurch verläuft eine Schaltkette mit einem Ziehkeil. Wird dieser unter ein Zahnrad geschoben, so aktiviert er eine Sperre, verbindet damit Zahnrad und Abtriebswelle und ermöglicht den Kraftfluss.

7.5.1 Befehlsgrundlagen STIRNRÄDER-GENERATOR

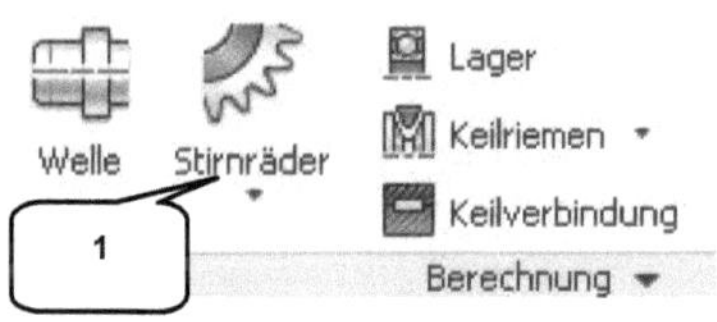

Der Stirnräder-Generator (1) ermöglicht die Konstruktion von Stirnradpaaren, wobei alle Randbedingungen frei definiert und die Zahnräder in der Baugruppe positioniert werden können.

7.5.1.1 Register KONSTRUKTION

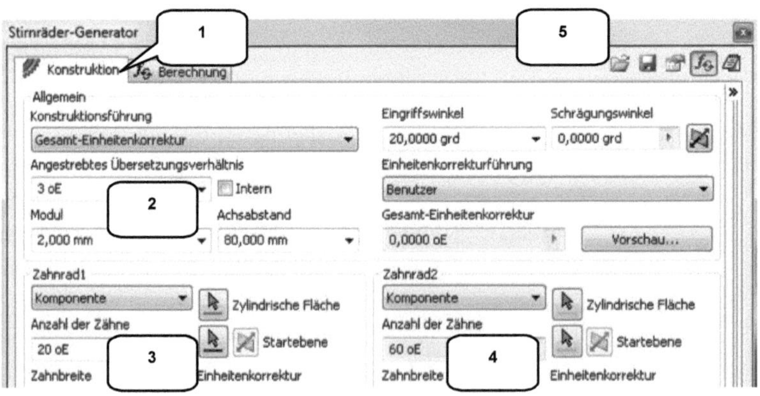

INHALT

Im Register ***Konstruktion*** werden Berechnungstyp, Übersetzungsverhältnis, Achsabstand, Eingriffswinkel und geometrische Abmessungen der Stirnräder festgelegt.

OPTIONEN

1) Register: Konstruktion/ Berechnung
2) Berechnungstyp, Übersetzungsverhältnis, Modul, Achsabstand, Eingriffswinkel, Schrägungswinkel
3) Geometrie 1. Stirnrad
4) Geometrie 2. Stirnrad
5) Berechnungswerte importieren/ exportieren, Berechnungseinstellungen

7.5.1.2 Register BERECHNUNG

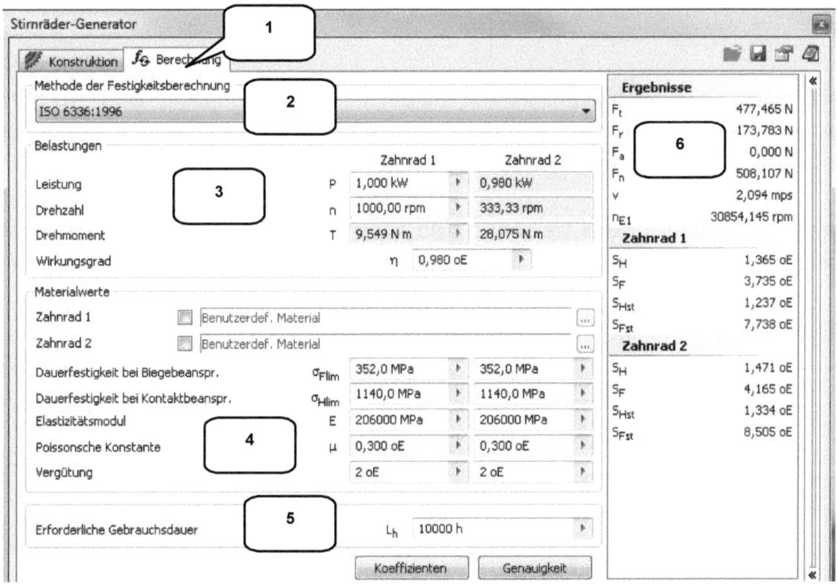

INHALT

Der Register ***Berechnung*** ermöglicht eine Auswahl der Methode der Festigkeitsberechnung sowie die Definition von Material, Gebrauchsdauer und Belastung.

OPTIONEN

1) Register: Konstruktion/ Berechnung
2) Methode der Festigkeitsberechnung
3) Belastungen
4) Materialauswahl
5) Gebrauchsdauer
6) Berechnungsergebnisse

7.5.2 Konstruktion des Zahnradpaares für den ersten Gang

Zur besseren Darstellung sollten die drei Wellen (1) im Browser markiert und danach isoliert werden (***rechte Maustaste*** > ***Isolieren***).

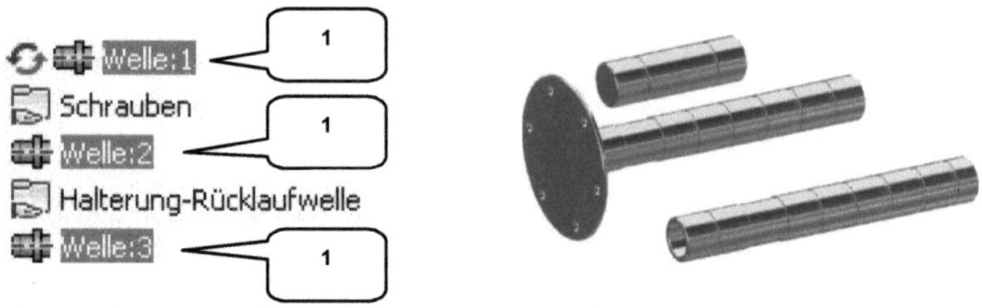

Das Zahnradpaar des ersten Ganges soll mit einem Übersetzungsverhältnis von ***3:1*** betrieben werden. Das bedeutet, dass sich die Drehzahl der Kurbelwelle nur zu einem Drittel von der Antriebs- auf die Abtriebswelle überträgt. Das Drehmoment hingegen verdreifacht sich.

Die Anzahl der Zähne für das treibende Rad (Zahnrad 1) soll ***20***, für das getriebene Rad (Zahnrad 2) ***60*** betragen. Beide Stirnräder sind mit einer Breite von ***15 mm*** zu konstruieren.

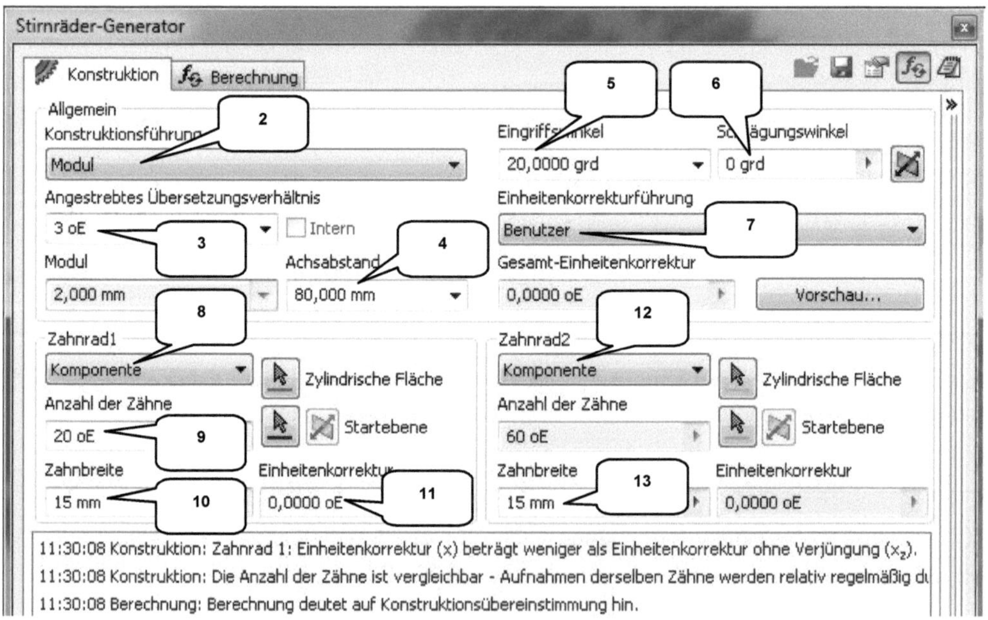

Übernehmen Sie die Einstellungen in folgender Reihenfolge:

- ***Konstruktionsführung***: Modul (2) *
- ***Übersetzungsverhältnis***: 3:1 (3)
- ***Achsabstand***: 80 mm (4)
- ***Eingriffswinkel***: 20° (5)
- ***Schrägungswinkel***: 0° (6)
- ***Einheitenkorrektur***: Benutzer (7)
- ***Zahnrad 1-Option***: Komponente (8)
- ***Zahnrad 1-Anzahl der Zähne***: 20 (9)
- ***Zahnrad 1-Zahnbreite***: 15 mm (10)
- ***Zahnrad 1-Einheitenkorrektur***: 0 (11)
- ***Zahnrad 2-Option: Komponent***e (12)
- ***Zahnrad 2-Zahnbreite***: 15 mm (13)
- Berechnen ***Berechnen***

<u>HINWEIS</u>: Sollte das Eingabefeld ***Angestrebtes Übersetzungsverhältnis*** (3) nach Aktivierung der Konstruktionsführung ***Modul*** (2) grau hinterlegt sein, wechseln Sie kurz zur Option Konstruktionsführung ***Modul und Anzahl der Zähne*** (2) und dann wieder zurück zu ***Modul***.

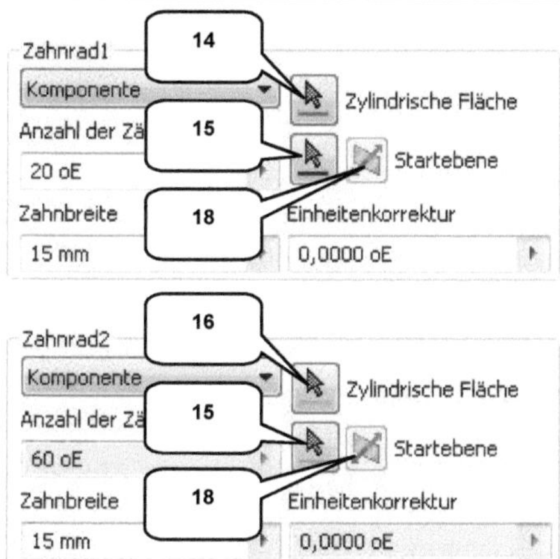

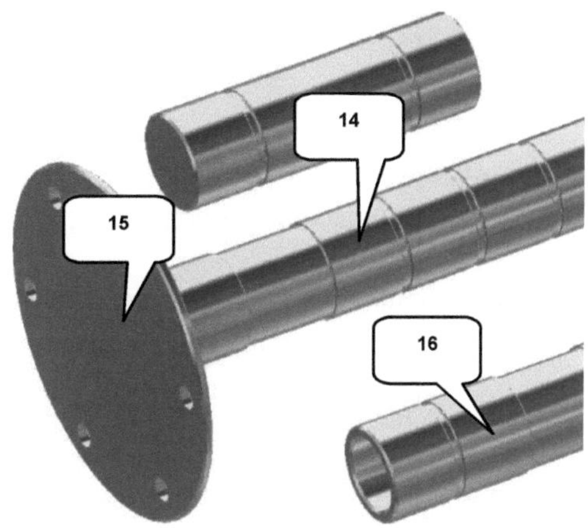

Nachdem die Werte berechnet wurden, können die ***Referenzen*** zur Positionierung der Zahnräder definiert werden. Verwenden Sie die oben markierten zylindrischen Flächen (14, 16) und die Startebene (15).

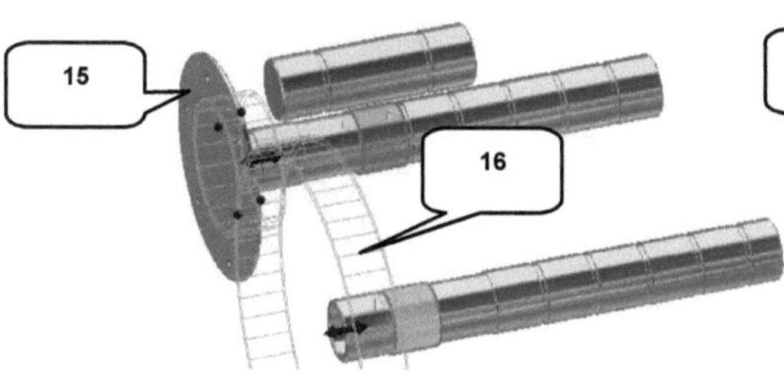

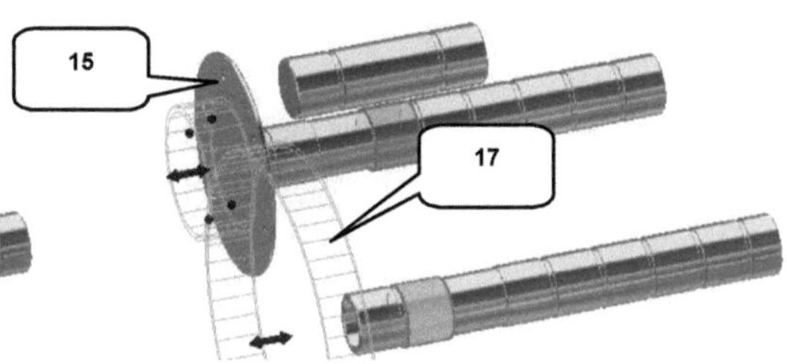

HINWEIS: Achten Sie darauf, dass das Zahnradpaar, rechts neben der Startfläche (15) angeordnet wird (16). Sollte dies nicht der Fall sein (17), muss die Option ***Seite umkehren*** (18) zur Korrektur verwendet werden (für jedes Zahnrad einzeln).

Der Befehl kann jetzt mit ***OK*** bestätigt werden und das Zahnradpaar wird berechnet. Die neu generierte Unterbaugruppe ***Stirnräder.iam*** (19) sollte im Browser automatisch als ***flexibel*** (20) gekennzeichnet worden sein werden. Wenn nicht, muss es manuell nachgeholt werden (***rechte Maustaste*** > ***Flexibel***).

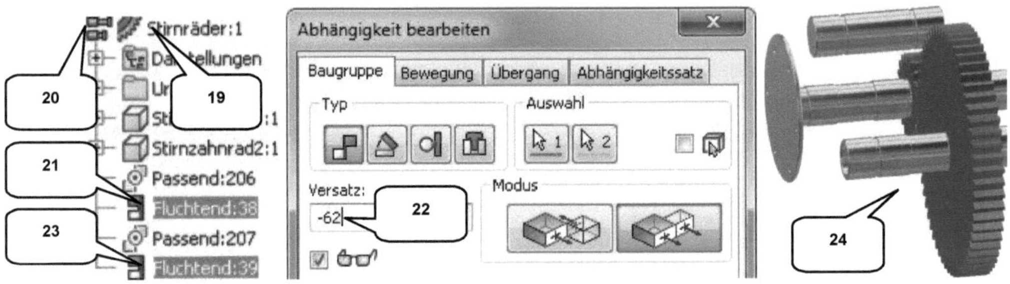

Überprüfen Sie die Beweglichkeit der Zahnradpaarung, indem eines der Zahnräder bei gedrückter linker Maustaste gedreht wird: das zweite sollte sich ebenfalls drehen.

Axiale Abhängigkeiten zwischen den Zahnrädern und den Wellen wurden bereits erzeugt, die genauen Positionierungen allerdings müssen noch erfolgen.

Erweitern Sie hierfür die Unterbaugruppe ***Stirnräder.iam*** (19) im Browser. Um die Abstände der Stirnräder zu den Seitenflächen zu definieren, sind die vorhandenen Abhängigkeiten zu bearbeiten. Starten Sie mit der Bearbeitung der ersten Abhängigkeit ***Fluchtend*** (21) (***rechte Maustaste*** > ***Bearbeiten***) und ändern Sie deren Versatzwert auf ***-62 mm*** (22).

Im Ergebnis sollte das Zahnrad jetzt in Richtung der Achsmitte verschoben werden (24). Übernehmen Sie diesen Versatz auch für das zweite Zahnrad (23) unter Verwendung desselben Versatzwertes ***-62 mm*** (22). Beide Zahnräder sollten sich danach auf derselben Höhe befinden.

HINWEIS: Sollten die Zahnräder fälschlicherweise außerhalb der Wellen positioniert worden sein, müssen die Versatzwerte auf einen positiven Wert korrigiert werden (+62 mm).

7.5.3 Konstruktion der Zahnradpaare der restlichen Vorwärtsgänge

Die Konstruktion der Zahnradpaare der restlichen 3 Vorwärtsgänge gleicht der der ersten. Wiederholen Sie die vorherige Befehlskette und übernehmen Sie die Werte und Einstellungen aus den folgenden Abbildungen.

Das Zahnradpaar des zweiten Ganges (1) wird mit einem Übersetzungsverhältnis von ***2:1*** (2), bei ***30*** Zähnen (3) für das erste Zahnrad konstruiert.

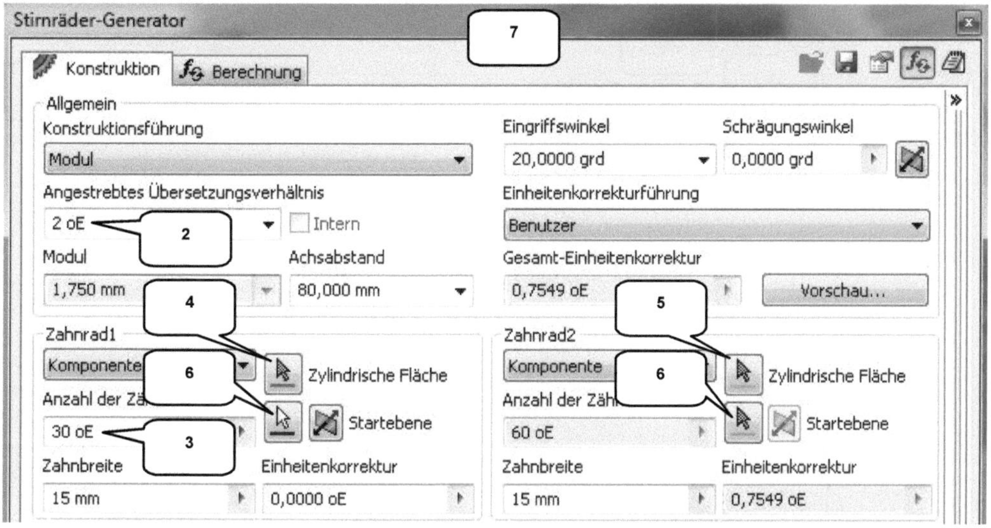

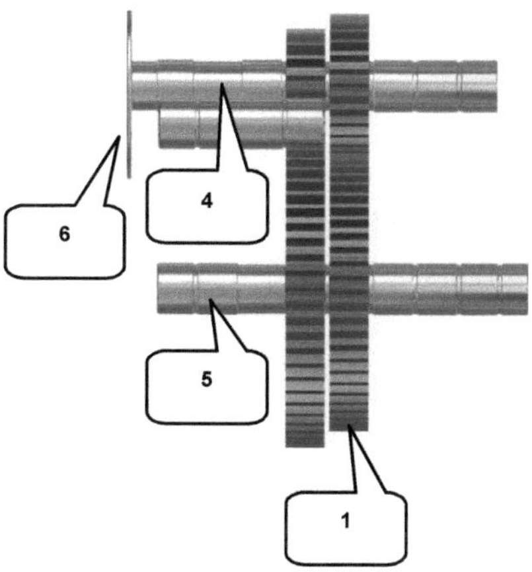

Als ***Referenzen*** für die ***zylindrischen Flächen*** (4) und (5) und die ***Startebene*** (6) können dieselben geometrischen Elemente wie beim ersten Zahnradpaar verwendet werden. Die restlichen Werte und Einstellungen sind der oberen Abbildung (7) zu entnehmen.

Sobald das Zahnradpaar berechnet und positioniert wurde, muss auch hier die Position auf den beiden Wellen korrigiert werden. Hierfür sind im Browser die zuletzt erzeugte Unterbaugruppe ***Stirnräder.iam*** zu erweitern und die darin enthaltenen fluchtenden Abhängigkeiten zu bearbeiten. Verwenden Sie diesmal einen Versatz von ***-79 mm*** und kontrollieren Sie abschließend erneut die Beweglichkeit des Zahnradpaares.

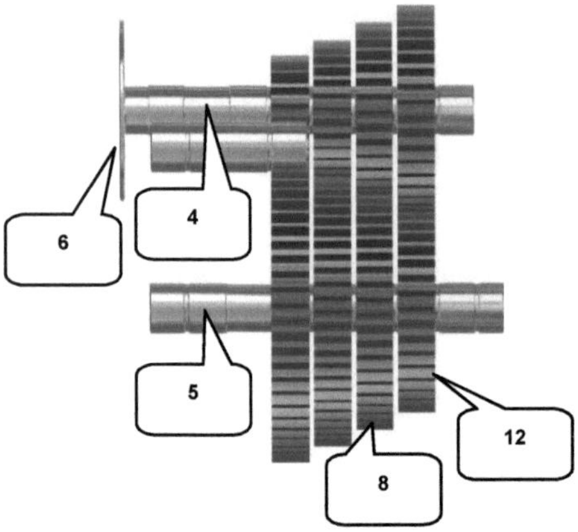

Das Zahnradpaar des dritten Ganges (8) soll mit einem Übersetzungsverhältnis von ***1,5:1*** (9) bei 33 Zähnen des ersten Zahnrades (10) versehen werden.

Der Versatzwert der Zahnräder von der Ursprungsposition (3) aus, soll anschließend auf ***-96 mm*** geändert werden. Alle restlichen Werte und Einstellungen sind der folgenden Abbildung (11) zu entnehmen.

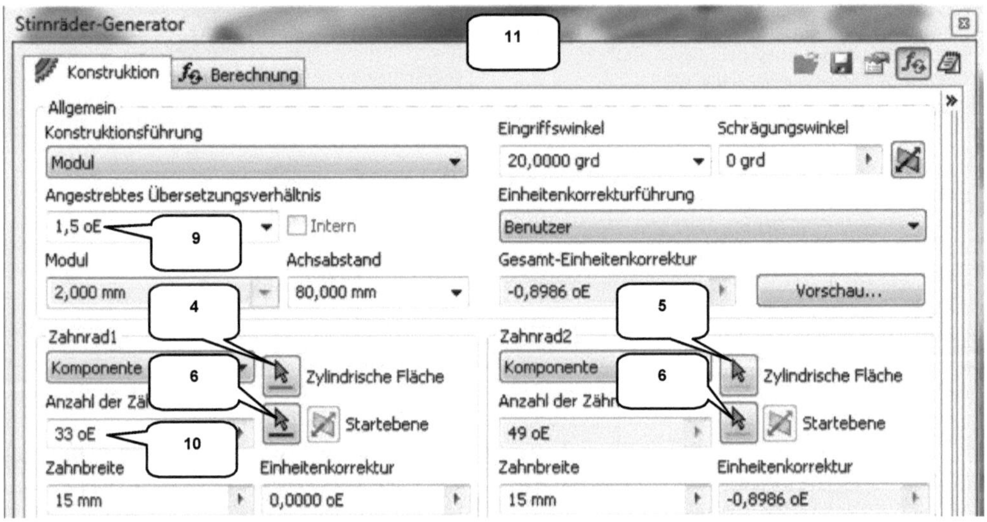

Zum Schluss kann das Zahnradpaar des vierten Ganges (12) erzeugt werden. Das Übersetzungsverhältnis dieses Ganges wird mit ***1:1*** (13) festgelegt, weshalb dieser Gang auch als Direktgang bezeichnet werden kann. Das erste Zahnrad soll ***40*** Zähne erhalten (14) und die restlichen Werte und Einstellungen sind Abbildung (15) zu entnehmen.

Wurde die Konstruktion des Zahnradpaares abgeschlossen, ist der Versatz der Zahnräder zur Startebene (3) auf ***-113 mm*** zu korrigieren. Prüfen Sie abschließend, ob beide Zahnräder sich drehen lassen.

Speichern Sie die Baugruppe.

7.5.4 Importieren der Zahnräder für den Rückwärtsgang

Der Rückwärtsgang stellt in seiner Konstruktion eine Besonderheit dar: Um die Drehrichtung der Abtriebswelle zu ändern, muss der Kraftfluss über die Rücklaufwelle geleitet werden. Da mit dem Stirnräder-Generator leider nur Zahnradpaare (also immer nur 2 Zahnräder zeitgleich) konstruiert werden können, sollen stattdessen vorgefertigte Zahnräder montiert werden.

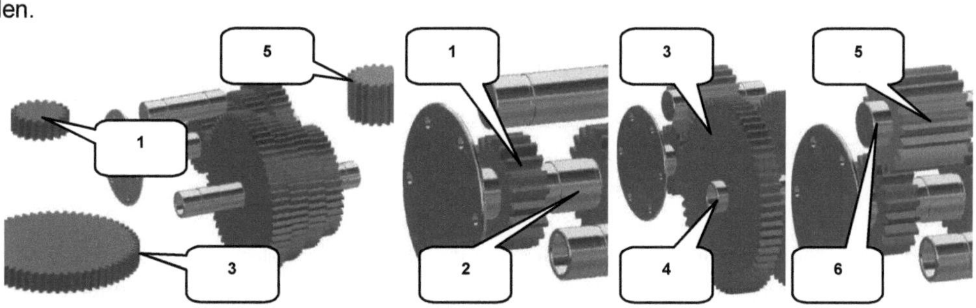

Platzieren Sie die Bauteile ***Rückwärtsgang-Stirnzahnrad1.ipt***, ***Rückwärtsgang-Stirnzahnrad2.ipt*** und ***Rückwärtsgang-Stirnzahnrad3.ipt*** aus dem Projektordner, legen Sie sie jeweils einmal in der Baugruppe frei ab und setzen Sie anschließend drei axiale **Abhängigkeiten**. Stirnzahnrad1 (1) soll auf der Antriebswelle (2) befestigt werden, Stirnzahnrad2 (3) soll auf der Abtriebswelle (4) befestigt werden und Stirnzahnrad3 (5) soll auf der kurzen Rücklaufwelle (6) befestigt werden.

Alle drei Zahnräder sind im Anschluss daran mit einer fluchtenden **Abhängigkeit** zur markierten Seitenfläche der Antriebswelle (7) zu positionieren.

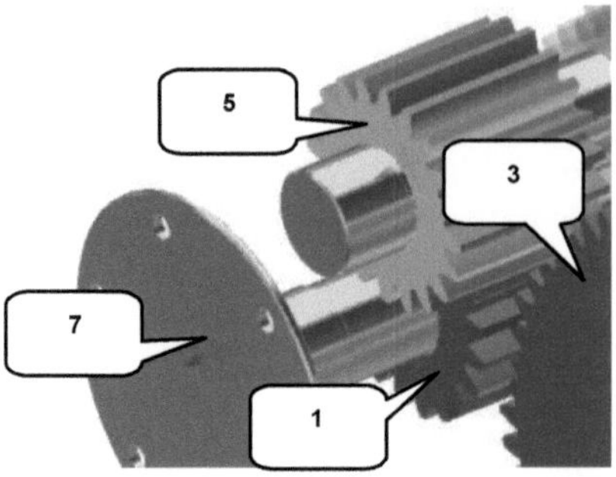

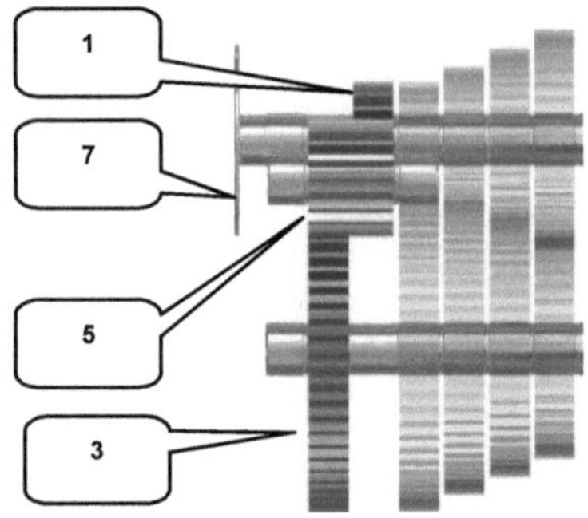

Das Zahnrad auf der Antriebswelle (1) soll einen Versatz von ***-45 mm*** zur Seitenfläche (7) erhalten, die beiden Zahnräder (3, 5) sind jeweils mit einem Versatz von ***-28 mm*** anzuordnen. ***Speichern*** Sie die Baugruppe danach.

7.5.5 Wellen und Zahnräder mit Bewegungsabhängigkeiten versehen

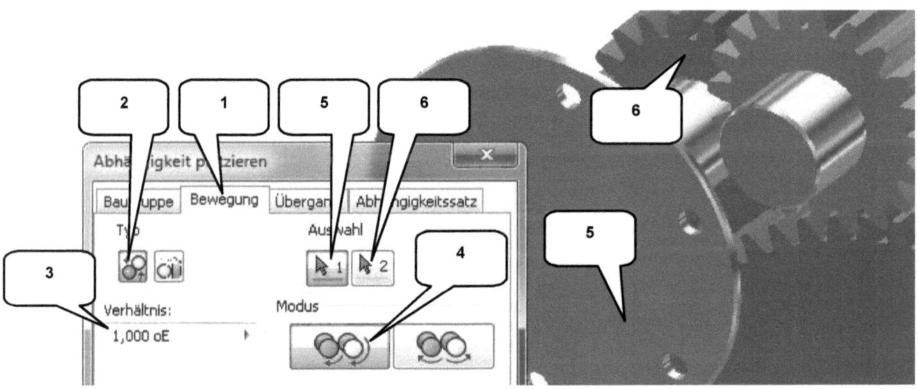

Nachdem alle Stirnräder in die Baugruppe eingefügt wurden, sollen Bewegungsabhängigkeiten ihre Drehbewegungen synchronisieren. Im ersten Schritt sind die Zahnräder der Antriebswelle mit dieser fest zu verbinden, was mit Bewegungsabhängigkeiten zwischen den Zahnrädern und der Antriebswelle erreicht werden soll.

Starten Sie den Befehl Abhängig machen (Befehlsgruppe ***Zusammenfügen***) und wechseln Sie darin zum Register ***Bewegung*** (1). Aktivieren Sie den Typ ***Drehung*** (2), wählen Sie ein Verhältnis von ***1:1*** (3) und den Modus ***Vorwärts*** (4). Als ***Auswahl 1*** soll die markierte Fläche der Antriebswelle (5) gewählt werden, als ***Auswahl 2*** die Stirnfläche des markierten Zahnrades (6). Bestätigen Sie den Befehl mit Anwenden ***Anwenden*** und wiederholen Sie die Befehlskette bei den restlichen vier Zahnrädern der Antriebswelle (7...10).

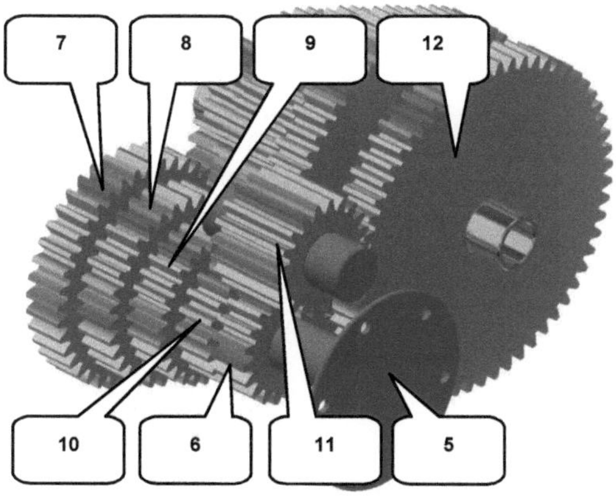

Drehen Sie die Welle (5) anschließend bei gedrückter linker Maustaste: Die Zahnräder darauf sollten sich analog dazu bewegen.

Um die Zahnräder des Rückwärtsgangs voneinander abhängig zu machen, sind sie zur besseren Ansicht zu isolieren. Markieren Sie die drei Zahnräder (6), (11) und (12) und isolieren Sie sie (***rechte Maustaste*** > ***Isolieren***).

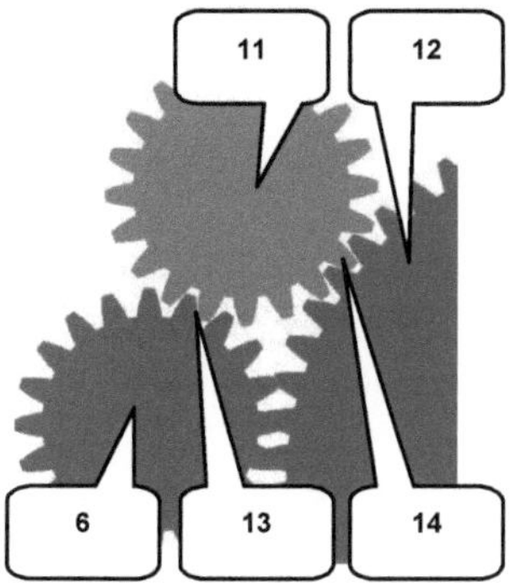

Wechseln Sie am ***ViewCube*** zur Ansicht ***VORNE*** (15), zoomen Sie die Schnittstelle der beiden kleinen Zahnräder (Position 13) sehr nah heran und drehen Sie die Zahnräder, bis die Zähne der Zahnräder (6) und (11) kollisionsfrei ineinandergreifen. Drehen Sie anschließend das Zahnrad (12), bis auch dessen Zähne kollisionsfrei mit denen des Zahnrades (11) der Rücklaufwelle ineinandergreifen (14).

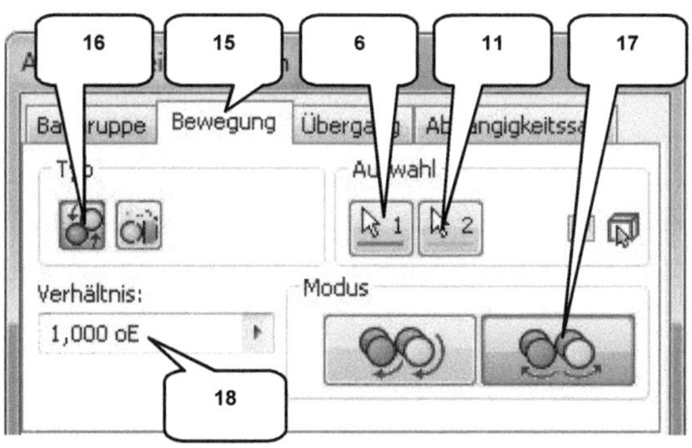

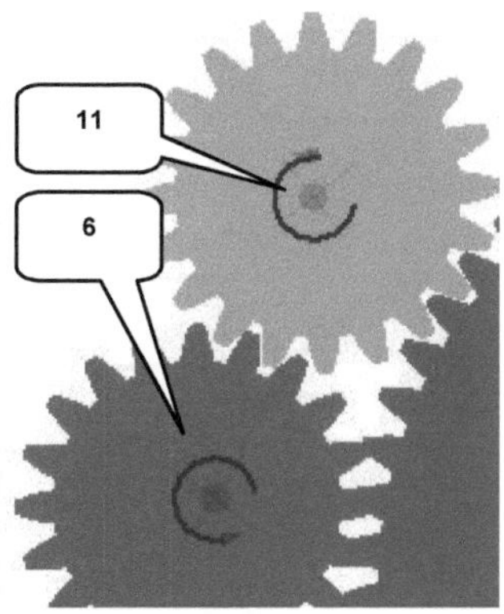

Starten Sie jetzt den Befehl **Abhängig machen** (Register ***Bewegung*** (15)) und verbinden Sie die beiden Zahnräder (6) und (11) miteinander (Typ ***Drehung*** (16), Modus ***Rückwärts*** (17), Übersetzungsverhältnis ***1:1*** (18)).

Bestätigen Sie die Eingaben mit der Option ***Anwenden***.

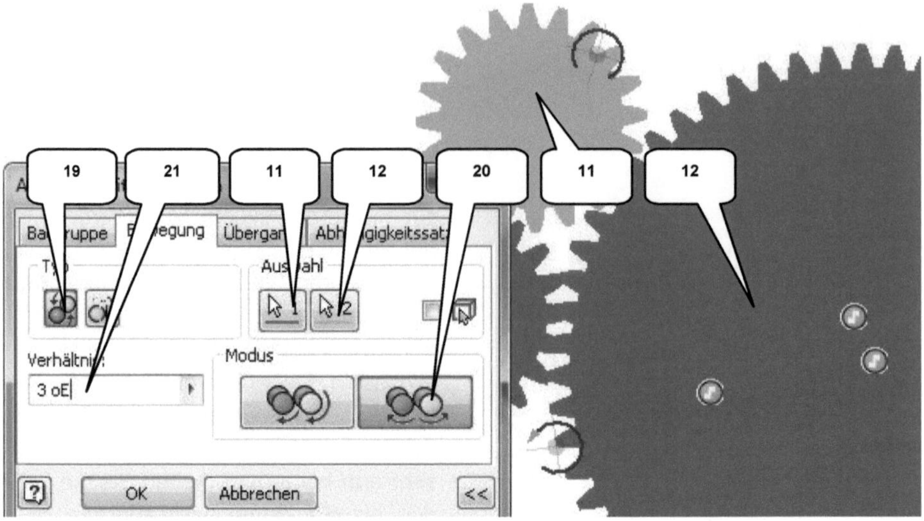

Setzen Sie eine weitere Bewegungsabhängigkeit zwischen den Zahnrädern (11) und (12). Verwenden Sie den Typ ***Drehung*** (19), den Modus ***Rückwärts*** (20), ein Übersetzungsverhältnis von ***3:1*** (21) und bestätigen Sie die Eingaben mit ***OK***.

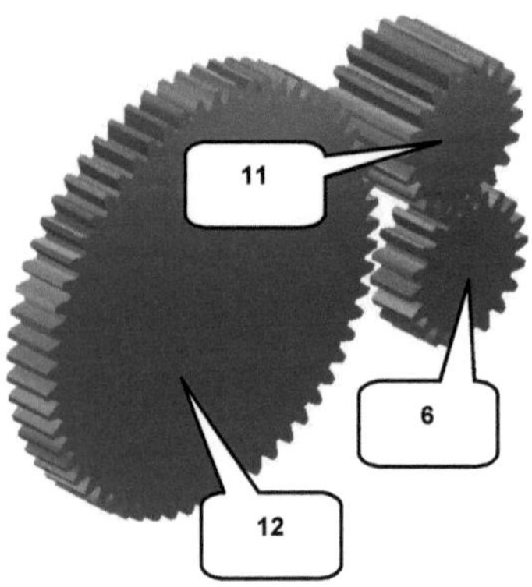

Drehen Sie eines der Zahnräder um die Bewegungsabhängigkeiten zu testen: die Zahnradpaare (6) und (11) sowie (11) und (12) sollten jeweils kollisionsfrei ineinandergreifen.

Die nicht sichtbaren restlichen Komponenten der Baugruppe können jetzt wieder eingeblendet werden: Markieren Sie hierfür im Browser alle grau dargestellten Komponentennamen (nicht das Bauteil ***Motorradrahmen.ipt***), klicken Sie mit der ***rechten Maustaste*** darauf und wählen Sie die Option ***Sichtbarkeit***.

Markieren Sie im Browser alle Stirnräder und weisen Sie ihnen die Farbe ***Chrom-poliert-schwarz*** zu.

Zum Schluss soll jetzt auch die Abtriebswelle an die Drehbewegung der Zahnräder gekoppelt werden, was ebenfalls mit einer Bewegungsabhängigkeit zu erledigen ist.

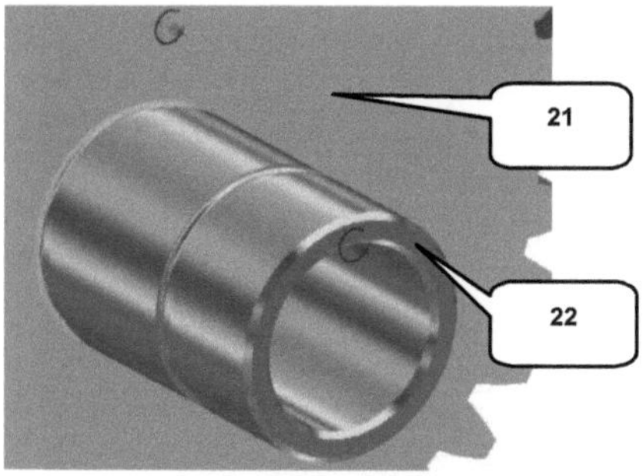

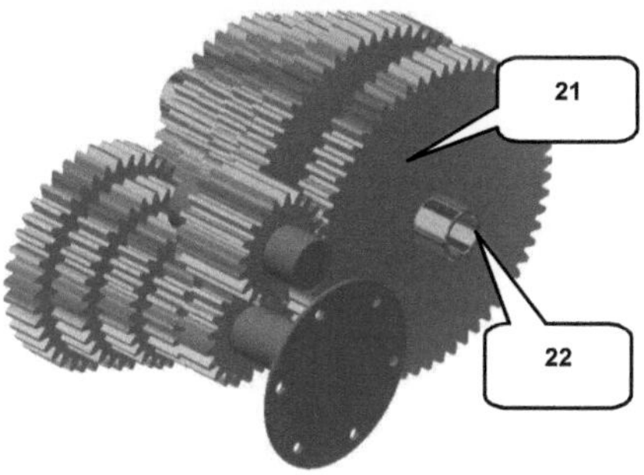

Starten Sie im Register ***Bewegung*** den Befehl **Abhängig machen**

Aktivieren Sie den Typ ***Drehung***, den Modus ***Vorwärts***, und geben Sie ein Übersetzungsverhältnis von ***1:1*** ein. Als ***Referenz*** der ***Auswahl 1*** ist die Seitenfläche des markierenden Zahnrades (21) und als ***Referenz*** der ***Auswahl 2*** die Ringfläche der Abtriebswelle (22) zu verwenden.

Speichern Sie die gesamte Baugruppe noch einmal.

7.6 Konstruktion des Kegelradgetriebes

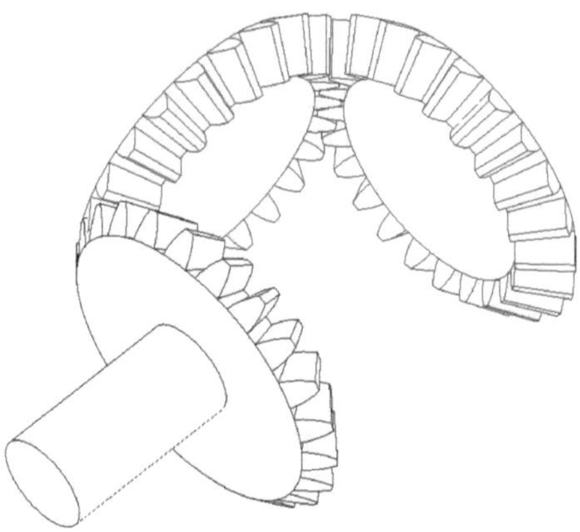

Durch die Abtriebswelle verläuft eine Rollenkette, welche den Ziehkeil bewegt. Diese Konstruktion erfordert genügend Platz an den Seiten der Welle, um die Kette, welche durch Kettenräder geführt wird, in die Welle hinein- und wieder hinausbewegen zu können. An einem Ende der Welle soll daher ein zusätzliches Kegelradgetriebe (bestehend aus drei jeweils um 90° zueinander geneigten Kegelrädern) konstruiert werden.

Weil die gewünschte Konstellation, bestehend aus drei Kegelrädern, vom Programm nicht umgesetzt werden kann, muss das dritte Kegelrad später zusätzlich aus dem Projektordner hinzugefügt werden.

7.6.1 Welle und Lager zur Platzierung der Kegelräder erzeugen

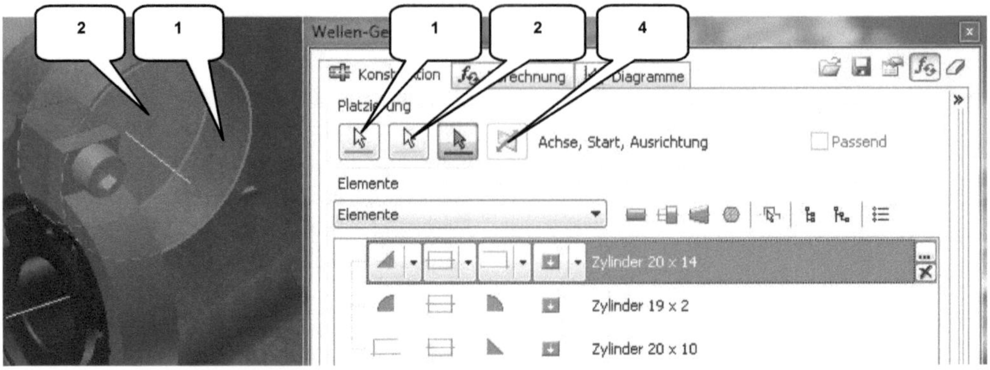

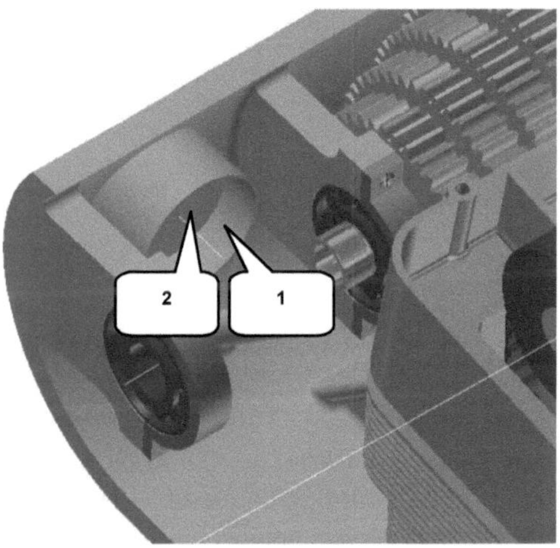

Vor der Konstruktion des Kegelradgetriebes, sollte die Baugruppe allerdings um eine weitere Welle und ein weiteres Wälzlager erweitert werden.

Starten Sie den Wellen-Generator. Verwenden Sie als Referenz für die ***zylindrische Fläche*** die markierte Zylinderfläche (1) im Motorgehäuse und als ***Referenz*** für die ***planare Startfläche*** die markierte Fläche (2) im hinteren Teil des Getrieberaumes (Bauteil ***Motorgehaeuse.ipt***).

Erstellen Sie eine Welle aus drei Abschnitten und ergänzen Sie diese um zwei Fasen und zwei Rundungen.

Die beiden ***Fasen*** sind mit der Option ***Abstand*** und einem Wert ***0,5 mm*** zu erstellen, die beiden ***Rundungen*** mit einem jeweiligen Radius ***0,5 mm***.

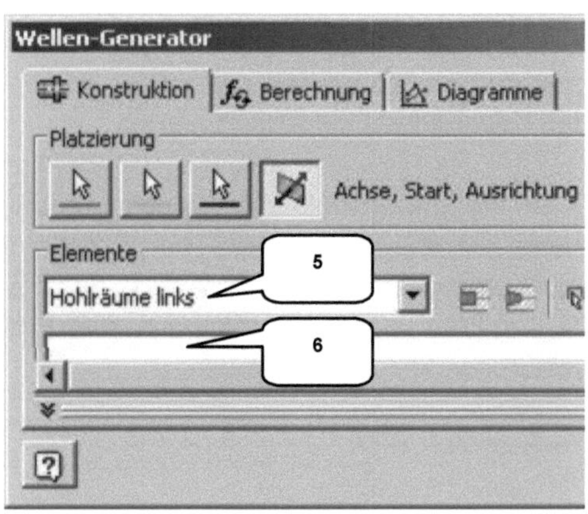

Achten Sie auf die Ausrichtung der Welle: Sie muss, von der Startebene aus, in Richtung Getriebeinnenraum zeigen (3) (eine Korrektur wäre ggf. mit der Option ***Seite umkehren*** (4) möglich).

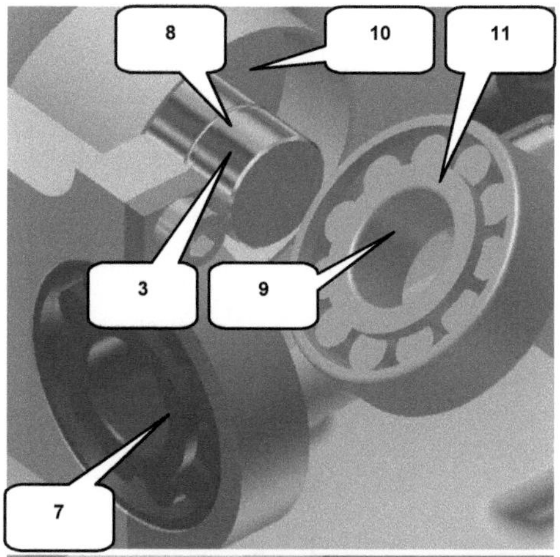

Stellen Sie sicher, dass in der Option ***Hohlräume links*** (5) keine Durchgangsbohrung mehr aktiviert ist (6).

Bestätigen Sie den Befehl und weisen Sie der Welle die Farbe ***Chrom-poliert-blau*** zu.

Um die Welle zu führen, muss ein neues Wälzlager eingefügt werden. Markieren Sie das vorhandene Lager (7), kopieren Sie es und fügen Sie es ein weiteres Mal in die Baugruppe ein (***rechte Maustaste*** > ***Kopieren*** und ***rechte Maustaste*** > ***Einfügen***).

Setzen Sie zwei ***Abhängigkeiten***, um das neue Lager zu positionieren. Verbinden Sie hierfür die Achsen der beiden Zylinderflächen (8) und (9) von Welle und Lager und die Flächen (10) und (11) von Lager und Getrieberaum. Das gewünschte Ergebnis ist in Abbildung (12) zu sehen.

Weisen Sie dem Lager die Farbe ***Blau*** zu und **speichern** Sie die Baugruppe abschließend.

7.6.2 Befehlsgrundlagen KEGELRÄDER-GENERATOR

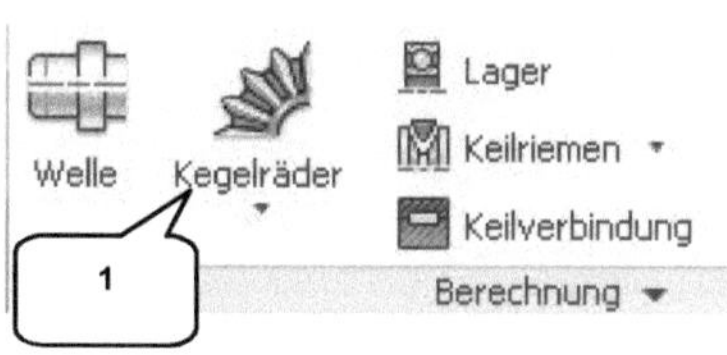

Der **Kegelräder-Generator** (1) ist mit dem Stirnräder-Generator prinzipiell vergleichbar, weil die Vorgehensweise bei der Berechnung ähnlich ist. Nur liegen die Kegelräder nicht parallel zueinander, sondern sind in einem zu definierendem Winkel zueinander angeordnet.

7.6.2.1 Register KONSTRUKTION

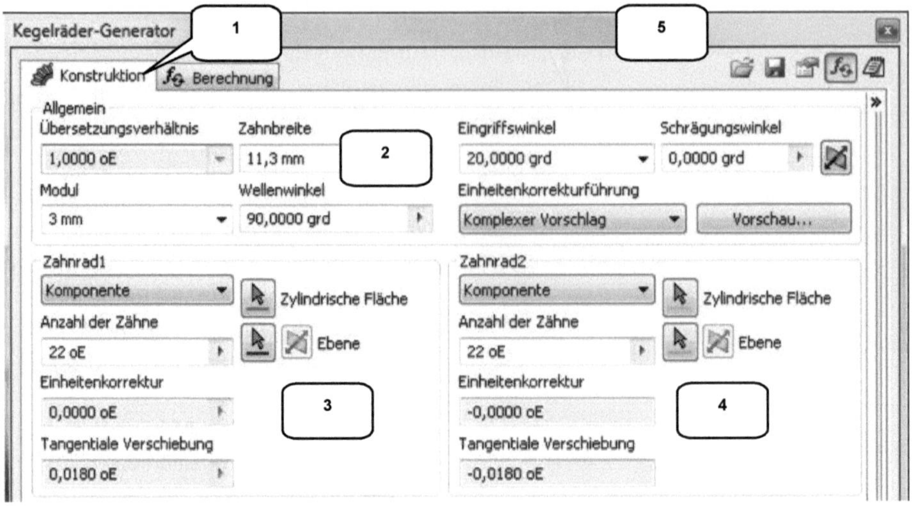

INHALT

Im Register ***Konstruktion*** werden alle Randbedingungen definiert und ggf. Vorgaben zur Positionierung der Kegelräder in der Baugruppe festgelegt.

OPTIONEN

1) Register: Konstruktion/ Berechnung
2) Allgemeine Grundeinstellungen
3) Geometrie Kegelrad 1
4) Geometrie Kegelrad 2
5) Berechnungswerte, Berechnung aktivieren/ deaktivieren, Dateibenennung aktivieren, Berechnungswerte zurücksetzen

7.6.2.2 Register BERECHNUNG

INHALT

Im Register ***Berechnung*** können die Methode der Festigkeitsberechnung, Belastungen der Kegelräder, Materialwerte und die erforderliche Gebrauchsdauer definiert werden. Als Berechnungsmethoden stehen die Optionen nach Bach, nach Merrit und diverse Kombinationen aus ANSI, DIN, ISO und CSN zur Verfügung.

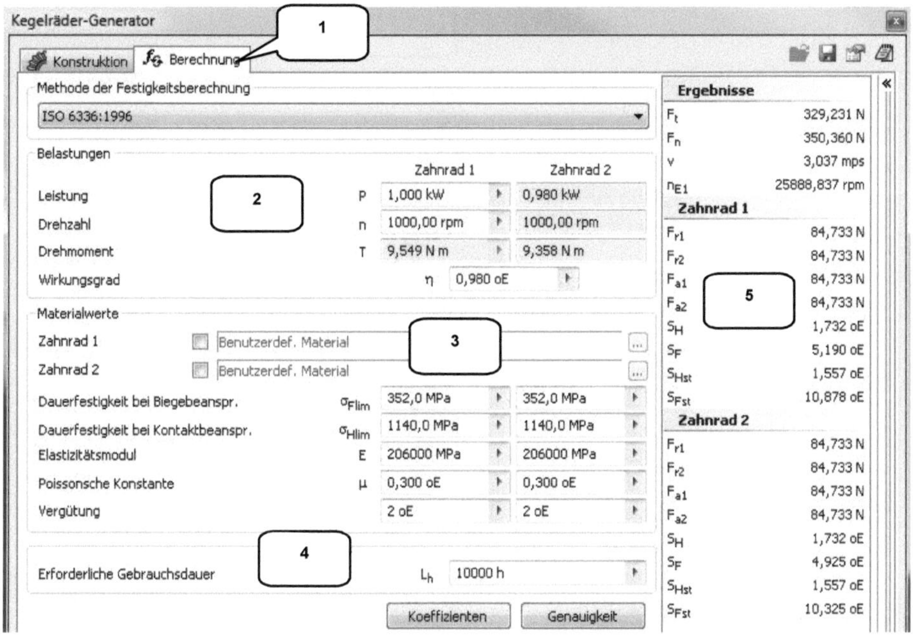

OPTIONEN

1) Register: Konstruktion/ Berechnung
2) Belastung
3) Material
4) Gebrauchsdauer
5) Ergebnisdarstellung

7.6.3 Konstruktion des Kegelradgetriebes

Übernehmen Sie alle Werte und Einstellungen der Abbildung (1). [Berechnen] ***Berechnen*** Sie die Ergebnisse und bestätigen Sie den Befehl mit [OK] ***OK***.

Legen Sie das Kegelradpaar frei im Zeichenbereich ab (2) und richten Sie es etwas aus. Hierfür muss die Kegelradbaugruppe markiert, die ***Taste: G*** gedrückt und beide Kegelräder bei gedrückter linker Maustaste gedreht werden, bis in etwa die dargestellte Position (3) erreicht wurde.

Die Positionierung der Kegelräder könnte theoretisch bereits während des Befehls erfolgen. Da hierbei leider häufig Probleme auftreten (trotz korrekter Angabe der Referenzen werden die Kegelradpaare falsch platziert), sollte die Positionierung besser manuell erfolgen.

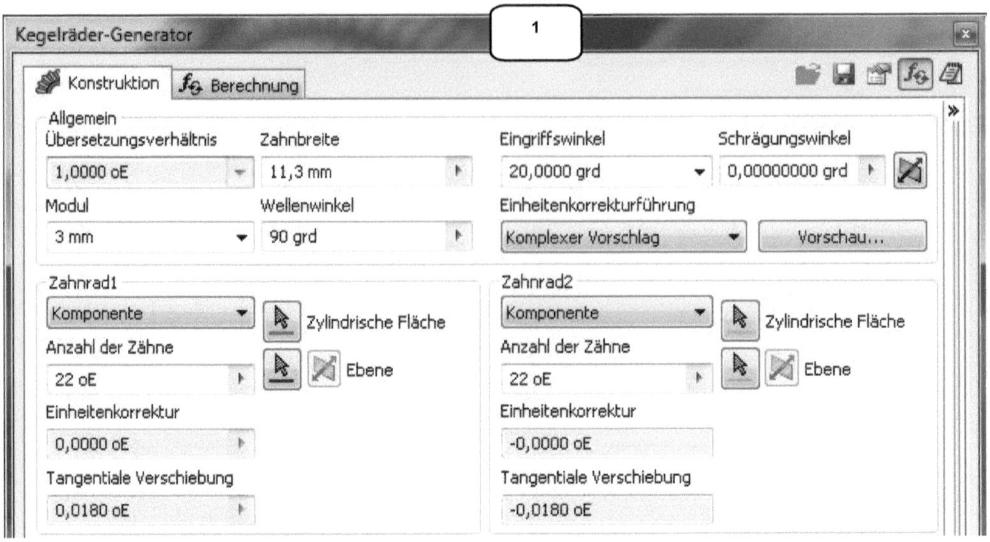

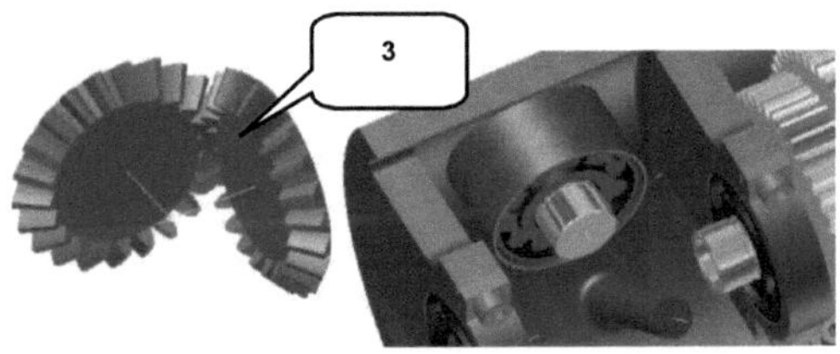

Nachdem Winkel und Abstand der Kegelräder zueinander festgelegt wurden, müssen die Achsen der Kegelräder axial auf den Wellenachsen positioniert werden. Erzeugen Sie Abhängigkeiten (**Abhängig machen**) zwischen den markierten Achsen der Kegelräder (4) und den Mantelflächen der Wellen (5).

Sobald die beiden Kegelräder ihre endgültige Position eingenommen haben, müssen sie noch in bewegliche Komponenten verwandelt werden.

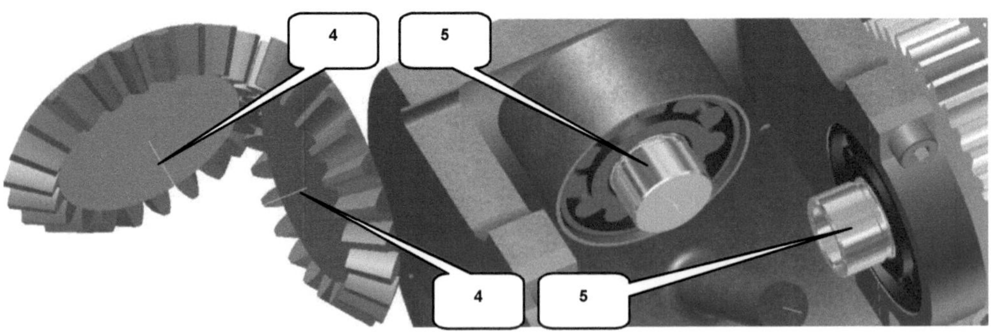

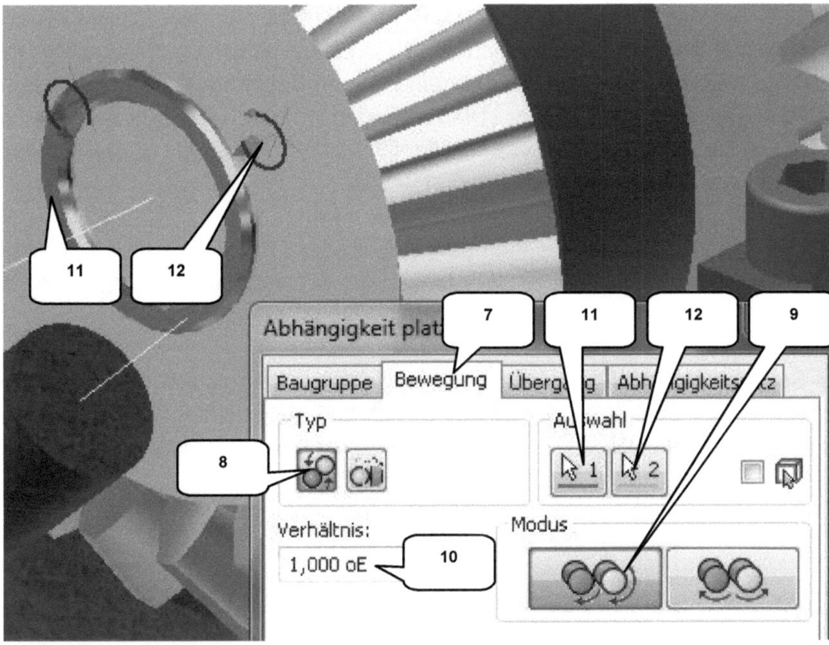

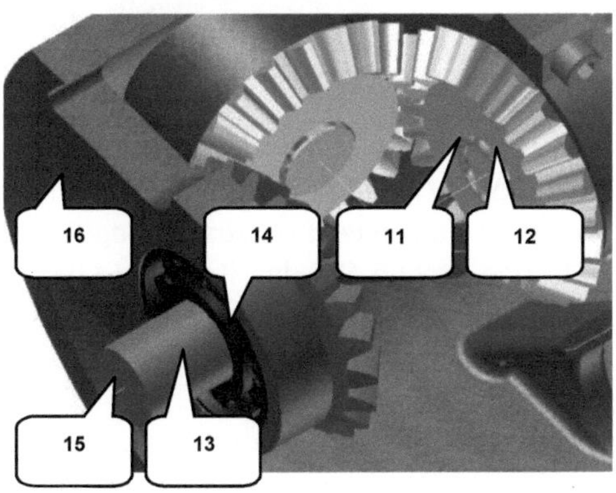

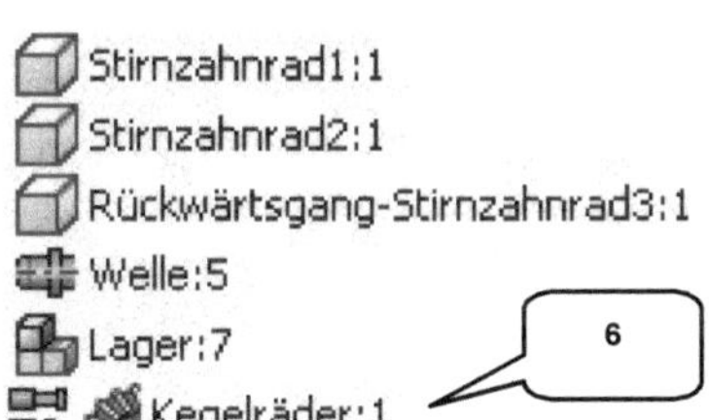

Wie auch beim Stirnräder-Generator, werden Kegelräder vom Programm als starre Baugruppen eingefügt, weshalb sie nachträglich flexibilisiert werden müssen. Markieren Sie die Baugruppe ***Kegelräder.iam*** (6) im Browser und aktivieren Sie mit der ***rechten Maustaste*** darauf die Option ***Flexibel*** im Kontextmenu.

Starten Sie den Befehl **Abhängig machen** (Register ***Bewegung*** (7)). Aktivieren Sie den Typ ***Drehung*** (8), den Modus ***Vorwärts*** (9), das Übersetzungsverhältnis ***1:1*** (10) und erzeugen Sie damit eine Bewegungsabhängigkeit zwischen Abtriebswelle (11) und Kegelrad (12).

Platzieren Sie das Bauteil ***Abtrieb-Kegelrad-außen.ipt*** aus dem Projektordner und legen Sie es einmal frei im Zeichenbereich ab. Zu ihrer Positionierung sollten zwei Abhängigkeiten erzeugt werden: Die Welle des neu eingefügten Kegelrades (13) muss axial mit der Zylinderfläche des markierten Lagers (14) verbunden werden. Die Stirnseite des Wellenzylinders (15) soll fluchtend zur markierten Seitenfläche des Getriebes (16) positioniert, und in einem Abstand von ***-22 mm*** dazu angeordnet werden.

HINWEIS: Die Welle des zuletzt eingefügten Kegelrades (13) müsste jetzt aus dem Getrieberaum herausragen. Andernfalls ist der Abstand der fluchtenden Abhängigkeit auf ***+22 mm*** zu korrigieren!

Vor dem Setzen einer Bewegungsabhängigkeit zwischen dem zuletzt eingefügten Kegelrad und den beiden anderen, muss das einzelne Kegelrad ausgerichtet werden. Markieren Sie alle drei Kegelräder und isolieren Sie sie (***rechte Maustaste*** > ***Isolieren***).

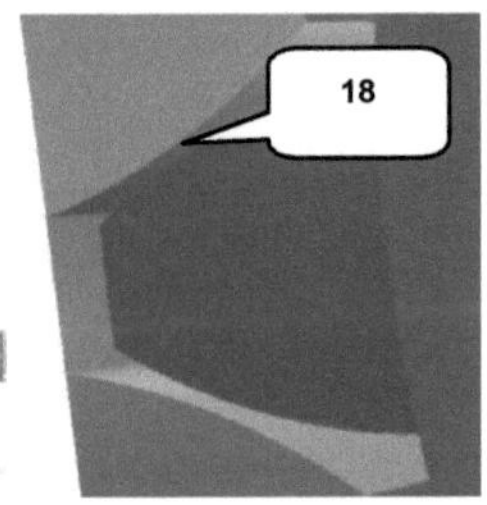

Wechseln Sie am ***ViewCube*** zur Ansicht ***HINTEN*** (17), vergrößern Sie die Schnittstelle der beiden jetzt sichtbaren Kegelräder (18) und drehen Sie das Kegelrad (19) etwas, bis die Zähne beider Kegelräder kollisionsfrei ineinandergreifen.

Das Kegelrad (19) darf jetzt nicht bewegt werden! Drehen Sie die gesamte Ansicht etwas, um eine Bewegungsabhängigkeit zwischen den beiden ausgerichteten Kegelrädern zu erzeugen. Starten Sie hierfür den Befehl Abhängig machen. Im Register ***Bewegung*** (20) sind der Typ ***Drehung*** (21) und der Modus ***Vorwärts*** (22) zu aktivieren und ein Übersetzungsverhältnis ***1:1*** (23) einzutragen. Als Referenzflächen sind die Kegelradflächen (24) und (25) zu verwenden. Im Anschluss daran können alle drei Kegelräder mit der Farbe ***Chrom-poliert-schwarz*** versehen werden. Beenden Sie die Isolierung (***rechte Maustaste*** > ***Isolieren rückgängig***) und ***speichern*** Sie die Baugruppe abschließend.

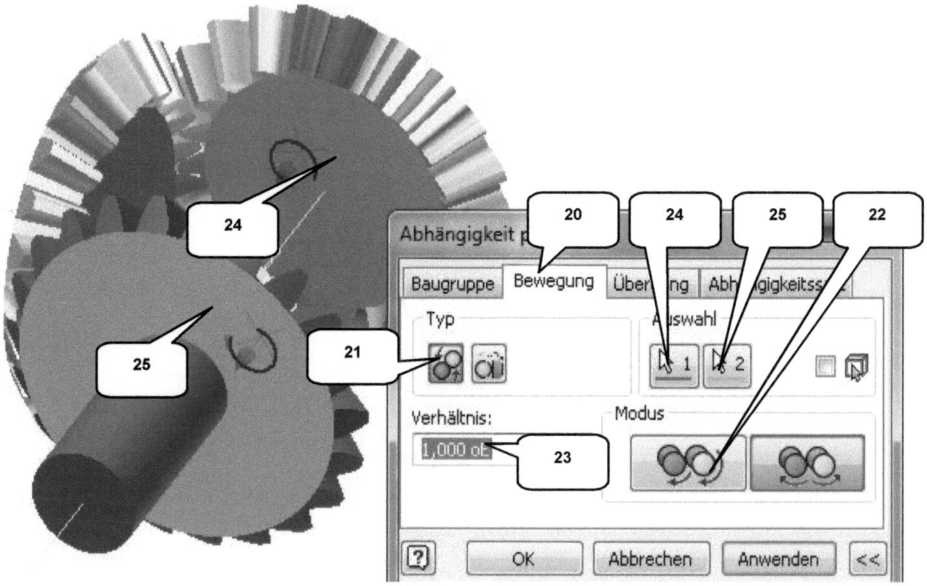

8 Rollenketten

8.1 Rollenketten erzeugen

Rollenketten werden im technischen Bereich häufig verwendet, um einen Kraftfluss von einer Welle auf eine andere übertragen zu können. In diesem Übungsbeispiel sollen insgesamt zwei Rollenketten konstruiert werden. Die erste Kette wird die Kraftübertragung von der Kurbelwelle auf das Getriebe gewährleisten und muss daher stabil ausgeführt werden. Die zweite Kette wird axial durch die Abtriebswelle verlaufen, um dort den Ziehkeil zu bewegen. Aufgrund ihrer geringen Beanspruchung kann sie wesentlich filigraner ausfallen.

8.1.1 Befehlsgrundlagen ROLLENKETTEN-GENERATOR

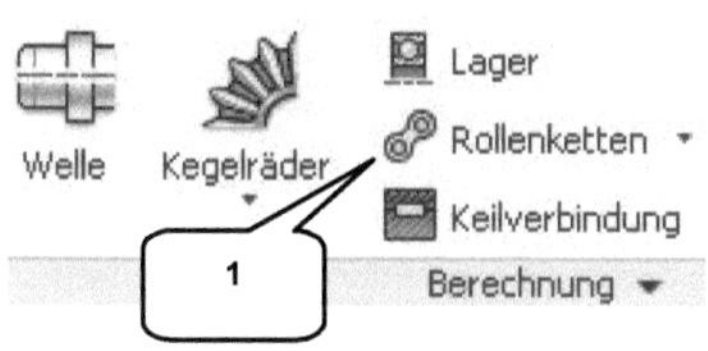

Mit dem **Rollenketten-Generator** (1) können Kettenantriebe, bestehend aus Rollenkette, Kettenrädern und Spannrollen, berechnet und konstruiert werden, wobei das Programm bereits eine Auswahl an vorhandenen Rollenketten zur Verfügung stellt. Auch dieser Befehl ermöglicht es, eine Positionierung anhand vorhandener geometrischer Elemente vorzunehmen.

8.1.1.1 Register KONSTRUKTION

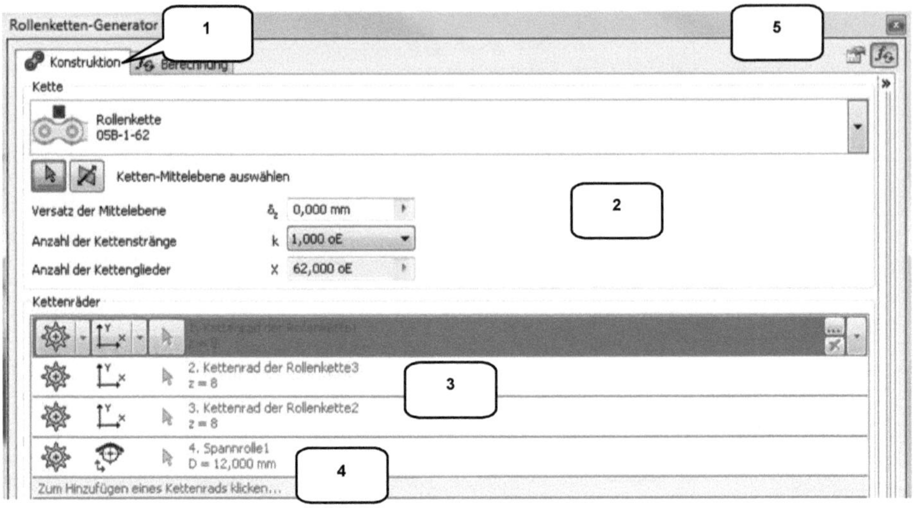

INHALT

Im Register ***Konstruktion*** wird der Kettentyp gewählt, neue Kettenräder und Spannrollen werden erzeugt und ggf. auf vorhandene geometrische Referenzen der Baugruppe platziert.

OPTIONEN

1) Register: Konstruktion/ Berechnung
2) Kettentyp, Anzahl Kettenstränge, Kettenantrieb positionieren
3) Kettenräder/ Spannrollen bearbeiten
4) Neue Kettenräder/ Spannrollen erzeugen
5) Dateibenennung und Berechnung aktivieren/ deaktivieren

8.1.1.2 Register BERECHNUNG

INHALT

Das Register ***Berechnung*** ermöglicht die Verwaltung der Arbeitsbedingungen, Ketteneigenschaften und weiterer Randbedingungen.

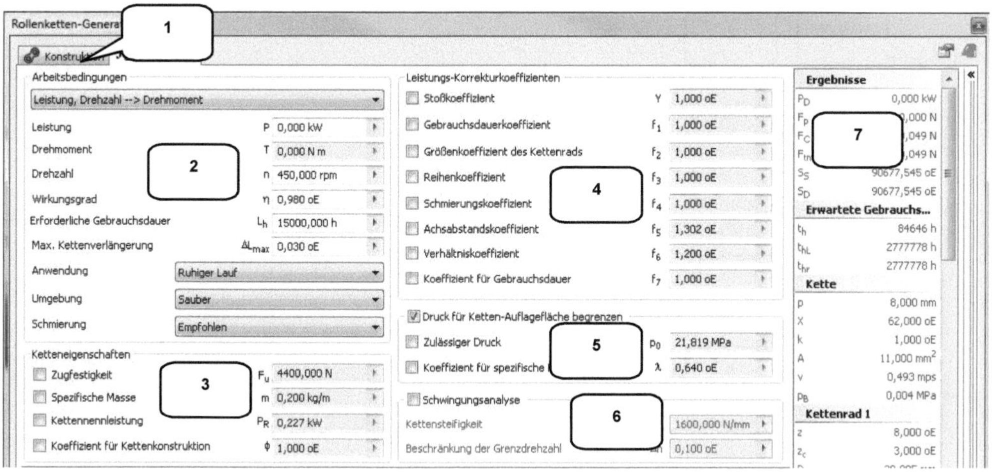

OPTIONEN

1) Register: Konstruktion/ Berechnung
2) Berechnungstyp, Arbeitsbedingungen
3) Ketteneigenschaften
4) Leistung-Korrekturkoeffizienten
5) Auflageflächendruck
6) Schwingungsanalyse
7) Ergebnisberechnung

8.1.2 Konstruktion der Antriebskette

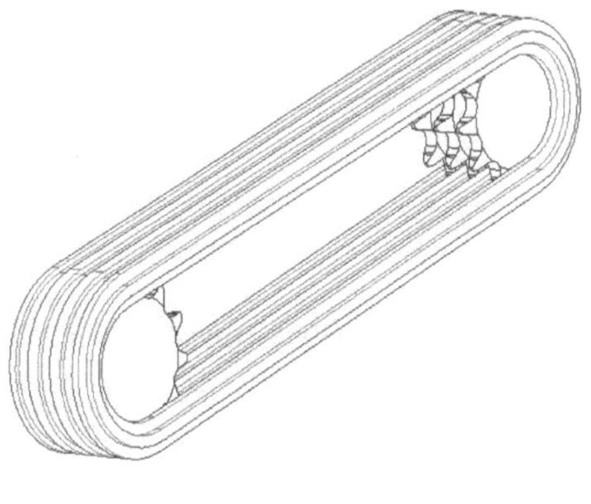

Kettenantriebe bestehen aus Rollenketten, Kettenrädern und Kettenspannern. Sie sind wartungsarm, langlebig, weniger geräuscharm als z. B. Zahnriemenantriebe und unterliegen regelmäßigen Wartungsintervallen.

Je höher die Belastung einer ***Antriebskette*** ist, desto stabiler muss sie konstruiert werden, was u. a. durch eine höhere Anzahl an Kettensträngen erreicht werden kann. Im vorliegenden Beispiel sind sehr hohe Kräfte zu erwarten, weshalb hier auch insgesamt drei Kettenstränge zu verwenden sind.

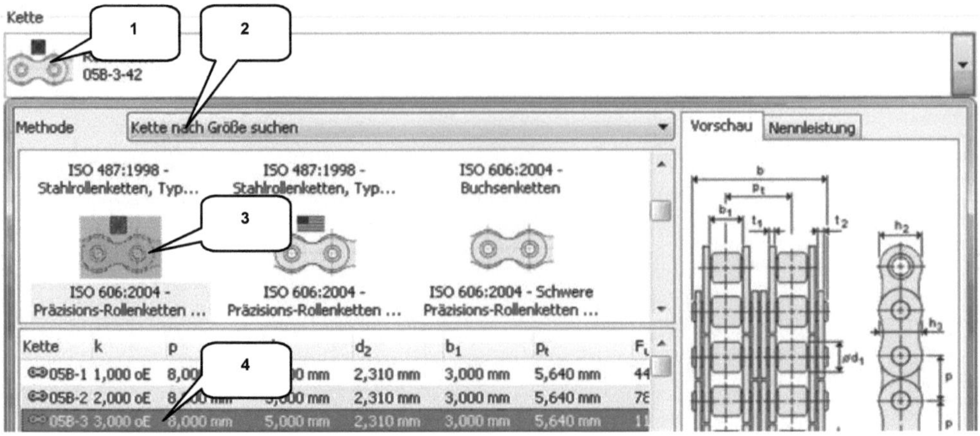

Klicken Sie auf das **_Kettensymbol_** (1), um den passenden Kettentyp auszuwählen. Im neu geöffneten Auswahlfenster sollte die Methode **_Kette nach Größe suchen_** (2) aktiviert sein. Wählen Sie den Kettentyp **_ISO 606:2004 – Präzisions-Rollenketten mit kurzer Teilung (EU)_** (3), aktivieren Sie in der darunterliegenden Tabelle die Zeile **_05B-3_** (4) und bestätigen Sie die Auswahl durch einen Klick auf das **_Symbol_**.

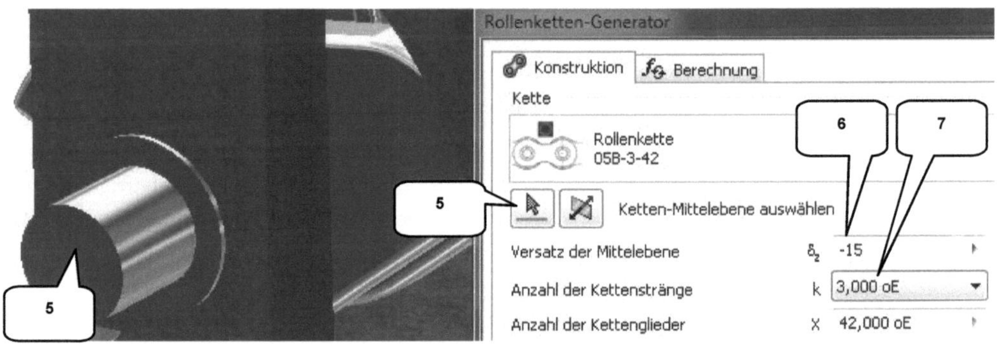

Drehen Sie die gesamte Ansicht auf die Seite der Kupplung (**_ViewCube-Ansicht_**: **_VORNE_**) und wählen Sie als **_Referenz_** für die **_Ketten-Mittelebene_** die markierte Seitenfläche der Kurbelwelle (5).

Im Eingabefeld **_Versatz der Mittelebene_** (6) muss der Wert **_-15 mm_** eingetragen werden. Im Eingabefeld **_Anzahl der Kettenstränge_** sollte der Wert **_3_** (7) bereits voreingestellt sein, was zu kontrollieren ist. Die **_Anzahl der Kettenglieder_** wird vom Programm automatisch berechnet und muss nicht vorgegeben werden.

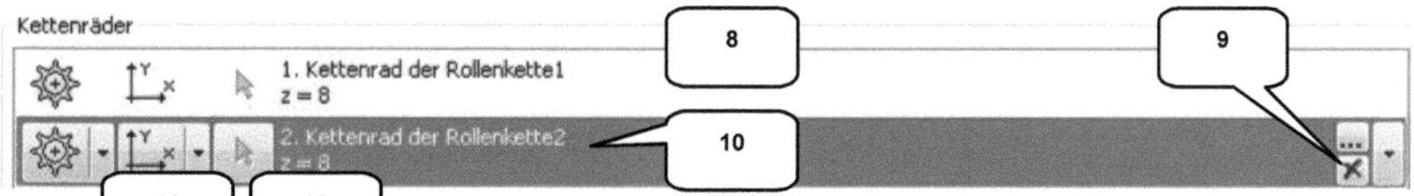

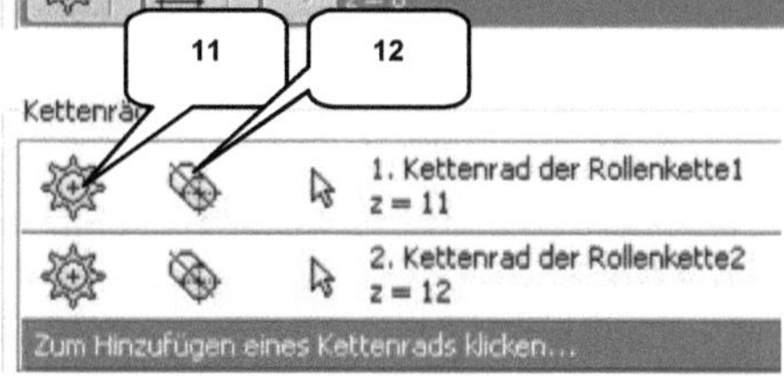

Im Fenster ***Kettenräder*** (8) sollten, je nach Voreinstellung des Programms, bereits zwei Zeilen angezeigt werden. Sollten es mehr sein, entfernen Sie alle bis auf die ersten beiden. Um eine Zeile zu löschen muss diese aktiviert werden, um danach auf das Symbol ***Löschen*** (9) zu klicken.

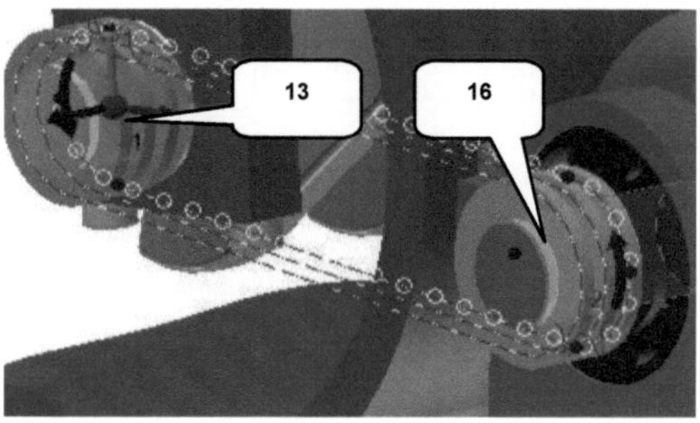

Die beiden ersten (nicht gelöschten) Kettenräder sollten als Typ ***Kettenrad der Rollenkette*** (10) vorgegeben sein. Starten Sie mit der Bearbeitung des ersten Kettenrades. Ganz links in der ***Kettenrad-Geometrie*** (11) ist die Option ***Komponente*** (gelbes Zahnrad-Symbol) zu aktivieren. Rechts daneben muss die ***Feste Position über ausgewählte Geometrie*** (12) (gelbes Zylinder-Symbol) ausgewählt werden. Als geometrische ***Referenz*** ist für das <u>erste</u> Kettenrad die Zylinderfläche der Kurbelwelle (13) zu verwenden.

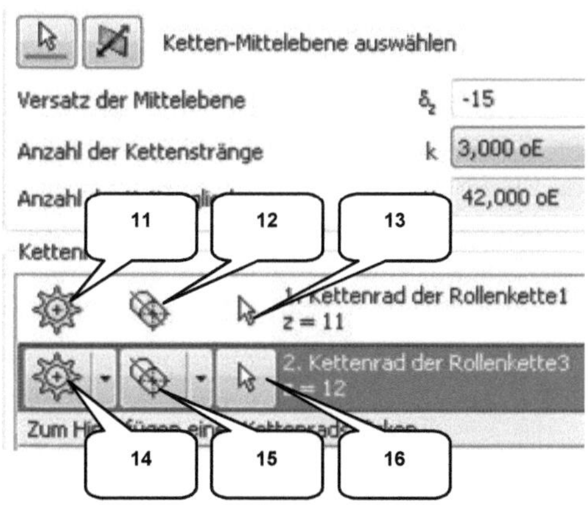

Für das <u>zweite</u> Kettenrad sind ebenfalls die beiden Einstellungen ***Komponente*** (14) und ***Feste Position über ausgewählte Geometrie*** (15) zu übernehmen. Als ***Referenz*** ist diesem Kettenrad die Mantelfläche der Kupplungswelle (16) zuzuweisen. Die Option ***Feste Position über ...*** des zweiten Kettenrades muss anschließend auf ***Frei verschiebbare Position*** (17) geändert werden.

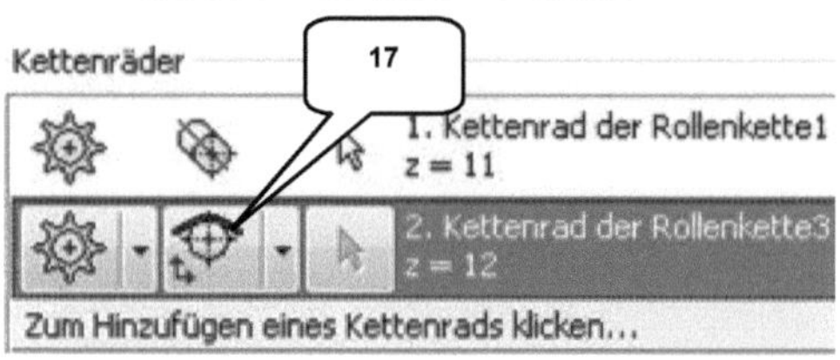

Aktivieren Sie die erste Zeile und starten Sie die ... ***Bearbeitung*** (18) des ersten Kettenrades. Aktivieren Sie die Option ***Bewegung im Uhrzeigersinn*** (19), geben Sie für die Anzahl der Zähne den Wert ***11*** (20) ein und wählen Sie die ***Theoretische Zahnform*** (21). Das Fenster kann danach bereits wieder geschlossen werden (OK ***OK***).

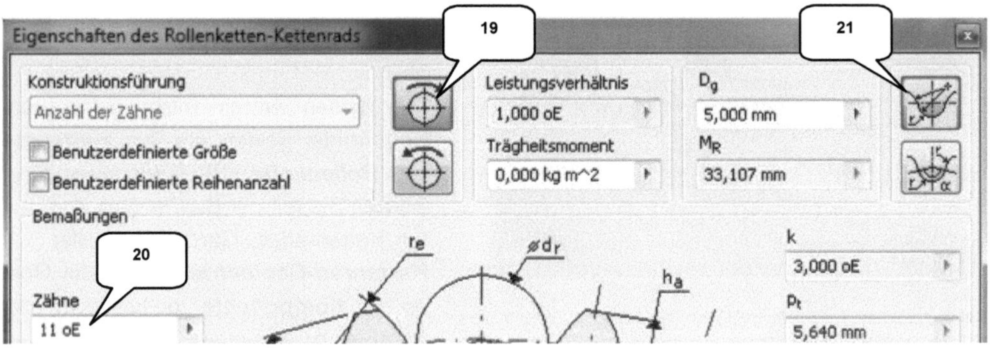

Starten Sie die ... ***Bearbeitung*** (22) des zweiten Kettenrades (Zeile vorher markieren) und wählen Sie die Konstruktionsführung ***Anzahl der Zähne*** (23). Aktivieren Sie auch hier die Option ***Bewegung im Uhrzeigersinn*** (24), geben Sie für die Anzahl der Zähne den Wert ***12*** (25) ein und wählen Sie die ***Theoretische Zahnform*** (26). Beenden Sie die Bearbeitung des Zahnrades mit OK ***OK*** und wechseln Sie im Anschluss daran ins Register Berechnung ***Berechnung***, um hier die Berechnen ***Berechnung*** zu starten, das Befehlsfenster danach mit OK ***OK*** zu bestätigen und die Baugruppe zu ***speichern***.

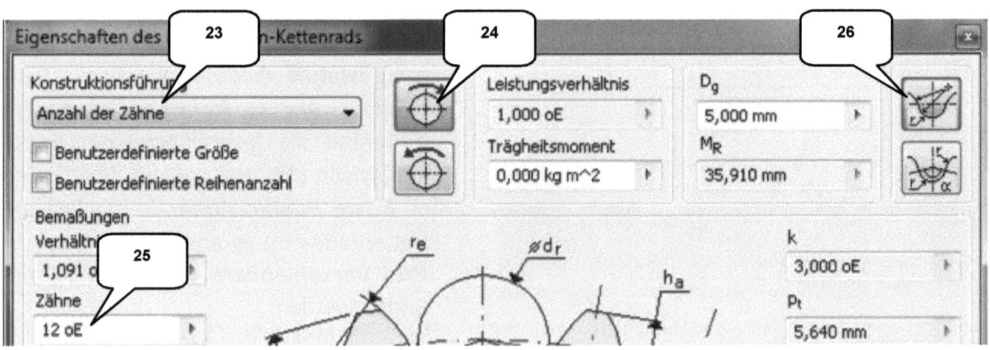

8.1.3 Kettenantrieb mit Bewegungsabhängigkeiten versehen

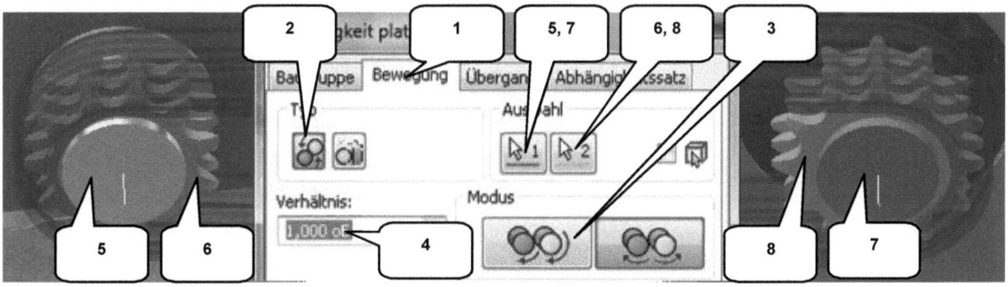

Auch Kettenantriebe werden vom Programm nicht automatisch als flexible Baugruppen erzeugt, was nach der Konstruktion korrigiert werden muss. Markieren Sie den Kettenantrieb und aktivieren Sie im Kontextmenü der ***rechten Maustaste*** die Option ***Flexibel***.

Um den Antrieb der Rollenkette zu gewährleisten und die Kupplung mit dem Getriebe verbinden zu können, muss auch hier eine Bewegungsabhängigkeit erzeugt werden. Starten Sie den Befehl **Abhängig machen** und öffnen Sie das Register ***Bewegung*** (1). Aktivieren Sie den Typ ***Drehung*** (2), den Modus ***Vorwärts*** (3), das Übersetzungsverhältnis ***1:1*** (4) und erzeugen Sie eine Bewegungsabhängigkeit zwischen der Kurbelwelle (5) und dem darauf angeordneten Kettenrad (6). Wiederholen Sie den Befehl und erzeugen Sie eine Bewegungsabhängigkeit zwischen der Kupplung (7) und dem darauf angeordneten Kettenrad (8). Danach dürfte sich weder der Kurbeltrieb noch das Getriebe per Hand drehen lassen.

8.1.4 Animation des gesamten Bewegungsapparates

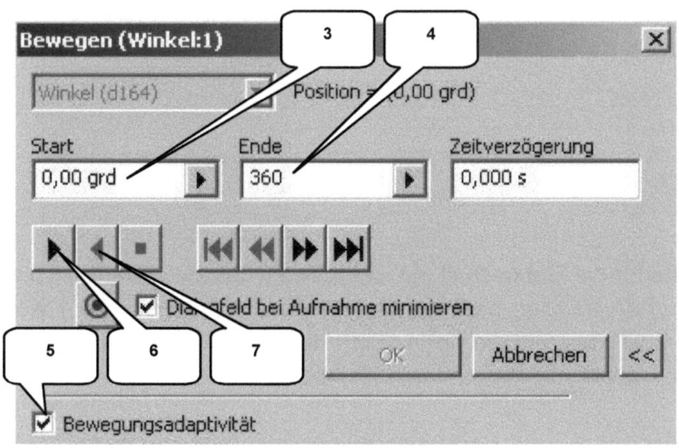

Eine Winkelabhängigkeit der Nockenwelle sperrt derzeit den gesamten Kurbeltrieb: er lässt sich per Hand nicht drehen. Diese Abhängigkeit eröffnet allerdings eine andere Möglichkeit: die automatische Bewegung des gesamten Mechanismus anhand einer Winkelbewegung.

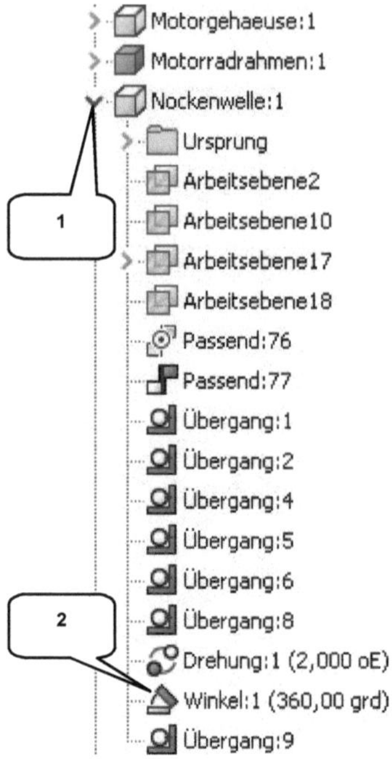

Klappen Sie im Browser das Bauteil ***Nockenwelle.ipt*** (1) auf, klicken Sie mit der ***rechten Maustaste*** auf die enthaltene ***Winkelabhängigkeit*** (2) und wählen Sie im Kontextmenü die Option ***Bewegen***.

Im neu geöffneten Eingabefenster sind der Startwinkel auf ***0°*** (3) und der Endwinkel auf ***360°*** (4) festzulegen und die Option ***Bewegungsadaptivität*** (5) zu aktivieren. Die Animation kann jetzt mit ***Vorwärts*** (6) gestartet werden (alternativ ***Rückwärts*** (7)).

Der gesamte Kurbeltrieb und alle Komponenten des Getriebes sollten sich jetzt bewegen.

War die Animation erfolgreich, so kann der Befehl anschließend wieder beendet und die Baugruppe danach ***gespeichert*** werden.

8.1.5 Konstruktion der Rollenkette für die Gangschaltung

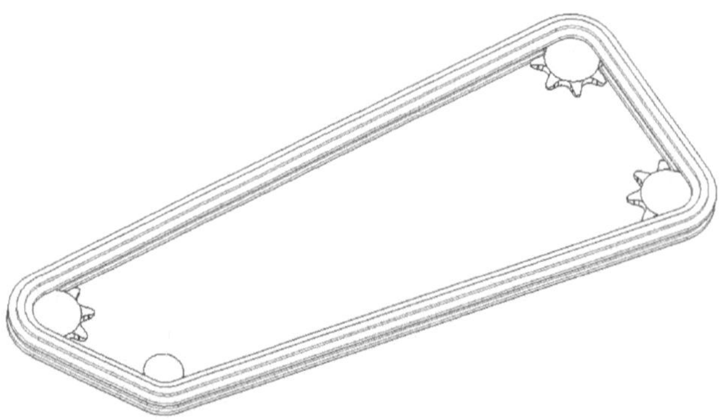

Die Konstruktion der ***Rollenkette*** für die Gangschaltung ist etwas komplexer: Zwar wird sie weitaus filigraner ausfallen, dennoch müssen hier - im Gegensatz zur Antriebskette - vier statt zwei Kettenräder verwendet werden, um die Kette durch die Hohlwelle und durch das Getriebe führen zu können, ohne dabei mit den anderen Komponenten (z. B. den Zahnrädern) zu kollidieren.

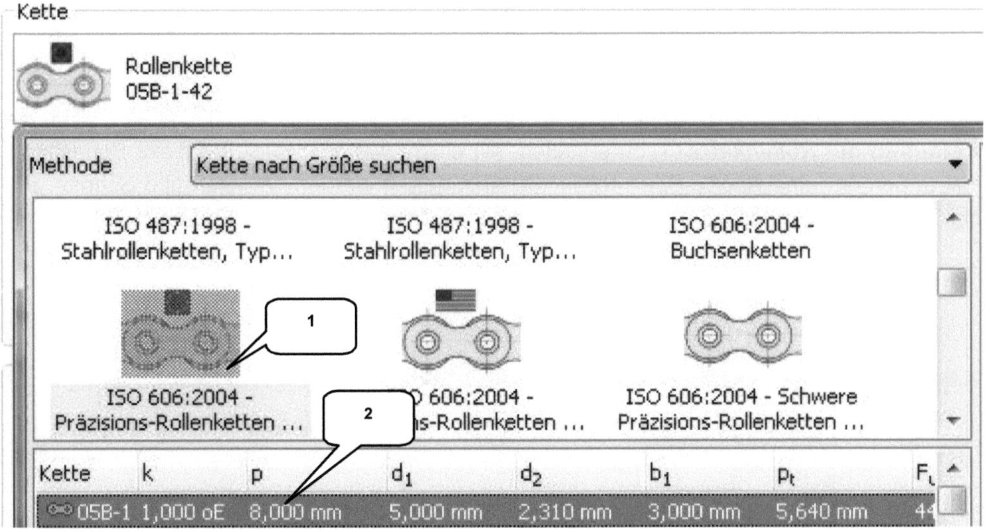

Starten Sie den Rollenketten-Generator, wählen Sie den ***Kettentyp ISO 606:2004 – Präzisions-Rollenketten mit kurzer Teilung (EU)*** (1) und aktivieren Sie in der Tabelle darunter in der ersten Zeile den Typ ***05B-1*** (2). Das Fenster kann anschließend bereits wieder ***beendet*** werden.

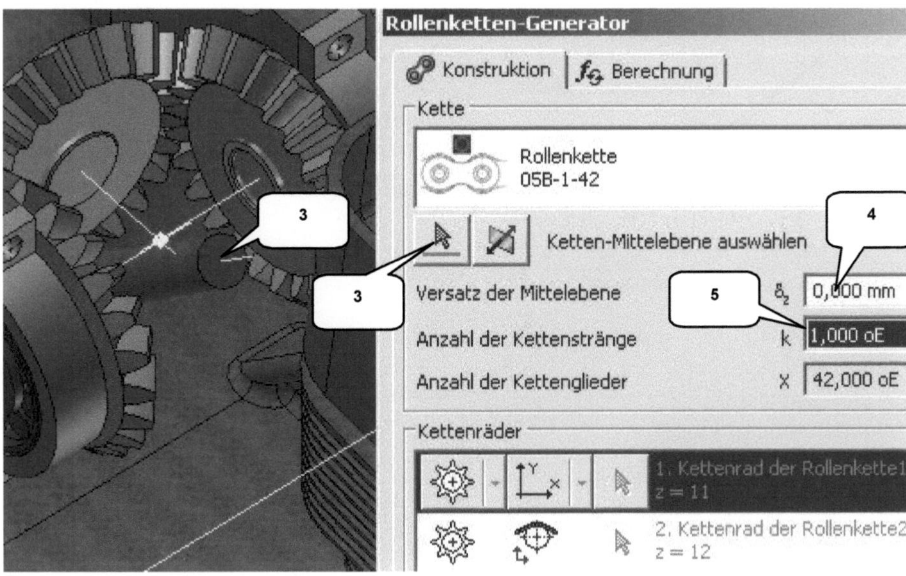

Als ↖ ***Ketten-Mittelebene*** ist die markierte Stirnfläche des Zylinders im Getrieberaum (3) zu verwenden. Der ***Versatz der Mittelebene*** soll ***0 mm*** (4) und die ***Anzahl der Kettenstränge 1*** betragen (5). Zwei Kettenräder müssten bereits voreingestellt sein. Verwenden Sie die Option ***Zum Hinzufügen eines Kettenrades klicken…*** (6), um ein drittes ***vorhandenes Kettenrad der Rollenkette*** (7) zu erstellen. Mit einem weiteren Klick auf diese Schaltfläche soll außerdem eine ***flache Spannrolle*** (8) hinzugefügt werden. Wurden alle Schritte erledigt, müssten jetzt Insgesamt drei Kettenräder und die Spannrolle zu sehen sein (9).

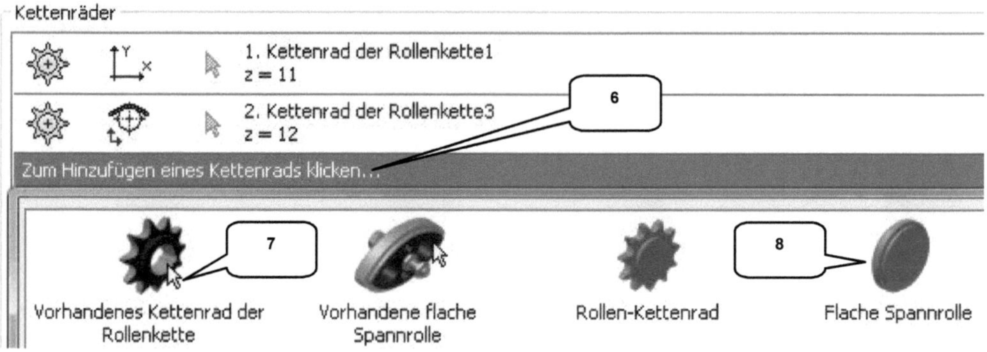

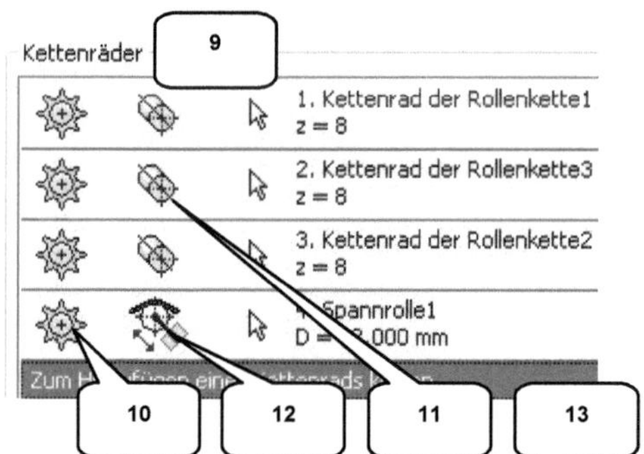

Für diese vier Elemente sollte jetzt die Option ***Komponente*** (10) eingestellt sein. Korrigieren Sie zunächst den jeweiligen Typ: Ändern Sie die drei Kettenräder in den Typ ***Feste Position über ausgewählte Geometrie*** (11) und die Spannrolle in den Typ ***Richtungsbestimmte verschiebbare Position*** (12).

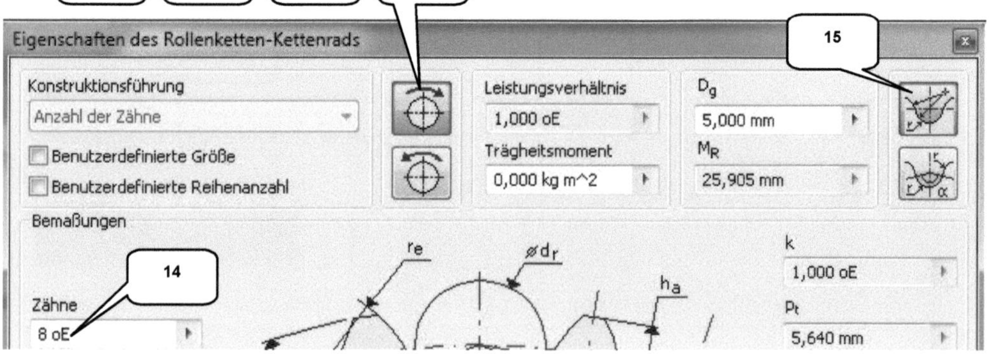

Starten Sie jetzt die ***Bearbeitung*** des ersten Kettenrades. Aktivieren Sie die Option ***Bewegung im Uhrzeigersinn*** (13), geben Sie für die Anzahl der Zähne den Wert ***8*** (14) ein und wählen Sie die ***Theoretische Zahnform*** (15), um die Eingaben anschließend mit ***OK*** zu bestätigen. Beginnen Sie danach mit der Bearbeitung der anderen beiden Kettenräder, wobei alle Einstellungen vom ersten Kettenrad übernommen werden können.

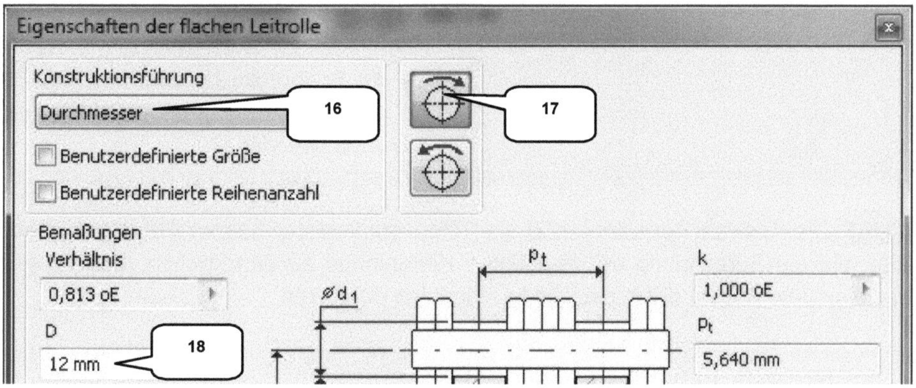

Im Anschluss daran ist die ***Bearbeitung*** der flachen Spannrolle zu starten. Ändern Sie die Konstruktionsführung auf ***Durchmesser*** (16), die Bewegung auf ***Im Uhrzeigersinn*** (17) und den ***Durchmesser*** auf ***12 mm*** (18).

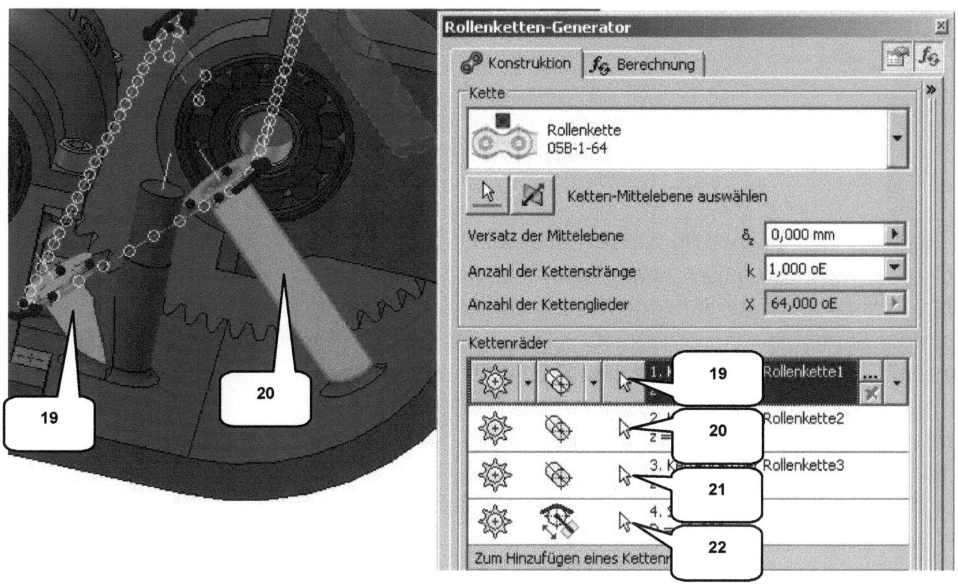

Als ***Referenzen*** für die beiden ersten Kettenräder sind die markierten zylindrischen Flächen des Motorgehäuses (19), (20) auf der Seite der Kupplung zu verwenden. Als ***Referenz*** für das dritte Kettenrad ist die markierte zylindrische Fläche (21) des Motorgehäuses auf der Seite der Kegelräder zu aktivieren. Als ***Referenz*** für die Spannrolle ist die markierte Ebene (22) auf derselben Seite des Motorgehäuses zu verwenden.

HINWEIS: Die Auswahl der Ebene (22) als Referenzobjekt der Spannrolle ist zwingend notwendig, um die Berechnung der benötigten Kettenlänge zu ermöglichen. Das Programm kann die genaue Anzahl der Kettenglieder damit frei definieren.

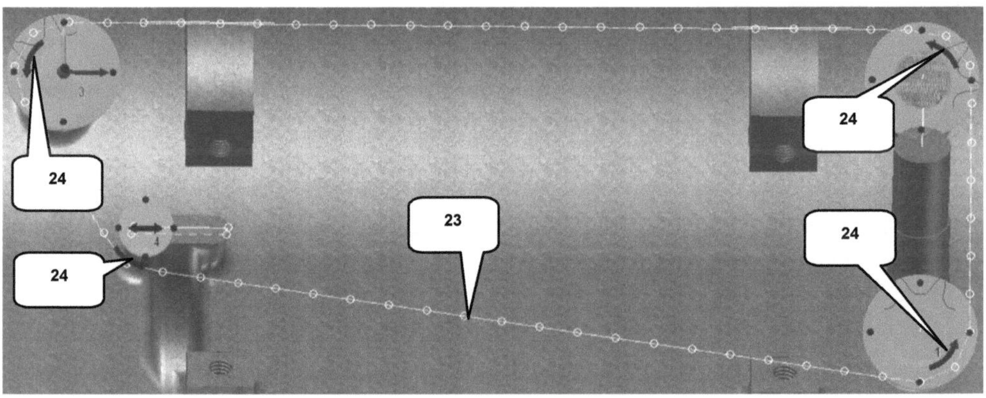

Kettenräder und Spannrolle wurden positioniert, jetzt sollte der Verlauf der Kette (23) kontrolliert werden, die außen über Ketten und Spannrolle geführt werden müsste (die obere Abbildung zeigt die korrekte Ausrichtung der Kette). Sollte die Kette an einem der Kettenräder oder an der Spannrolle verdreht angeordnet sein, ist dies zu korrigieren: Klicken Sie in diesem Fall auf den ***gebogenen Pfeil*** (24), um die Lage der Kette umzukehren.

Ändern Sie den Verlauf der Kette, bis ihre Lage, so wie in der oberen Abbildung dargestellt, erreicht wurde. Wechseln Sie anschließend ins Register Berechnung ***Berechnung***, starten Sie dort die Berechnen ***Berechnung*** der Kettenlänge, und bestätigen Sie den Befehl mit OK ***OK***.

Der neue Kettenantrieb muss danach als *Flexibel* gekennzeichnet (***rechte Maustaste*** > ***Flexibel***) und die gesamte Baugruppe ***gespeichert*** werden.

8.1.6 Kettenschaltung mit Schalthebel und Kegelradpaar versehen

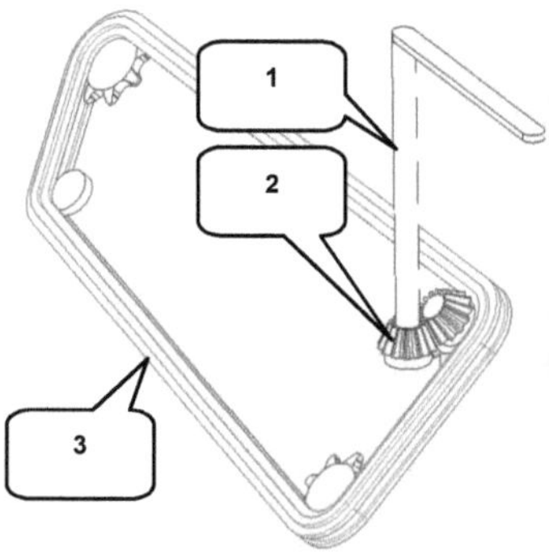

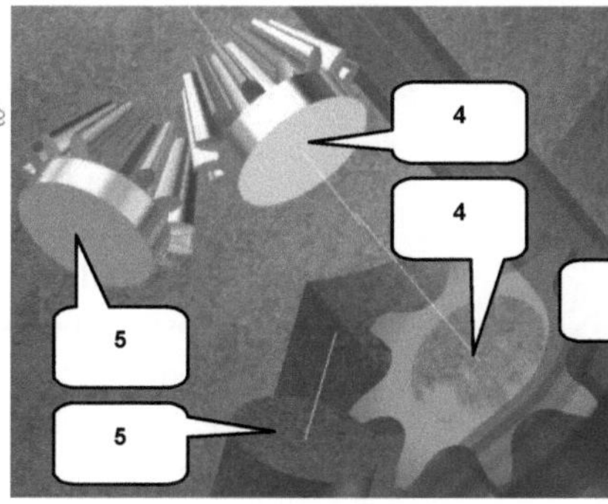

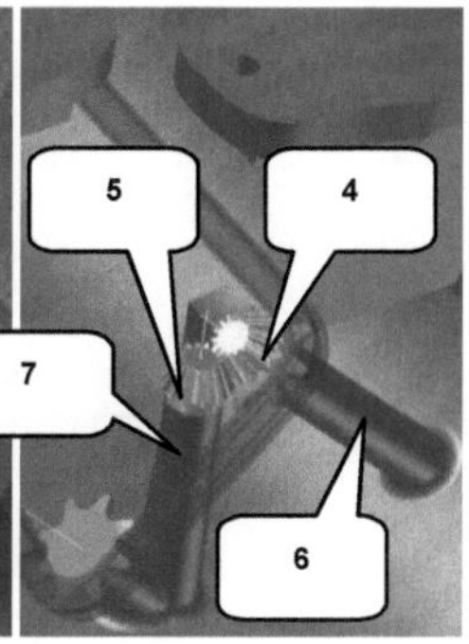

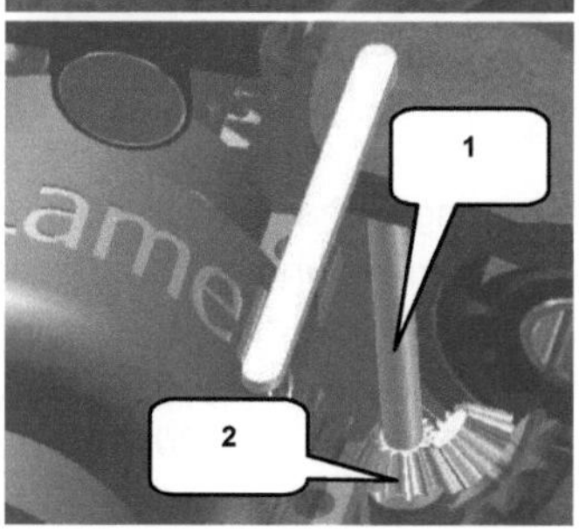

Um die Kette schalten zu können, muss ein verlängerter Ganghebel (1) in die Baugruppe eingefügt und darin positioniert werden. Er soll aus dem Getrieberaum heraus ragen, und bei Betätigung die resultierende Drehbewegung über ein Kegelradgetriebe (2) an die Rollenkette (3) der Gangschaltung weitergeben.

Platzieren Sie aus dem Projektordner das Bauteil ***Ganghebel.ipt*** einmal und das Bauteil ***Gangschaltung-Kegelrad.ipt*** insgesamt zweimal in der Baugruppe.

Verbinden Sie die beiden Kegelräder mit dem Motorgehäuse. Setzen Sie zwei Abhängigkeiten (**Abhängig machen**), um die Flächen (4) und (5) der Kegelräder mit den zugehörigen Flächen des Motorgehäuses zu verbinden.

Setzen Sie zwei axiale Abhängigkeiten, um die Achsen der Kegelräder (6, 7) mit den zugehörigen Achsen des Motorgehäuses zu verbinden.

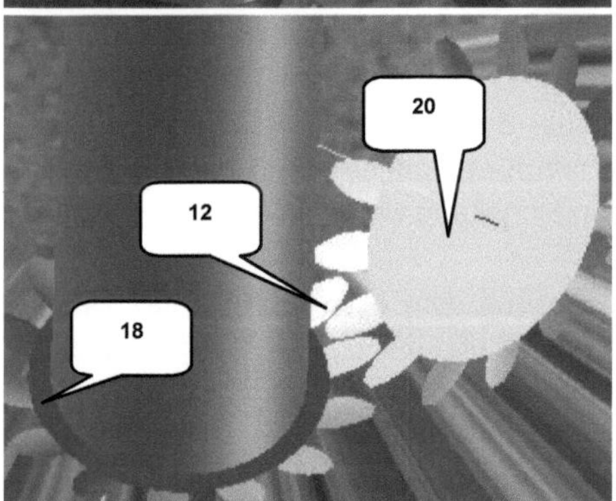

Im Anschluss daran sollen Ganghebel (1) und Kegelrad (2) miteinander verbunden werden. Setzen Sie eine Abhängigkeit, um die Stirnfläche des Kegelrades (8) mit der markierten Fläche des Ganghebels (9) zu verbinden und setzen Sie eine weitere Abhängigkeit, um die Längsachse des Ganghebels (10) mit der Rotationsachse des Kegelrades (11) zu verbinden.

Sobald der Ganghebel an der vorgesehenen Position befestigt wurde, müssen die beiden Kegelräder so gedreht werden, dass ihre Zähne kollisionsfrei ineinandergreifen (12). Um die einzelnen Komponenten auch in der Bewegung voneinander abhängig machen zu können, sind drei weitere Bewegungsabhängigkeiten zu erzeugen.

Die erste Bewegungsabhängigkeit soll Ganghebel und Kegelrad miteinander verbinden. Übernehmen Sie dafür die folgenden Einstellungen: Register ***Bewegung*** (13), Typ ***Drehung*** (14), Modus ***Vorwärts*** (15), ***Verhältnis*** 1:1 (16), ***Auswahl 1***: Fläche Ganghebel (17) und ***Auswahl 2***: Fläche Kegelrad (18).

Die zweite Bewegungsabhängigkeit soll die beiden Kegelräder miteinander verbinden. Übernehmen Sie dafür die folgenden Einstellungen: Register ***Bewegung*** (13), Typ ***Drehung*** (14), Modus ***Rückwärts*** (19), ***Verhältnis*** 1:1 (16), ***Auswahl 1***: Fläche Kegelrad (18) und ***Auswahl 2***: Fläche Kegelrad (20).

Die dritte Bewegungsabhängigkeit soll Kegelrad und Kettenrad verbinden, wobei die folgenden Einstellungen:

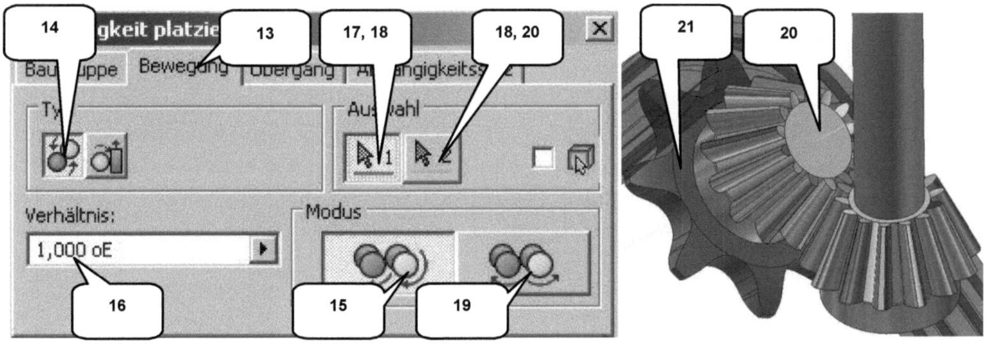

Register: ***Bewegung*** (13), Typ: ***Drehung*** (14), Modus: ***Vorwärts*** (15), ***Verhältnis***: 1:1 (16), ***Auswahl 1***: Fläche Kegelrad (20) und ***Auswahl 2***: Fläche Kettenrad (21). Eine Drehung des Ganghebels per Hand sollte jetzt auch eine Bewegung der Kegel- und Kettenräder bewirken. ***Speichern*** Sie die Baugruppe abschließend.

9 Keilwellenverbindungen

9.1 Konstruktion einer Keilwellenverbindung

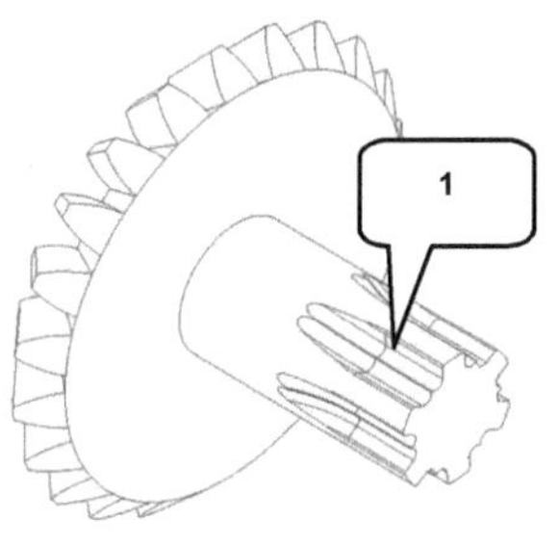

Um Kräfte und Drehmomente von einer Welle auf eine Nabe übertragen zu können, müssen beide Bauteile form- oder kraftschlüssig miteinander verbunden werden. Sind die zu erwartenden Kräfte und Drehmomente groß, oder werden schlagende Bewegungen erwartet, finden oft ***Keilwellenverbindungen*** (1) Anwendung. Welle und Nabe werden hierbei formschlüssig aneinander angepasst, wobei die Nabe mehrere hochstehende Keile erhält und die Welle mit den passenden Aussparungen versehen wird.

9.1.1 Befehlsgrundlagen KEILWELLEN-GENERATOR

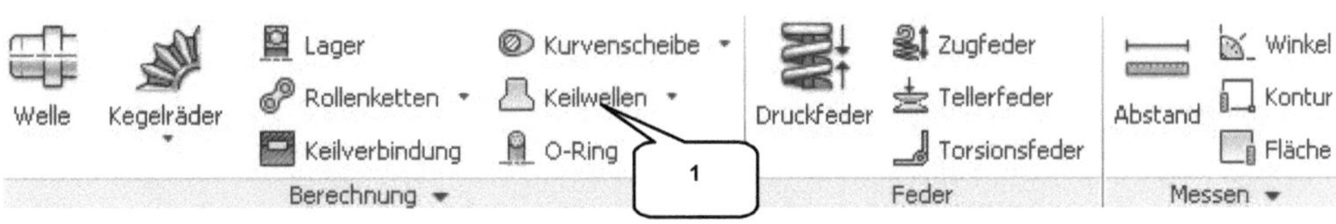

Der **Keilwellen-Generator** (1) ermöglicht die konstruktive Bearbeitung von Welle-Nabe-Verbindungen durch Hinzufügen einer Keilwellen-Verbindung. Die Bearbeitung einzelner Elemente (nur Welle oder nur Nabe) ist ebenfalls möglich.

9.1.1.1 Register KONSTRUKTION

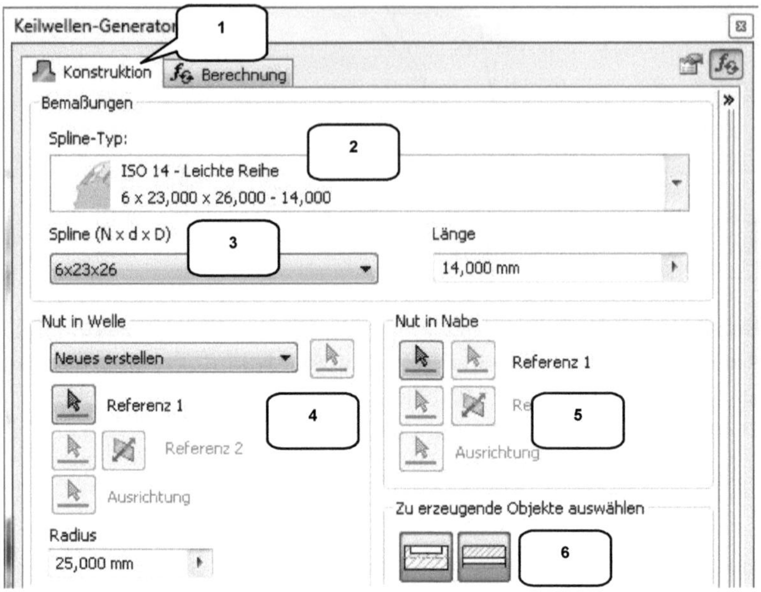

INHALT

Im Register ***Konstruktion*** wird der Keilwellen-Typ festgelegt, die geometrischen Abmessungen definiert und Referenzen definiert.

OPTIONEN

1) Register: Konstruktion/ Berechnung
2) Keilwellentyp
3) Keilwellen-Maße
4) Referenzen für Welle
5) Referenzen für Nabe
6) Welle und Nabe oder einzeln
7) Dateibenennung/ Berechnung aktivieren/ deaktivieren

9.1.1.2 Register BERECHNUNG

INHALT

Das Register ***Berechnung*** ermöglicht die Auswahl der Festigkeitsberechnung, eine Definition der Belastungen, Bemaßungen, Verbindungseigenschaften und Materialien von Welle und Nabe.

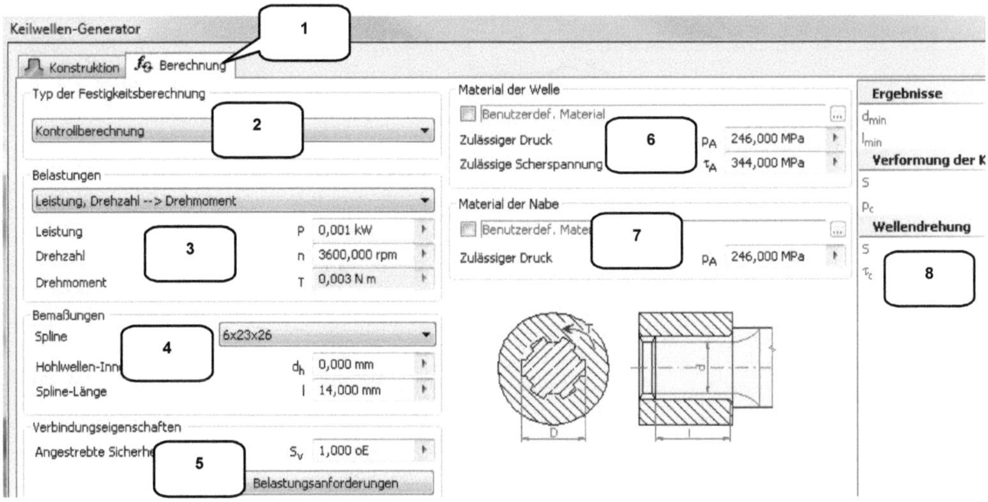

OPTIONEN

1) Register: Konstruktion/ Berechnung
2) Typ der Festigkeitsberechnung
3) Belastungen
4) Bemaßungen
5) Verbindungseigenschaften
6) Wellenmaterial
7) Nabenmaterial
8) Berechnungsergebnisse

9.1.2 Erzeugen einer Keilwellenverbindung an der Getriebeausgangswelle

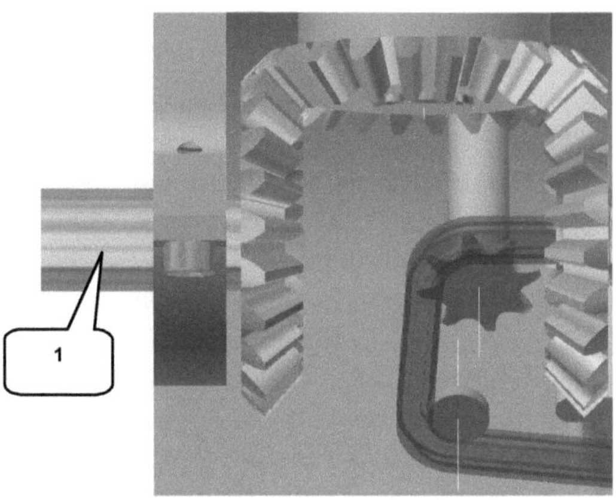

Das Bauteil ***Kegelrad.ipt*** besitzt an seiner Rückseite einen kurzen Wellenabschnitt (1). Damit wird der Kraftfluss aus dem Getriebe nach außen geleitet und kann hier, verbunden mit z. B. einem Zahnrad, weiter über eine Antriebskette zur Antriebsache des Fahrzeugs weitergeleitet werden.

In der folgenden Übung soll dieser Wellenabschnitt mit einer Keilwellenverbindung versehen werden.

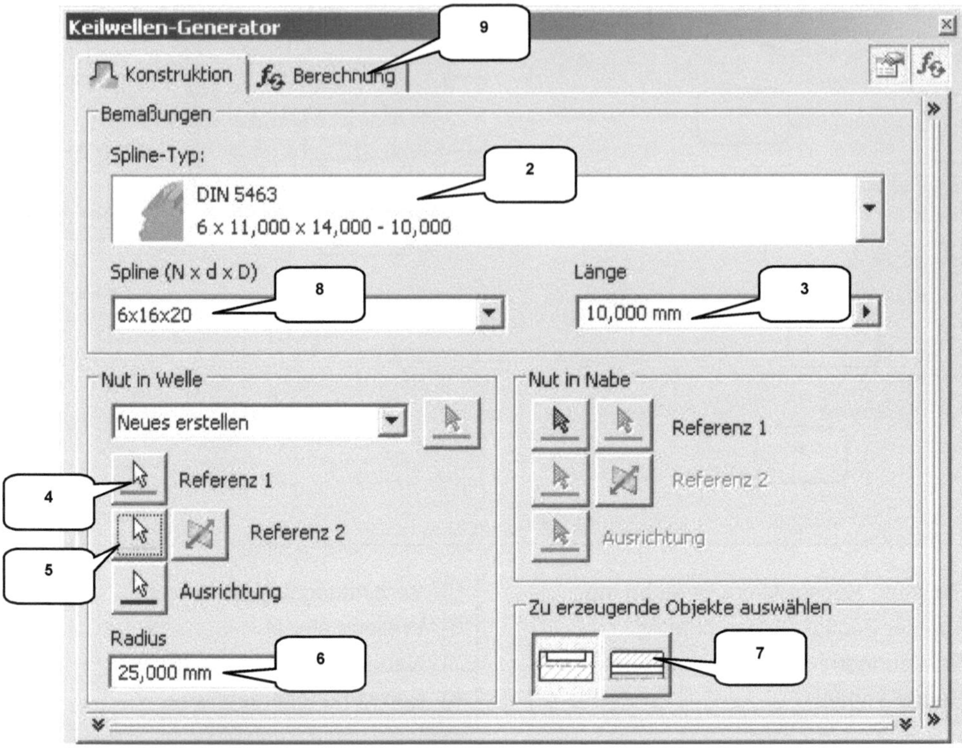

Klicken Sie ins Feld ***Spline-Typ*** (2), wählen Sie die Norm ***DIN*** und aktivieren Sie die ***DIN 5463***. Die Länge der Nut ist mit ***10 mm*** (3) festzulegen, als ***Referenz 1*** ist die Zylinderfläche des Kegelrades (4) zu wählen und als ***Referenz 2*** die Stirnfläche der Welle (5). Übernehmen Sie den vorgegebenen Radius ***25 mm*** (6) und <u>deaktivieren</u> Sie die Option ***Nut in Nabe*** (7). Im Feld ***Spline*** sollte jetzt die Größe ***6x16x20*** (8) aktiviert werden. Wechseln Sie ins Register ***Berechnung*** (9) und starten Sie die [Berechnen] ***Berechnung***. Bestätigen Sie die Eingaben im Befehlsfenster mit [OK] ***OK*** und bestätigen Sie auch das Fenster ***Dateibenennung*** mit [OK] ***OK***. ***Speichern*** Sie die Baugruppe abschließend.

10 Gestellgenerator

10.1 Der Motorradrahmen

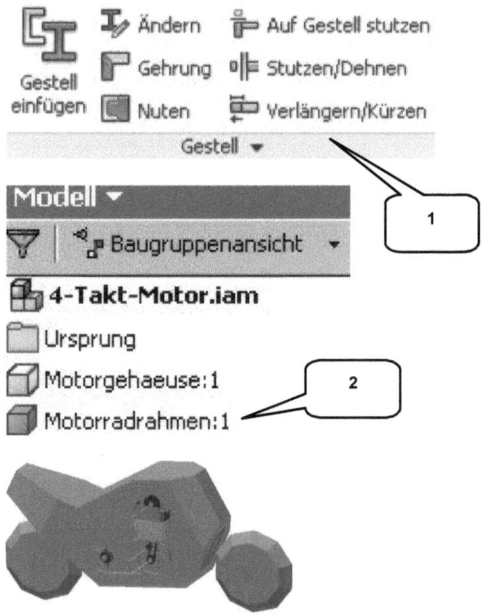

Für Rahmen- und Profilkonstruktionen hält das Programm die Befehlsgruppe ***Gestell*** (1) bereit. Anhand vorhandener Referenzobjekte (Linien, Punkte oder Kanten) können komplexe Rahmengestelle konstruiert werden. Das Programm greift hierbei auf Profile aus dem Inhaltscenter zurück. Jedes Profil wird als separates Bauteil erstellt und kann anschließend weiter bearbeitet oder als Zeichnung abgeleitet werden.

Klicken Sie im Browser mit der rechten Maustaste auf das Bauteil ***Motorradrahmen.ipt*** (2) und aktivieren Sie dessen Sichtbarkeit (Option: ***Sichtbarkeit***). Der darin befindliche Volumenkörper soll als Referenz zur Konstruktion des Gestells dienen.

10.1.1 Befehlsgrundlagen GESTELL-GENERATOR

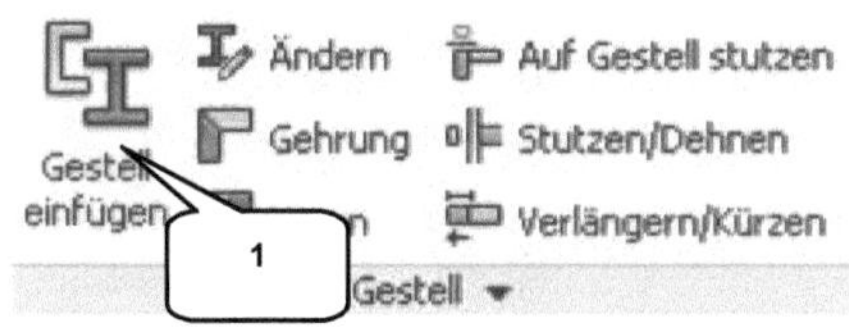

Mit dem **Gestell-Generator** (1) können Profilelemente aus dem Inhaltscenter in die Baugruppe importiert werden. Als Referenzen dienen wahlweise Linien, Punkte oder Körperkanten.

OPTIONEN

1) Profilelement für Gestell wählen
2) Ausrichtung des Profils
3) Referenztyp (Punkte/ Kanten) und Auswahl der Referenzen
4) Dateinummer und Bauteilname automatisch aus dem Inhaltscenter abrufen

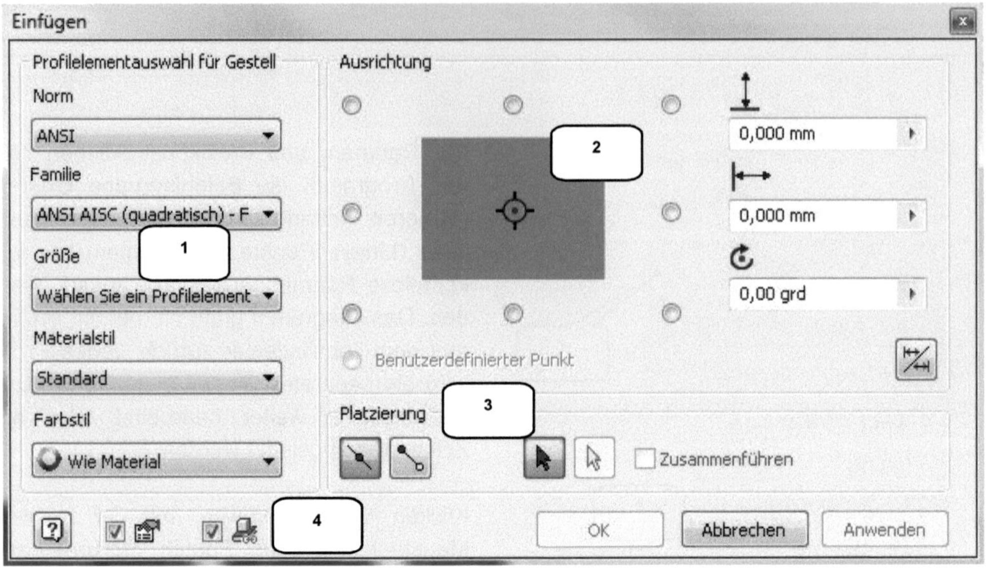

10.1.2 Motorradrahmen und Räder als Gestell erzeugen

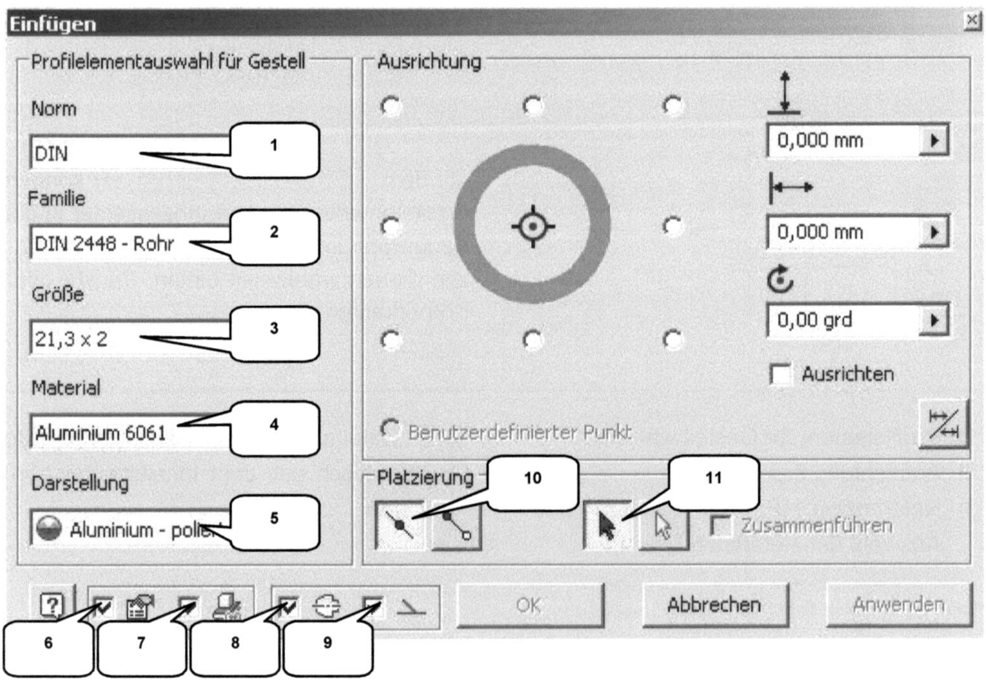

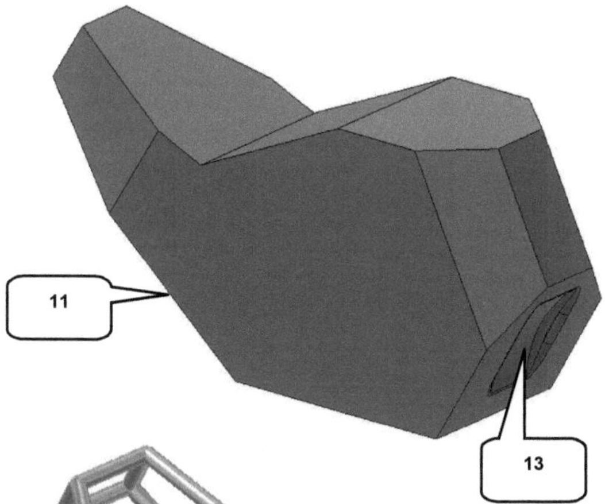

Wählen Sie im Gestell-Generator die Norm ***DIN*** (1), die Familie ***DIN 2448 - Rohr*** (2), die Größe ***21,3 x 2*** (3), das Material ***Aluminium 6061*** (4) und die Farbe ***Aluminium poliert*** (5). Aktivieren Sie die vier Kästchen (6...9) und aktivieren Sie den Platzierungstyp ***Profilelemente auf Kante einfügen*** (10).

Wählen Sie jetzt nacheinander die ***Referenzkanten*** des mittleren Volumenkörpers (11), bis alle Kanten mit einem Rohr versehen wurden (siehe Abbildung (12)). Die Aussparungen (13) sind <u>nicht</u> zu verwenden.

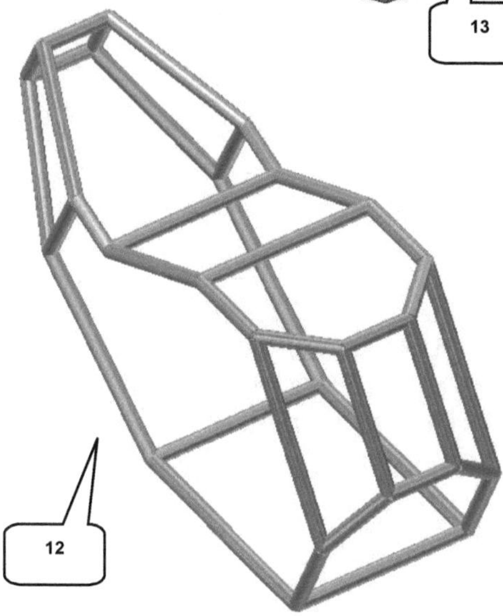

Sobald alle markierten Kanten bei Ihnen mit der nebenstehenden Abbildung übereinstimmen (der Volumenkörper wurde hier ausgeblendet), kann eine erste Berechnung des Rahmenmodells durch Anwenden ***Anwenden*** gestartet werden.

Sobald die sich daraufhin öffnenden Fenster durch OK ***OK*** bestätigt wurden, startet das Programm mit der Berechnung, was einige Zeit in Anspruch nehmen kann.

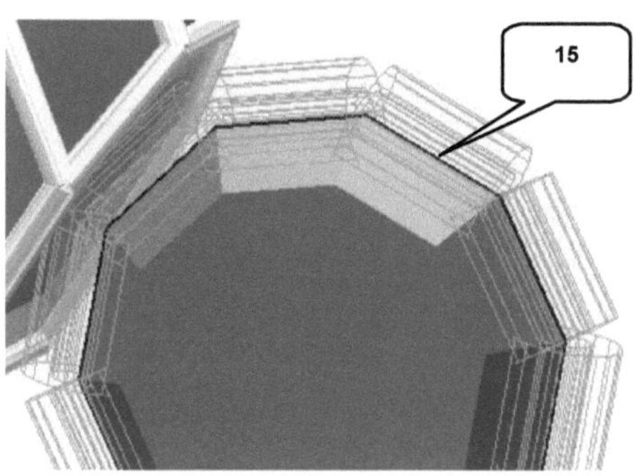

Wurde das Gestell vollständig berechnet, kann mit der Konstruktion der Räder begonnen werden. Übernehmen Sie alle Einstellungen aus Abbildung (14) und wählen Sie als ***Referenzkanten*** nacheinander die Außenkanten von Vorder- und Hinterrad (15).

Bestätigen Sie abschließend mit OK ***OK***.

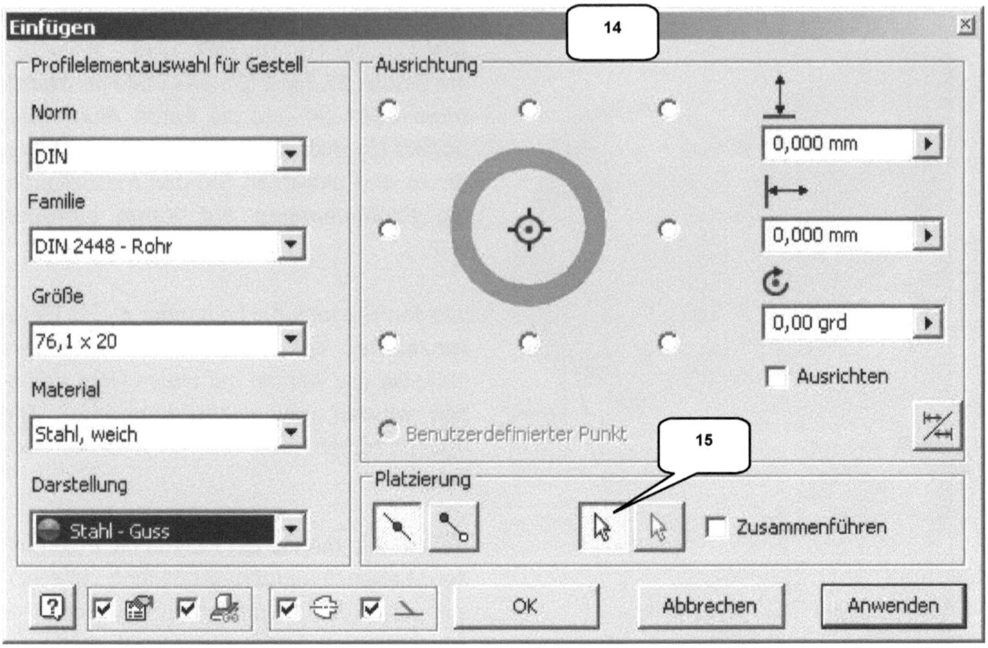

Verlassen Sie kurzzeitig die Bearbeitung des Rahmens (Zurück), um das Bauteil ***Motorradrahmen.ipt*** auszublenden (***rechte Maustaste*** > ***Sichtbarkeit***). Um zurück in den Bearbeitungsbereich des Rahmens zu gelangen (dieser wird als eigenständige Baugruppe erzeugt), doppelklicken Sie auf die Baugruppe ***Frame0001.iam*** im Browser. Die Baugruppe sollte jetzt erst einmal ***gespeichert*** werden.

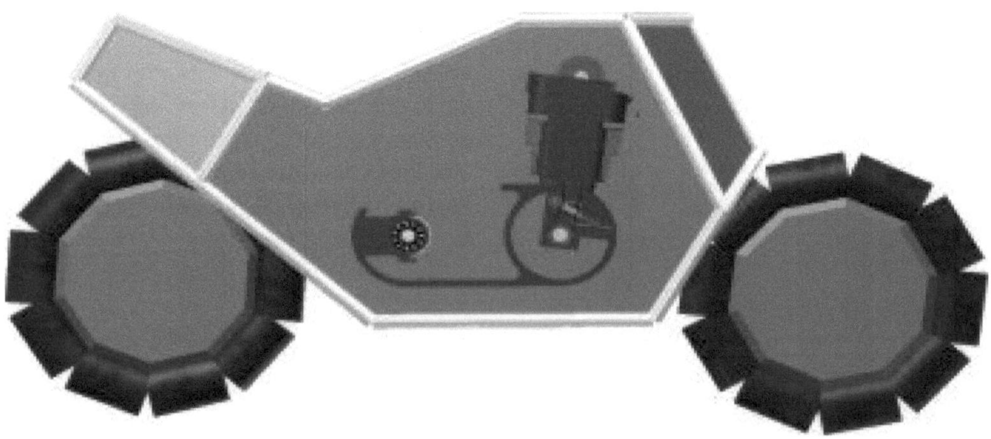

10.1.3 Befehlsgrundlagen GEHRUNG

Treffen Profile aus dem Gestell-Generator aufeinander (z. B. an deren Enden), können Sie z. B. mit dem Befehl ***Gehrung*** (1) aneinander angepasst werden.

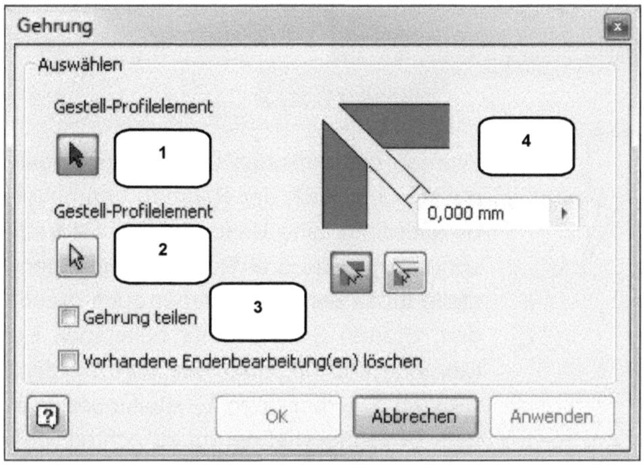

OPTIONEN

1) Erstes Profilelement
2) Zweites Profilelement
3) Gehrung teilen, vorhandene Bearbeitungen löschen
4) Abstand und Ausrichtung des Schnittes

10.1.4 Rohrsegmente aneinander anpassen

Wählen Sie als erste ***Referenz*** das Rohr (1) und als zweite ***Referenz*** das Rohr (2). Aktivieren Sie die Optionen ***Gehrung teilen*** (3) und ***Gehrungsschnitt auf beiden Seiten*** (4) und tragen Sie den Abstand ***0 mm*** ein (5). Bestätigen Sie die Auswahl durch ***Anwenden***.

Das Programm errechnet den optimalen Zuschnitt und bearbeitet beide Rohre. Wiederholen Sie den Befehl an den restlichen Schnittstellen beider Räder.

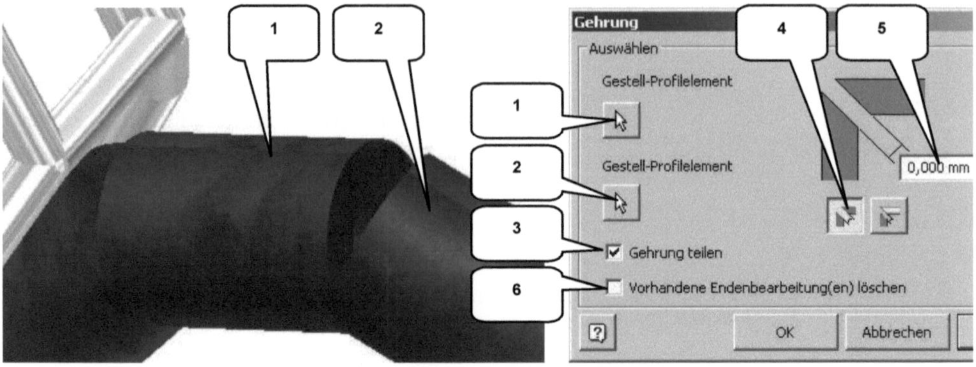

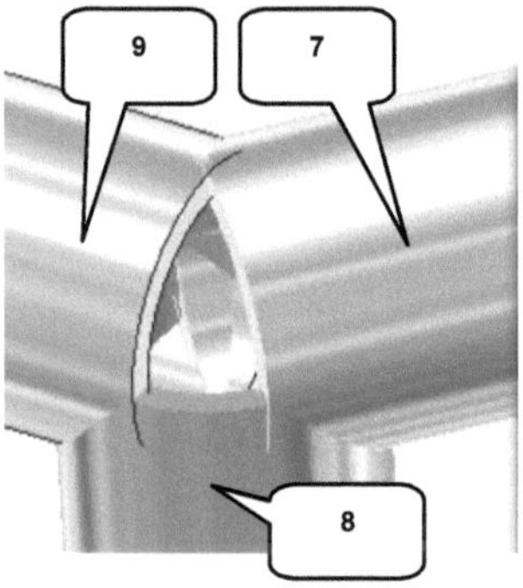

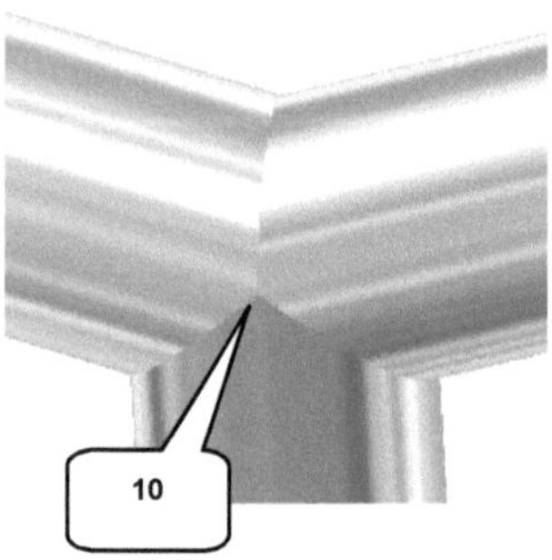

Wurden die restlichen Überschneidungen der Räder angepasst, kann auch der Rahmen bearbeitet werden. Hier gibt es allerdings eine Besonderheit: Es treffen nicht nur zwei, sondern jeweils drei Rohre aufeinander. An jeder Schnittstelle muss der Befehl daher auch dreimal ausgeführt werden. Starten Sie bei einer beliebigen Ecke des Motorradrahmens und beginnen Sie dort mit der Bearbeitung. Verwenden Sie dieselben Einstellungen wie beim letzten Befehl. Besonders ist darauf zu achten, dass die Option ***Vorhandene Endenbearbeitung(en) löschen*** (6) deaktiviert ist.

Wählen Sie für die erste Gehrung als ***Referenzen*** die Rohre (7) und (8) und bestätigen Sie den Befehl durch ***Anwenden***. Wählen Sie danach als ***Referenzen*** die Rohre (8) und (9) und bestätigen Sie den Befehl durch ***Anwenden***. Wählen Sie abschließend als ***Referenzen*** die Rohre (7) und (9) und bestätigen Sie den Befehl durch ***Anwenden***. Im Resultat sollte jetzt die in Abbildung (10) dargestellte Eckverbindung zu sehen sein. Wiederholen Sie den Befehl für jede Ecke des Rahmens.

Der Bearbeitungsbereich der Baugruppe ***Frame0001.iam*** kann anschließend ***verlassen*** und die Baugruppe ***gespeichert*** und ***geschlossen*** werden.

11 Schlusswort

Der Autor des Buches hofft, dass Sie bei der Arbeit mit dem Programm und dem Übungsprojekt viel Spaß hatten. Der Inhalt des Buches wurde sorgfältig geprüft. Leider können Fehler nicht ausgeschlossen werden.

Wenn Ihnen während der Arbeit mit dem Buch Fehler auffallen sollten, oder wenn Sie Ideen zur Verbesserung des Inhaltes haben, ist Ihnen der Autor für jeden Hinweis per E-Mail dankbar. Konstruktive Anmerkungen können jederzeit an:

- ***schlieder@cad-trainings.de***

gesendet werden.

Vielen Dank.

Auszug aus dem Inventor-Grundlagenbuch

Die folgenden Seiten zeigen Auszüge aus dem Buch:

- ***Autodesk® Inventor® 2017 - Grundlagen in Theorie und Praxis***

Dieses Buch ist ein Grundlagenbuch für Autodesk® Inventor® 2017. Anhand eines komplexen Übungsbeispiels, lernt der Leser den Umgang mit dem Programm. In kleinen, nachvollziehbaren Schritten, werden Skizzen gezeichnet, Bauteile erzeugt, Baugruppen zusammengefügt und animiert, Zeichnungen abgeleitet, Präsentationen erstellt, Bleche bearbeitet und parametrische Konstruktionen erzeugt. Der Leser erfährt nützliche Hinweise zum Umgang mit dem Programm und kann die Theorie, parallel zum Buch, in kleinen praktischen Schritten umsetzen.

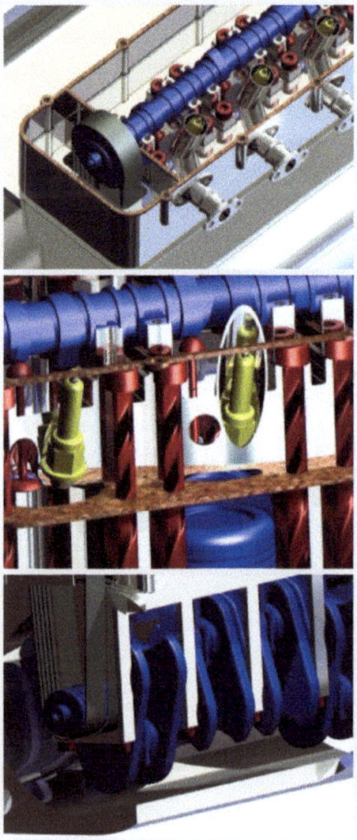

Die folgenden Bereiche werden in diesem Buch behandelt:

- ***Projekte erstellen, verwalten und exportieren***
- ***Skizzen erstellen und Konturen zeichnen***
- ***Bauteile aus Skizzen erzeugen***
- ***Baugruppen zusammenfügen und animieren***
- ***Normteile aus dem Inhaltscenter generieren***
- ***Bauteile und Baugruppen als Zeichnung ableiten***
- ***Bilder rendern***
- ***Baugruppen präsentieren***
- ***Bleche erzeugen und bearbeiten***
- ***Schweißbaugruppen erstellen***
- ***Parametrisches Konstruieren***

Weitere Informationen zu diesem und anderen Büchern erhalten Sie auf der Website:

- ***http://www.cad-trainings.de/***

Christian Schlieder
Autodesk®
Inventor® 2017
Grundlagen in Theorie und Praxis
7. Auflage
Viele praktische Übungen am
Konstruktionsobjekt
4-TAKT-MOTOR
Projekte
Bauteile
Parameter
Baugruppen
Zeichnungen
Präsentationen
Inventor Studio
Blechbearbeitung
Schweißbaugruppen
Leicht verständlich, mit
zahlreichen Abbildungen!
LEICHT VERSTÄNDLICH - KOMPLEXES ÜBUNGSBEISPIEL

INHALTSVERZEICHNIS

1 Grundlegendes zum Buch

1.1 Zielgruppe und Aufbau des Buches

Dieses Übungsbuch für ***Autodesk® Inventor® 2017*** richtet sich an alle interessierten Personen, die den Umgang mit dieser Software von Grund auf erlernen möchten. Die Bereiche 2D-Skizze, 3D-Modell, Baugruppe (Zusammenfügen), Zeichnungserstellung (Ansichten platzieren, Mit Anmerkung versehen) und Präsentation werden ausführlich behandelt.

Viele wichtige Befehle des Programms werden erläutert und in kleinen Schritten praktisch gefestigt. Als Übungsbeispiel dient ein Viertaktmotor, dessen Bauteile schrittweise erzeugt und später in einer Hauptbaugruppe miteinander verbunden werden.

1.2 Erzeugen des Projektordners/ Herunterladen der Übungsdateien

Bevor Sie mit der Umsetzung des Projekts beginnen, sollten die folgenden Arbeiten erledigt werden:

Erzeugen eines neuen Projektordners

Erstellen Sie auf Ihrem PC an geeigneter Stelle einen neuen Ordner:

- ***Inventor-2017-Übung-4-Takt-Motor***

Herunterladen der Übungsdateien

Besuchen Sie im Internet die folgende Website:

- ***http://www.cad-trainings.de/html/Download.html***

Suchen Sie das passende Buch und klicken Sie auf den nebenstehenden Link, um die zum Buch gehörende Übungsdatei (ZIP-Format) auf Ihrem PC zu speichern. Speichern Sie die Datei in dem vorher erzeugten Projektordner ***Inventor-2017-Übung-4-Takt-Motor*** und entpacken Sie die Datei dort hinein. Die darin enthaltenen Dateien werden später benötigt.

5 Erstellen eines Einzelbenutzerprojekts

In Inventor® sollte möglichst in Projekten gearbeitet werden, um die Koordination zusammenhängender Dateien und Einstellungen zu vereinfachen. Hierfür bietet das Programm im Register ***Erste Schritte*** (Befehlsgruppe ***Starten***) den Befehl Projekte (1).

Zu jedem Projekt wird eine eigene Projektdatei (*.ipj) erzeugt. Sie sichert alle Informationen und Querverweise eines Projekts. Das ist wichtig, wenn später komplexe Projekte archiviert oder von einem PC auf einen anderen übertragen werden sollen.

Erzeugen Sie im folgenden Arbeitsschritt ein neues Einzelbenutzer-Projekt mit der Bezeichnung ***Inventor-2017-4-Takt-Motor***. Das Projekt sollte im gleichnamigen Projektordner ***gespeichert*** werden.

- Projekte (1)
- Neu ***Neu*** (2)
- Option: ***Einzelbenutzer-Projekt***
- Weiter ***Weiter***
- Name: ***Inventor-2017-4-Takt-Motor*** (3)
- ... Projektordner: Ordner ***Inventor-2017-Übung-4-Takt-Motor*** wählen (4)
- Fertig stellen ***Fertigstellen*** (5)
- Fertig ***Fertig*** (6)

Das neue Projekt wird automatisch aktiviert, was durch einen kleinen Haken in der Zeile des aktiven Projekts signalisiert wird. Bei der späteren Arbeit mit dem Programm sollte das jeweils aktive Projekt nach Programmstart stets kontrolliert werden.

So kann vermieden werden, dass Dateien unbeabsichtigt an einem falschen Speicherort gesichert und damit einem anderen Projekt zugeordnet werden.

- Erstellen eines Einzelbenutzerprojekts -

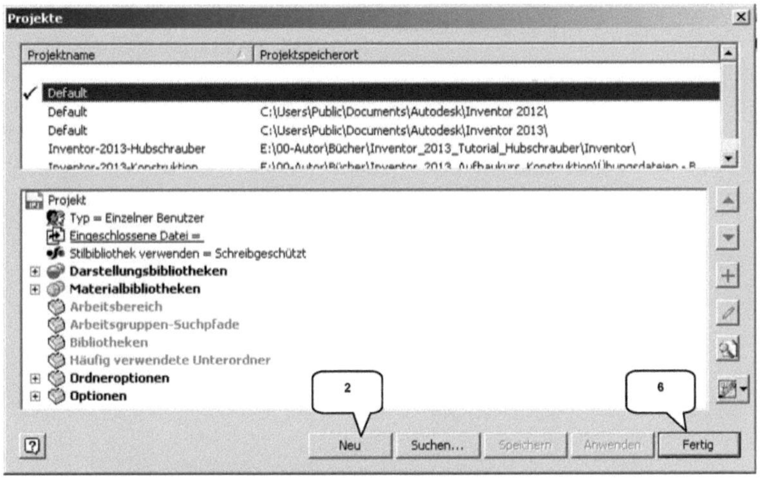

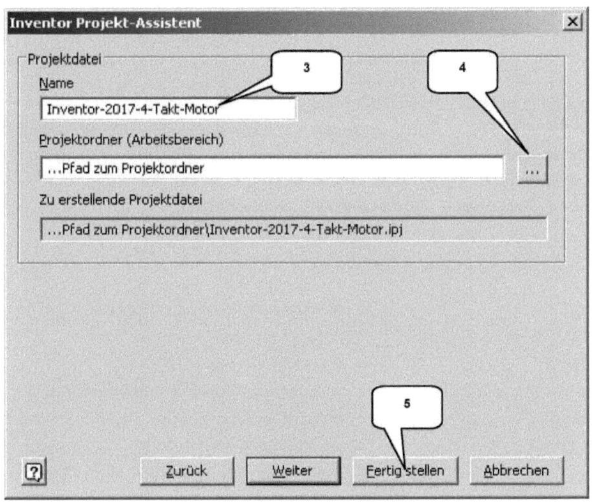

6 SKIZZEN und BAUTEILE

6.1 Bauteil: Ventil

6.1.1 Erstellen einer neuen Datei

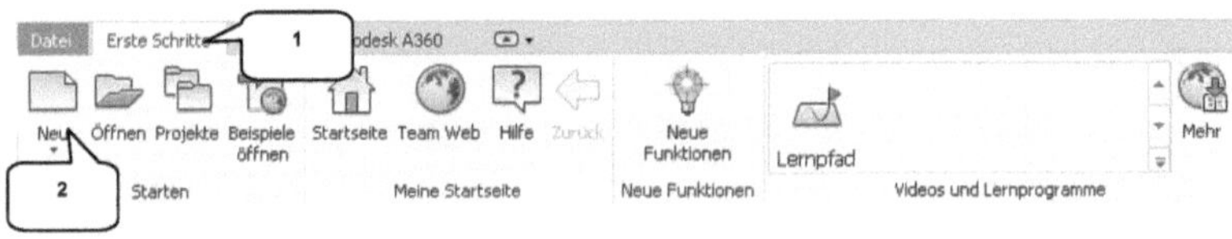

Um eine neue Datei zu erstellen, ist im Register ***Erste Schritte*** (1) der Befehl Neu (2) zu starten. Im Fenster ***Neue Datei erstellen*** (3) kann dann aus den vorhandenen Vorlagen ausgewählt werden, welche in Ordner eingeteilt sind (Englisch, Metrisch, Mold Design). Wurden die ***Templates*** (4) aktiviert, erscheinen auf der rechten Seite des Fensters die Bereiche ***Bauteil***, ***Baugruppe***, ***Zeichnung*** und ***Präsentation***.

Darin befinden sich die folgenden Optionen:

- ***Blech.ipt*** erzeugt ein neues Blechbauteil
- ***Norm.ipt*** erzeugt ein neues Bauteil
- ***Norm.iam*** erzeugt eine neue Baugruppe
- ***Schweißkonstruktion.iam*** erzeugt eine neue Schweißbaugruppe
- ***Norm.dwg*** erzeugt eine neue AutoCAD-Zeichnung (*.dwg)
- ***Norm.idw*** erzeugt eine neue Inventor®-Zeichnung (*.idw)
- ***Norm.ipn*** erzeugt eine neue Präsentation (Sprengbild)

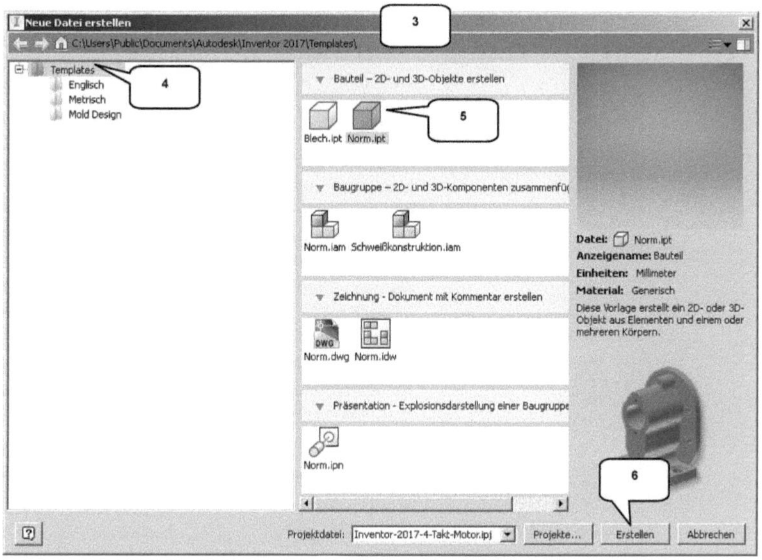

Wählen Sie die Vorlage ***Norm.ipt*** (5) und erzeugen Sie damit ein neues Bauteil.

- Neu (2)
- Templates (4)
- ***Norm.ipt*** (5)
- Erstellen ***Erstellen*** (6)

Durch die angepassten Voreinstellungen in den Anwendungsoptionen (vorangegangenes Kapitel), erzeugt das Programm automatisch eine neue 2D-Skizze auf der XY-Ebene und wechselt danach in den Skizzenbereich.

6.1.2 Projizieren der drei Hauptachsen

Bauteile und Baugruppen verfügen grundsätzlich über die ***Hauptachsen*** (X, Y, Z) und die ***Hauptebenen*** (XY, XZ, YZ). Auf den Ebenen können neue Skizzen erzeugt werden, die Achsen dienen u. a. zur Ausrichtung geometrischer Zeichenelemente im Skizzenbereich. Grundlegend sollten alle Objekte im Skizzenbereich am Koordinatensystem ausgerichtet und auch möglichst symmetrisch dazu gezeichnet werden. Das vereinfacht die Konstruktion eines Bauteils und eröffnet dem Anwender in späteren Konstruktionsschritten viele neue Möglichkeiten.

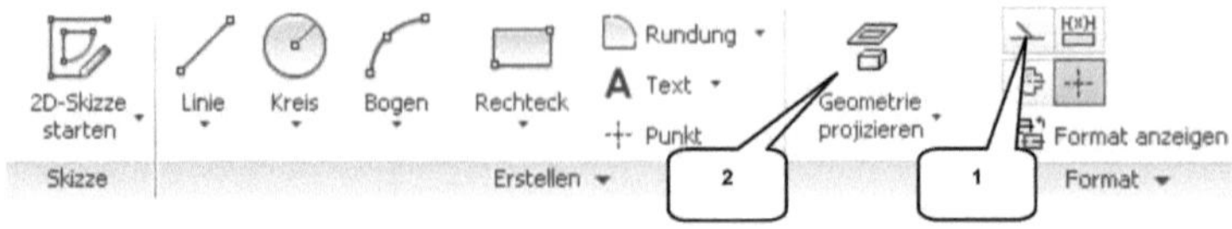

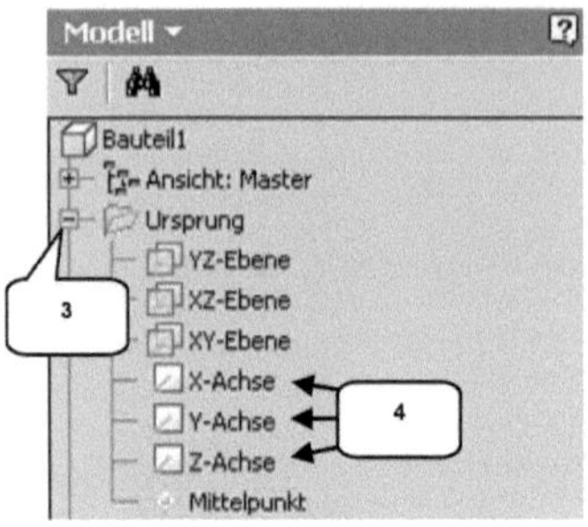

Bauteile/ Baugruppen verfügen über ein Koordinatensystem, das allerdings nicht sofort im Skizzenbereich verwendet werden kann: es muss zuerst dorthin übertragen werden. Es sollte als Hilfslinie (Konstruktionslinie) in die Skizze übernommen werden, um spätere Probleme im 3D-Modellbereich zu vermeiden. Folgen Sie jetzt Schritt für Schritt der nachfolgenden Befehlskette, um das Koordinatensystem in den Skizzenbereich zu übernehmen und die entstandenen Linien als Hilfslinien (Konstruktionslinien) zu definieren.

- **Konstruktion** aktivieren (1)
- **Geometrie projizieren** (2)
- Ordner ***Ursprung*** aufklappen (3)
- 3 Achsen nacheinander anklicken (4)

- Taste: **ESC** drücken (Beendet den Befehl **Geometrie projizieren**)
- **Konstruktion** deaktivieren (1)

HINWEIS: Dieser erste Schritt (Projizieren des Koordinatensystems in den Skizzenbereich eines Bauteils - **Geometrie projizieren**) sollte in jeder neuen Skizze angewandt werden. Anschließend ist dringend darauf zu achten, die Option **Konstruktion** wieder zu deaktivieren, da ansonsten alle weiteren Zeichenobjekte fehlerhaft erzeugt werden könnten.

6.1.3 Das Register SKIZZE im Überblick

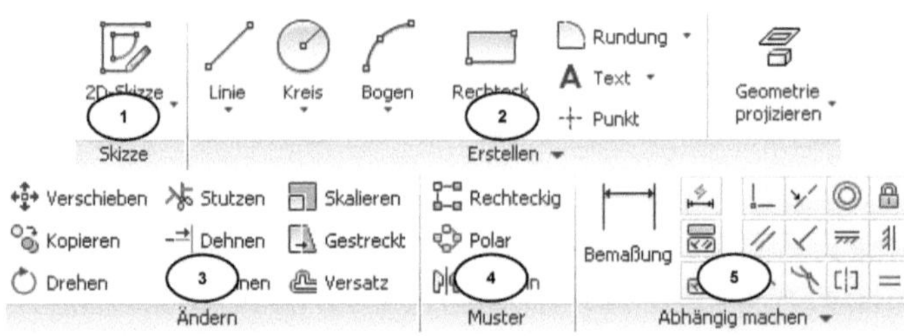

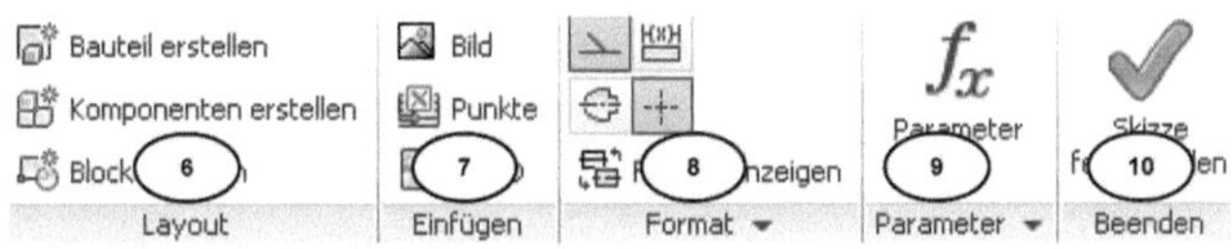

OPTIONEN

1) Erzeugen einer neuen Skizze (2D/3D)
2) Erstellen neuer Zeichenobjekte
3) Bearbeiten von Zeichenobjekten
4) Rechteckige, polare oder gespiegelte Kopien erzeugen
5) Bemaßungen und Abhängigkeiten einfügen
6) Objekte als Bauteile oder Baugruppen exportieren, Gruppieren
7) Bilder, Tabellenpunkte oder AutoCAD-Zeichnungen importieren
8) Eigenschaften von Linien, Punkten und Bemaßungen ändern
9) Parametermanager starten
10) Skizze beenden

6.1.4 Zeichnen der ersten Linien

Nachdem das Koordinatensystem in den Skizzenbereich übernommen wurde, kann mit dem Zeichnen der ersten Linien begonnen werden. Hierfür ist der Befehl **Linie** (1) zu starten. Es sollte jetzt noch einmal kontrolliert werden, ob die Option **Konstruktion** (2) wirklich wieder deaktiviert wurde, also nicht blau sondern grau hinterlegt ist.

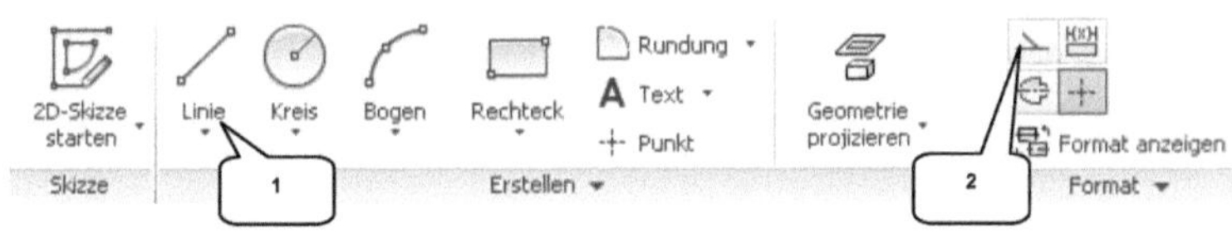

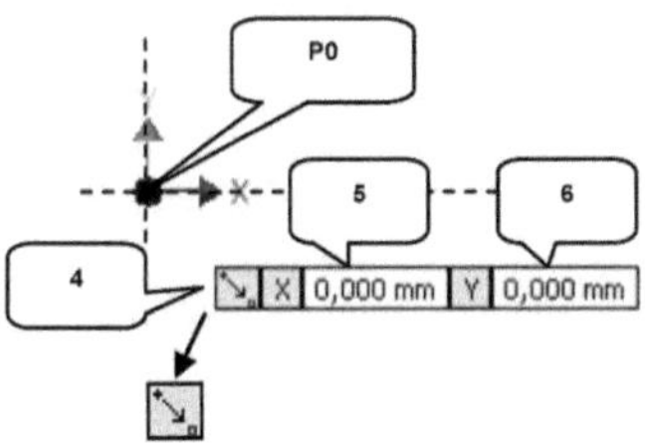

Bewegen Sie den Mauszeiger auf den Koordinatennullpunkt (P0). Das Programm sollte jetzt an der markierten Stelle (4) das Symbol der Abhängigkeit **Koinzident** anzeigen und die Koordinaten für X und Y müssten jeweils auf ***0*** (Null) stehen (5, 6). Sobald diese Bedingungen erfüllt sind, können Sie den ersten Linienpunkt mit einem Klick (linke Maustaste) bestätigen.

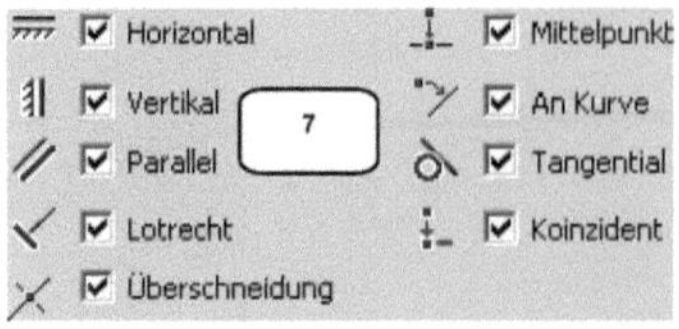

An dieser Stelle folgt ein kurzer Hinweis zu den Abhängigkeiten: Inventor® wird (so wie in den Anwendungsoptionen vorgegeben) alle Abhängigkeiten (7) in den Skizzenbereich übernehmen, wenn diese während des Zeichnens vom Programm erkannt und angezeigt werden. Folgende Abhängigkeiten stehen hierbei zur Verfügung:

- ***Horizontal*** eine Linie wird parallel zur X-Achse ausgerichtet
- ***Vertikal*** eine Linie wird parallel zur Y-Achse ausgerichtet
- ***Parallel*** zwei Linien werden parallel zueinander ausgerichtet
- ***Lotrecht*** zwei Linien werden in einem Winkel von 90° zueinander angeordnet
- ***Überschneidung*** ein Punkt wird am Schnittpunkt zweier Objekte befestigt
- ***Mittelpunkt*** ein Punkt wird am Mittelpunkt eines Objektes (Linie/ Bogen) befestigt
- ***An Kurve*** ein Punkt wird auf einen Strahl gelegt
- ***Tangential*** zwei Objekte werden tangential aneinander befestigt
- ***Koinzident*** zwei Punkte werden aufeinandergelegt

HINWEIS: Beim Zeichnen sollte stets darauf geachtet werden, ob das Programm eine dieser Abhängigkeiten anzeigt. Wird an dieser Stelle dann mit der linken Maustaste geklickt, wird die Abhängigkeit automatisch in den Skizzenbereich übernommen. Beim späteren Bemaßen der Zeichenobjekte kann es dann ggf. zu Problemen kommen, weil unbeabsichtigt gesetzte Abhängigkeiten in Widerspruch zu den gewollt erzeugten Maßen stehen könnten.

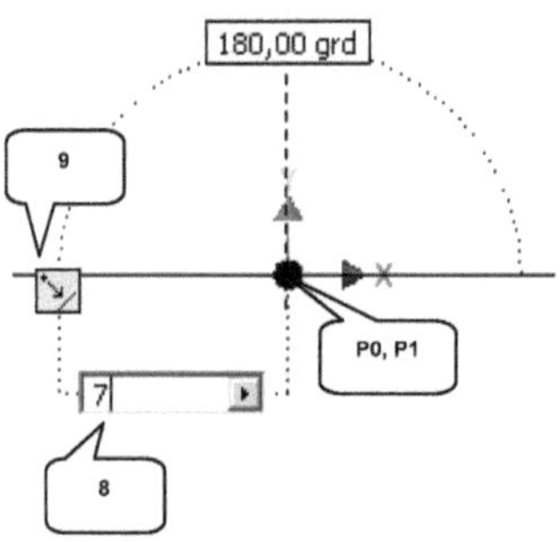

Der erste Punkt der Linie (P1) wurde bereits im Koordinatenursprung abgelegt, und das Programm erwartet jetzt weitere Punkte, um ein Linienobjekt erzeugen zu können. Ziehen Sie die Maus entlang der projizierten X-Achse nach links (die Abhängigkeit Koinzident (9) sollte angezeigt werden) und tragen Sie in das Eingabefeld für die Linienlänge (8) den Wert ***7 mm*** ein. Bestätigen Sie mit der Taste: **ENTER**. Wenn es in den Anwendungsoptionen so festgelegt wurde, wird die Bemaßung anschließend automatisch erzeugt.

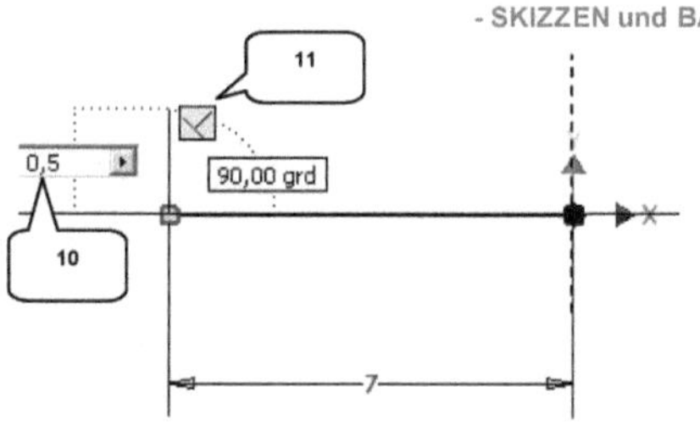

Ziehen Sie die Maus in gerader Linie nach oben und tragen Sie in das Eingabefeld der Linienlänge den Wert ***0,5 mm*** ein (10). Achten Sie darauf, dass während des Zeichnens die Abhängigkeit **Lotrecht** (11) angezeigt wird. Bestätigen Sie die Eingabe mit der Taste: **ENTER** und beenden Sie den Zeichenbefehl mit der Taste: **ESC**.

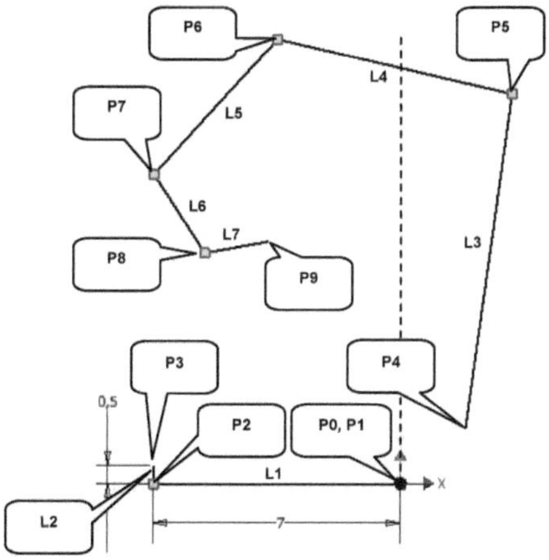

Starten Sie den Linienbefehl erneut und zeichnen Sie fünf zusammenhängende Linien durch Setzen der einzelnen Linienpunkte (P4...P9). Alle Linien sind leicht schräg zu zeichnen, so wie in der linken Abbildung dargestellt. Achten Sie darauf, dass beim Ablegen der Punkte keine Abhängigkeiten angezeigt werden.

- **Linie**
- (P4) frei ablegen (linke Maustaste)
- (P5) frei ablegen (linke Maustaste)
- (P6) frei ablegen (linke Maustaste)
- (P7) frei ablegen (linke Maustaste)
- (P8) frei ablegen (linke Maustaste)
- (P9) frei ablegen (linke Maustaste)
- Taste: **ESC**

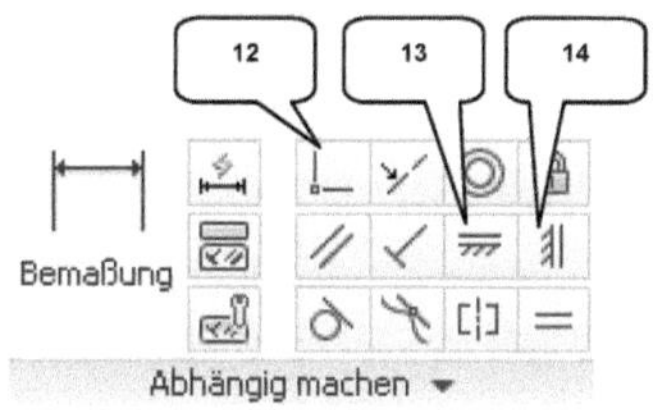

Abhängigkeiten können bereits während des Zeichnens gesetzt (wie bei den ersten beiden Linien L1, L2) oder nachträglich platziert werden. Um die Linien (L3...L7) nachträglich in Form zu bringen, soll die zuletzt erwähnte Option verwendet werden.

Starten Sie die Abhängigkeit **Koinzident** (12), um den Punkt (P4) auf den Koordinatenursprung (P0) zu platzieren.

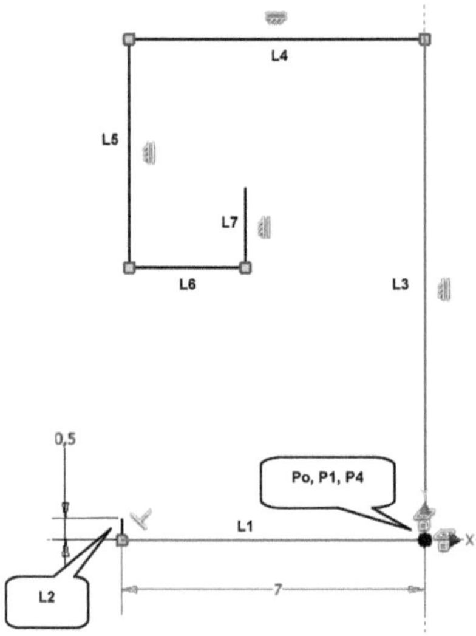

- Koinzident (12)
- (P0) wählen (linke Maustaste)
- (P4) wählen (linke Maustaste)
- Taste: ESC

Mit den Abhängigkeiten Horizontal (13) und Vertikal (14) sind die restlichen Linien zu bearbeiten.

- Horizontal (13)
- Linien (L4) und (L6) wählen
- Taste: ESC

- Vertikal (14)
- Linien (L3), (L5) und (L7) wählen
- Taste: ESC

HINWEIS: Alle in einer Skizze existierenden Abhängigkeiten können mit der Taste: F8 ein- und mit der Taste: F9 wieder ausgeblendet werden. Kleine Symbole deuten die jeweiligen Abhängigkeiten an. Um eine falsch gesetzte Abhängigkeit zu löschen, klicken Sie auf das entsprechende Abhängigkeitssymbol (es wird dann rot dargestellt) und drücken die Taste: ENTF (Alternativ: ***Rechte Maustaste*** > ***Löschen***).

6.1.5 Bemaßung und Bearbeitung von Zeichenelementen

Die ersten beiden Linien (L1, L2), die mit dynamischer Werteeingabe gezeichnet wurden, sind bereits bemaßt. Bei den restlichen Linien (L3...L7) muss das noch nachgeholt werden. Hierfür ist der Befehl Bemaßung (1) zu verwenden.

Dieser Befehl kann verschiedene Objekte anhand ihrer Eigenschaften bemaßen (Längen, Winkel, Abstände, Radien, Durchmesser, Bogenlängen u. v. m.). Nach der Auswahl des zu bemaßenden Objektes wird in der Regel das Maß selbst abgelegt. Der Klick mit der rechten Maustaste <u>vor</u> dem Ablegen eines Maßes eröffnet weitere Optionen.

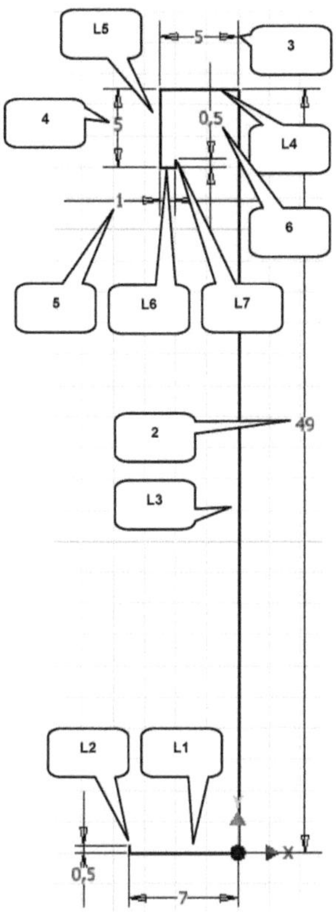

Eine Linie z. B. kann horizontal, vertikal oder ausgerichtet bemaßt werden (***rechte Maustaste*** vor dem Ablegen des Maßes, um die Optionen zu wählen).

Bemaßen Sie die Linien jetzt wie folgt:

- Bemaßung (1)
- Linie (L1) wählen, dann Linie (L4) wählen und Maß an Pos. (2) ablegen
- Wert eingeben: [49 mm] > Taste: ENTER
- Linie (L4) wählen und Maß an Pos. (3) ablegen
- Wert eingeben: [5 mm] > Taste: ENTER
- Linie (L5) wählen und Maß an Pos. (4) ablegen
- Wert eingeben: [5 mm] > Taste: ENTER
- Linie (L6) wählen und Maß an Pos. (5) ablegen
- Wert eingeben: [1 mm] > Taste: ENTER
- Linie (L7) wählen und Maß an Pos. (6) ablegen
- Wert eingeben: [0,5 mm] > Taste: ENTER
- Taste: ESC

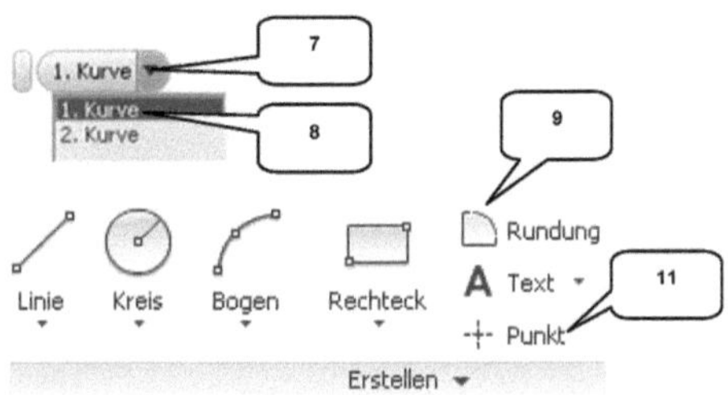

HINWEIS: Liegen mehrere Objekte sehr dicht aneinander (oder übereinander), kann das gesuchte Objekt möglicherweise nicht ausgewählt werden. Hier bietet das Programm die Möglichkeit, die Auswahl zu differenzieren. Halten Sie in diesem Fall den Mauszeiger eine Weile auf das gewünschte Objekt und warten Sie, bis das Fenster (7) erscheint. Im Popup-Menü (8) kann das gesuchte Objekt dann ohne Probleme ausgewählt werden.

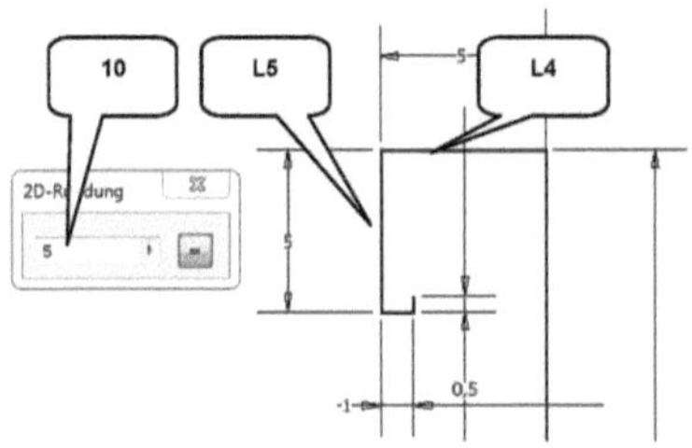

In der folgenden Übung soll die Ecke im oberen Bereich mit einem Radius von ***5 mm*** abgerundet werden.

- Rundung (9)
- Radius: [5 mm] eingeben (10)
- Linie (L4), dann Linie (L5) wählen
- Taste: ESC

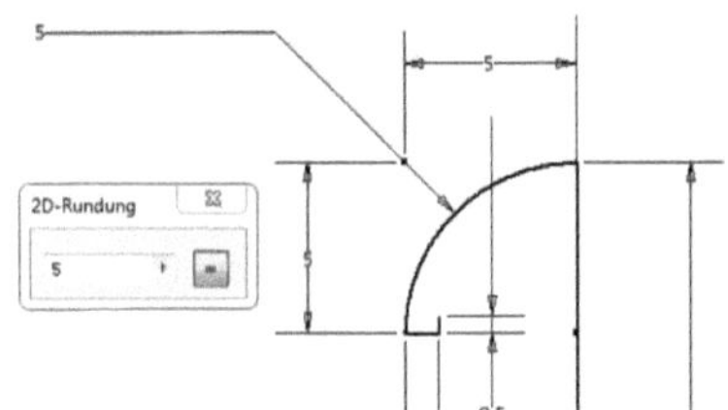

Im unteren Bereich der Skizze sollen zwei Punkte erzeugt werden. Sie sind mittels Koordinateneingabe per Tastatur zu positionieren.

- Punkt (11)
- Taste: TAB > X-Koordinate: [-6 mm]
- Taste: TAB > Y-Koordinate: [1,5 mm]
- Taste: ENTER
- Taste: TAB > X-Koordinate: [-1,5 mm]
- Taste: TAB > Y-Koordinate: [2,5 mm]
- Taste: ENTER
- Taste: ESC

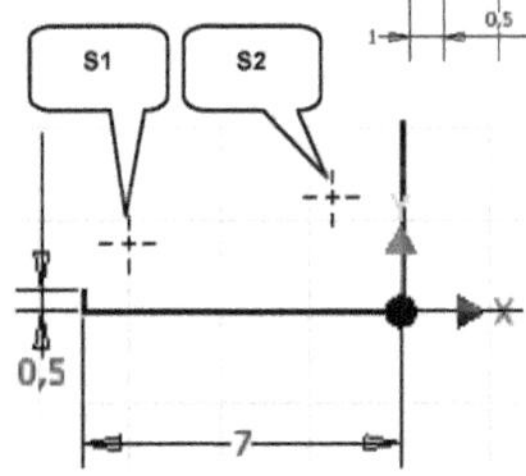

Erzeugen Sie, beginnend im Punkt (P9) im oberen Teil der Skizzenkontur, zwei weitere Linien (L8) und (L9).

- Linie
- Startpunkt (P9) wählen
- Linie gerade nach rechts ziehen
- Länge eingeben: [2,5 mm]
- Taste: ENTER
- Linie gerade nach unten ziehen und auf den Punkt (S2) klicken
- Taste: ESC

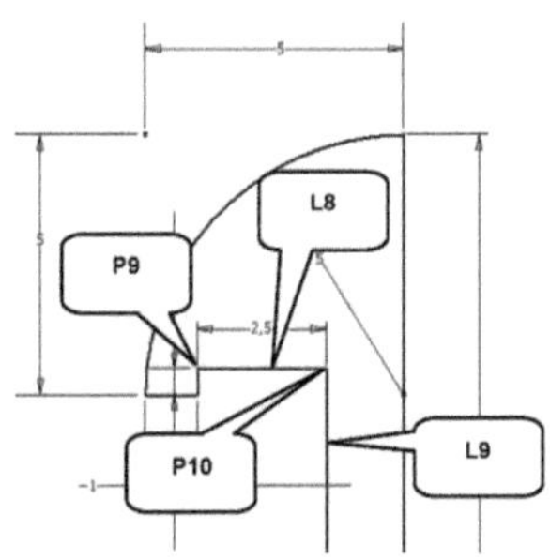

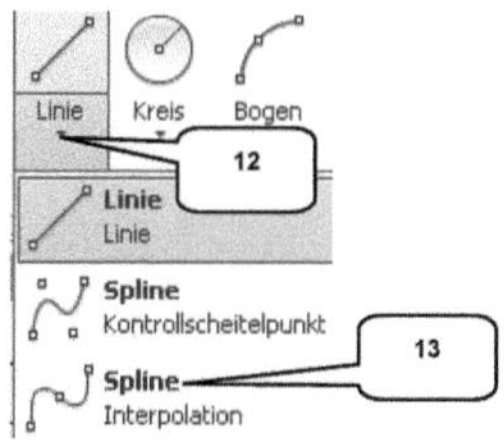

Der untere Teil der Skizzengeometrie muss noch geschlossen werden. Erweitern Sie den Befehl ***Linie*** durch einen Klick auf das kleine Dreieck (12) und starten Sie den Befehl Spline Interpolation (13).

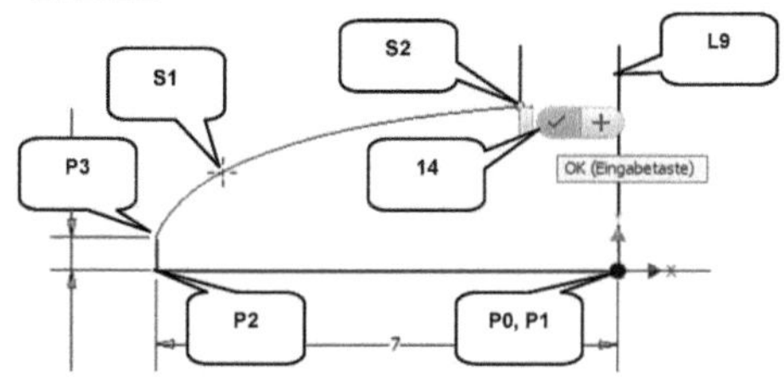

- Spline Interpolation (13)
- Punkt (P3) wählen
- Punkt (S1) wählen
- Punkt (S2) wählen
- ***OK*** (14)

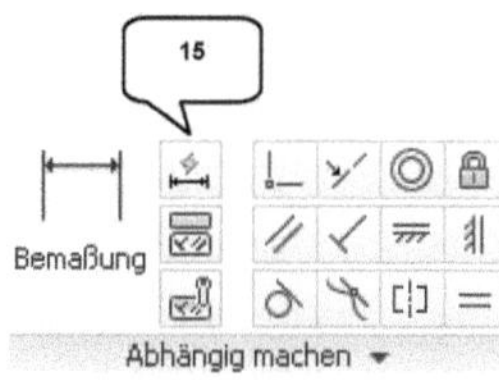

Fehlende Bemaßungen sollen jetzt automatisch ergänzt werden.

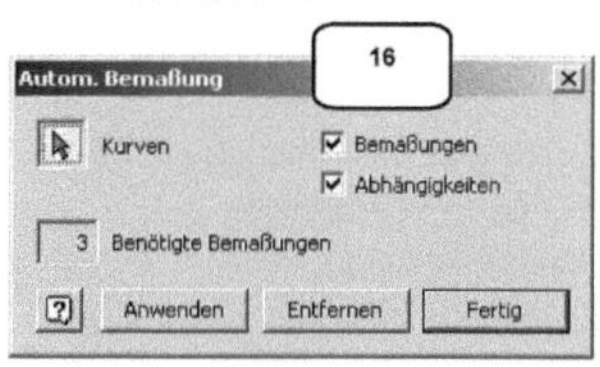

- Automatisches Bemaßen (15)
- Einstellungen übernehmen (16)
- Anwenden ***Anwenden***
- Fertig ***Fertig***

Die Basisskizze wurde um die letzten fehlenden Maße ergänzt und der Skizzenbereich kann geschlossen werden. Mit dem Befehl Skizze fertigstellen (17) wird der Skizzenbereich verlassen und das Programm wechselt in den Modellbereich.

6.1.6 Das Register 3D-MODELL im Überblick

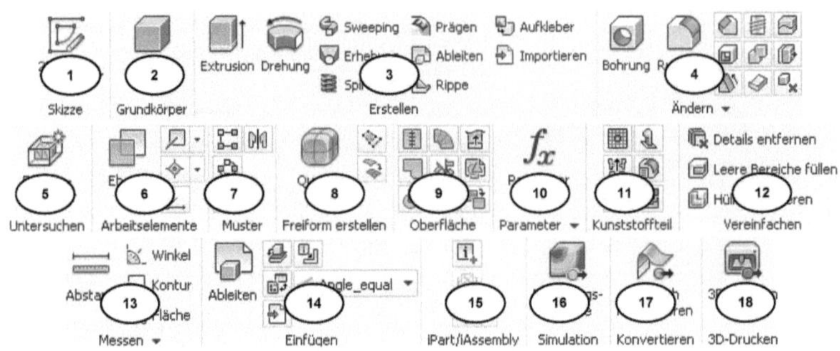

OPTIONEN

1) Neue 2D/ 3D-Skizzen erzeugen
2) Volumenkörper-Basiselemente erzeugen (Quader, Kugel, Zylinder…)
3) Volumen- oder Flächenkörper aus Skizzen erzeugen
4) Bearbeiten vorhandener Volumen- oder Flächenkörper
5) Formen-Generator
6) Arbeitsebenen, -achsen, -punkte
7) Rechteck/ polar anordnen, Spiegel
8) Freiformflächen erstellen/ bearbeiten
9) Flächen erstellen/ bearbeiten
10) Parametermanager
11) Kunststoffteile erzeugen
12) Konturen vereinfachen
13) Messwerkzeuge
14) Bauteile importieren/ exportieren
15) iPart/ iAssembly
16) Belastungsanalyse
17) Volumen in Blechkörper konvertieren
18) 3D-Drucken

6.1.7 Volumenkörper erzeugen

Nach dem Verlassen des Skizzenbereiches wechselt das Programm ins Register ***3D-Modell***. Die soeben erzeugte Skizze (Skizze1) befindet sich links im Browser (1) und kann dort jederzeit geöffnet und bearbeitet werden (***rechte Maustaste*** > ***Skizze bearbeiten***). Die geschlossene 2D-Kontur aus dem Skizzenbereich soll jetzt in einen Volumenkörper konvertiert werden.

Starten Sie den Befehl Drehung (2) und erweitern Sie das Befehlsfenster (3).

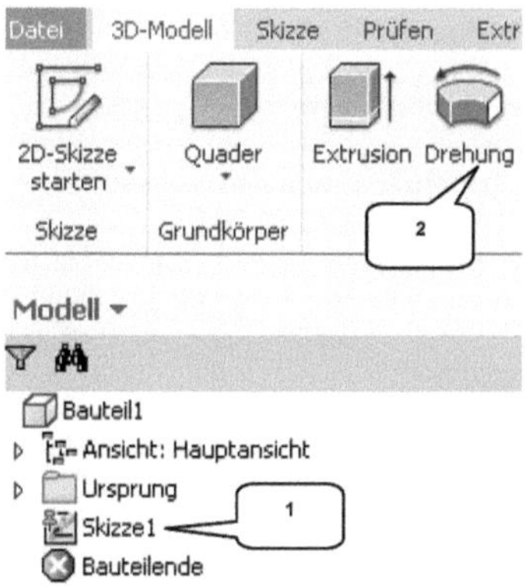

Das geschlossene ***Profil*** (4) aus der Skizze sollte vom Programm automatisch markiert werden. Als ***Achse*** (5) wählen Sie die projizierte ***Y-Achse*** der Skizze. Im Auswahlbereich ***Größe*** ist die Option ***Voll*** (6) zu wählen. Weitere Einstellungen sind nicht erforderlich, und der Befehl kann durch [OK] ***OK*** (7) bestätigt werden.

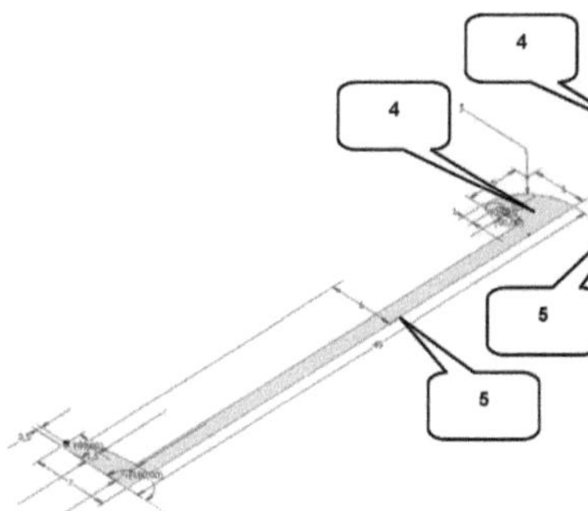

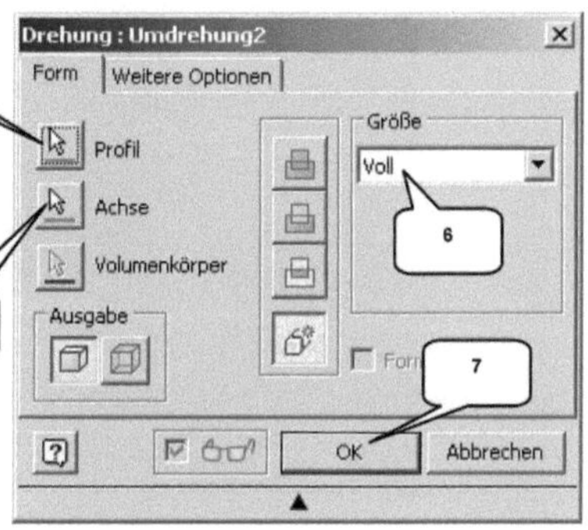

HINWEIS: Sollte das Profil nicht automatisch vom Programm erkannt werden, beenden Sie den Befehl mit der Taste: **ESC** und öffnen die ***Skizze1*** (1) im Browser. Markieren Sie eine der gezeichneten Linien, wählen Sie mit der rechten Maustaste darauf die Option ***Kontur schließen*** und folgen Sie den Anweisungen des Programms.

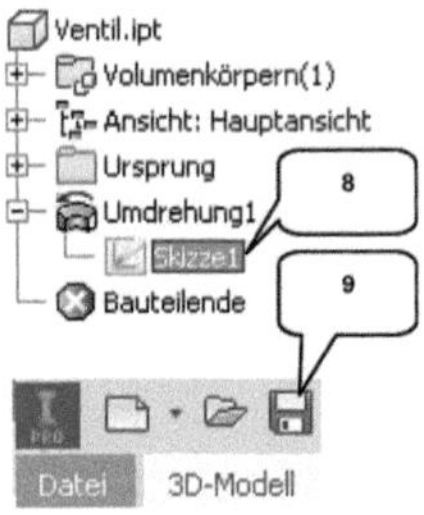

Die Skizze mit der Basisgeometrie wurde in den Befehl ***Umdrehung*** integriert (8). Um diesen Befehl bearbeiten zu können, muss mit der ***rechten Maustaste*** darauf geklickt und die Option ***Element bearbeiten*** gewählt werden. Zur Bearbeitung der Skizze1 ist die Option ***Skizze bearbeiten*** zu verwenden.

Das Bauteil kann jetzt ***gespeichert*** werden. Starten Sie den Befehl Speichern (9) und verwenden Sie die Bezeichnung ***Ventil***. Achten Sie auf den korrekten Speicherort (Ordner ***Übung-4-Takt-Motor-2017***).

6.2 Bauteil: Kurbelwelle-Riemenrad

6.2.1 Erzeugen der Basisskizze

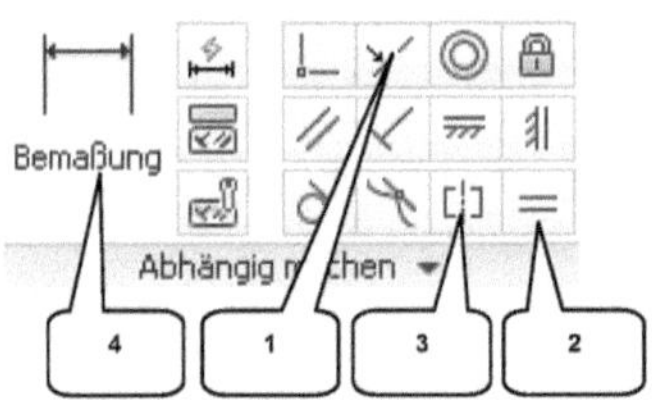

Die Vorgehensweise bei der Konstruktion dieses Bauteils ist der der Konstruktion des vorherigen Bauteils ähnlich. Erzeugen Sie eine neue Bauteildatei (Norm.ipt) und folgen Sie der Befehlskette:

- Neu
- Norm.ipt
- Erstellen ***Erstellen***

7 BAUGRUPPEN

7.1 Unterbaugruppe: BG_Kolben

7.1.1 Erzeugen der ersten Baugruppe

Erstellen Sie eine neue Baugruppe (Norm.iam) und ***speichern*** Sie sie unter der Bezeichnung ***BG_Kolben***.

- Neu
- ***Norm.iam*** (1)
- ***Erstellen***
- Speichern [BG_Kolben]

7.1.2 Das Register ZUSAMMENFÜGEN im Überblick

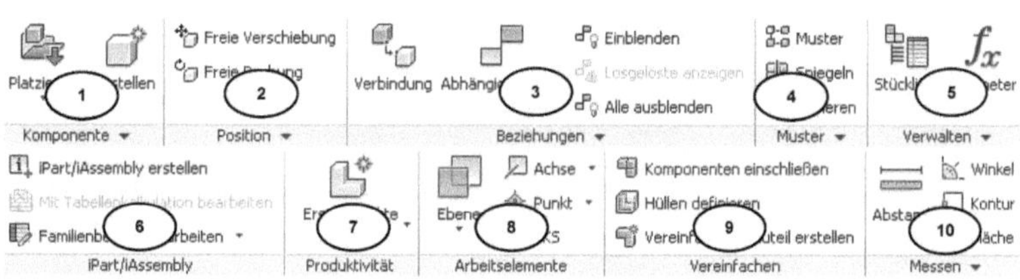

OPTIONEN

1) Bauteile, Baugruppen oder Normteile aus dem Inhaltscenter einfügen; neue Bauteile erstellen; vorhandene Bauteile kopieren/ anordnen oder ersetzen
2) Komponenten in Position/ Lage ändern
3) Abhängigkeiten/ Verbindungen setzen
4) Elemente anordnen, kopieren oder spiegel
5) Parametermanager
6) Teilefamilien (iParts/ iAssemblys)
7) Bauteilstrukturen organisieren
8) Ebenen, Achsen, Punkte erzeugen
9) Bauteile vereinfachen
10) Abstände, Winkel, Konturen, Flächeninhalte berechnen

7.1.3 Komponenten platzieren

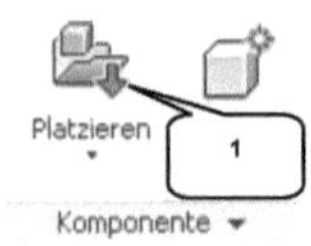

Der Befehl Platzieren (1) fügt Bauteile oder (Unter-)Baugruppen in eine Baugruppe ein. Das erste Objekt, das in eine Baugruppe eingefügt wird, sollte möglichst eine statische Komponente ohne Freiheitsgrade sein, woran die folgenden Komponenten befestigt werden können. Und es sollte einzeln platziert werden. In den Anwendungsoptionen wurde das bereits so festgelegt, und das Programm übernimmt diese Vorgaben automatisch.

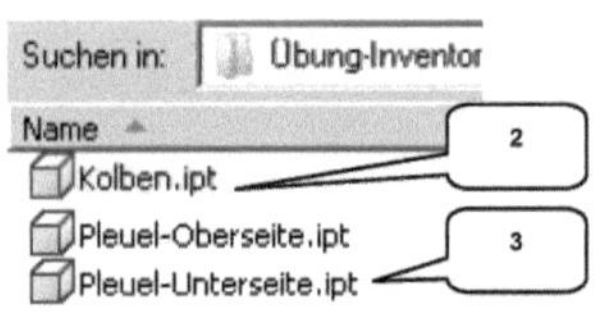

- Platzieren (1)
- Auswahl: Kolben (2)
- Öffnen ***Öffnen***
- Taste: ESC

Der Kolben wurde vom Programm automatisch am Koordinatensystem der Baugruppe ausgerichtet und auch fixiert. Die Fixierung wird durch ein kleines ***Pin-Symbol*** (4) im Browser symbolisiert. Fügen Sie jetzt weitere Bauteile ein.

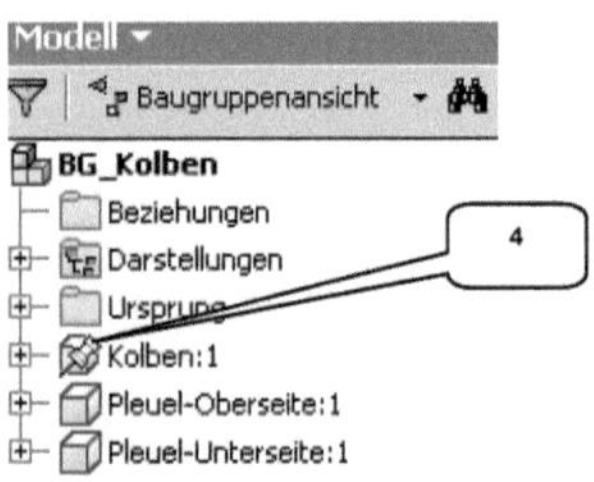

- Platzieren (1)
- Auswahl: Pleuel-Oberseite, Pleuel-Unterseite (3)
- Öffnen ***Öffnen***
- Die Bauteile einmal mit der linken Maustaste frei ablegen
- Taste: ESC

7.1.4 Kolben und Pleueloberseite voneinander abhängig machen

Der Befehl **Abhängig machen** (1) stellt Verbindungen zwischen Komponenten her, indem deren geometrische Elemente voneinander abhängig gemacht werden. Starten Sie den Befehl und verbinden Sie die Bauteile ***Kolben*** und ***Pleuel-Oberseite*** miteinander.

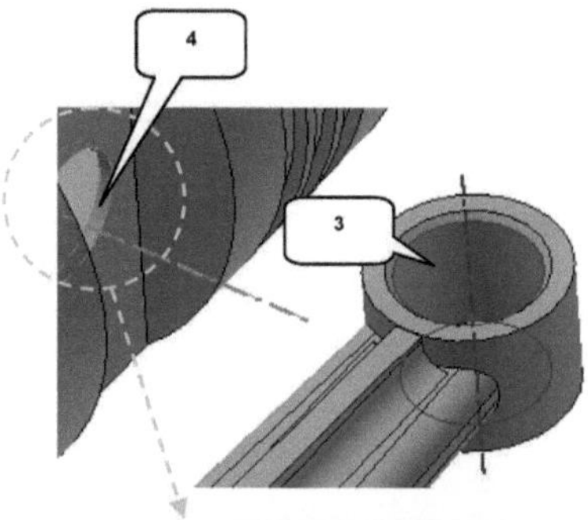

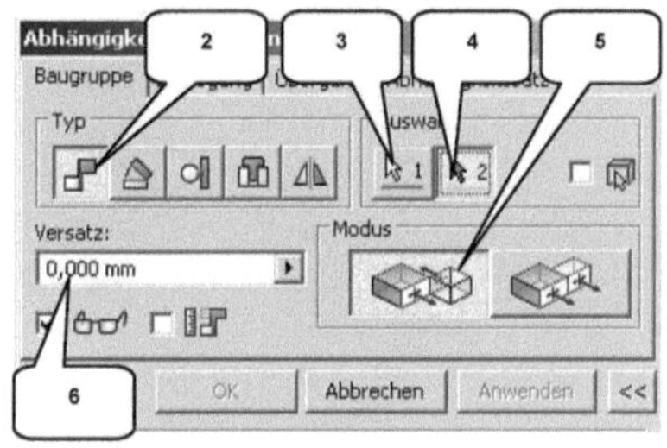

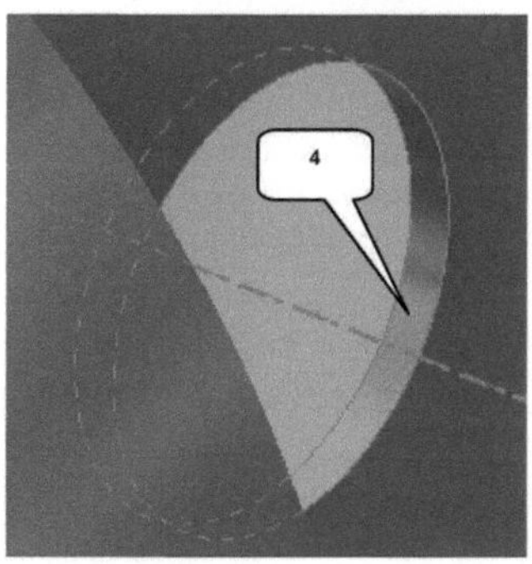

- **Abhängig machen** (1)
- Reiter: Baugruppe
- Typ: Passend (2)
- Auswahl 1: Markierte Zylinderfläche am Pleuel (3) (die dazugehörige Achse wird automatisch erkannt)
- Auswahl 2: Markierte Bohrungsfläche am Kolben (4) (die dazugehörige Achse wird automatisch erkannt)
- Modus: Passend (5)
- Versatz: [0 mm] (6)
- ***OK***

HINWEIS: Die Achse einer Bohrung/ eines zylindrischen Elements können Sie wählen, indem Sie mit der linken Maustaste auf die dazugehörige zylindrische Fläche klicken. Bei manchen Elementen sind die zylindrischen Flächen sehr schmal (in unserem Fall die Querbohrung des Kolbens (4)). Dann ist es erforderlich, sehr nah an diesen Bereich heranzuzoomen, um die korrekte Fläche greifen zu können.

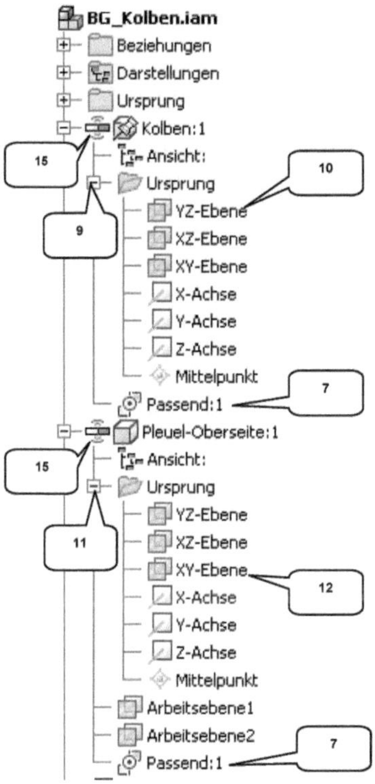

Die axiale Abhängigkeit wird jetzt den zugehörigen Komponenten im Browser zugeordnet. Werden im Browser die Bauteil ***Kolben*** oder ***Pleuel-Oberseite*** erweitert, findet man darin die soeben erzeugte Abhängigkeit ***Passend*** (7).

HINWEIS: Um eine Abhängigkeit zu bearbeiten, klicken Sie mit der ***rechten Maustaste*** darauf und wählen die Option ***Bearbeiten***. Um sie zu löschen, wählen Sie die Option ***Löschen***.

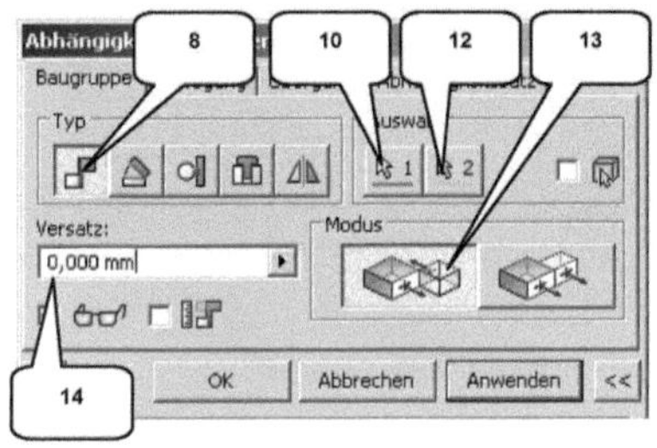

- Abhängig machen
- Reiter: Baugruppe
- Typ: Passend (8)
- Ordner ***Ursprung*** (Kolben) aufklappen (9)
- Auswahl 1: YZ-Ebene (Kolben) (10)
- Ordner ***Ursprung*** (Pleuel-Oberseite) aufklappen (11)
- Auswahl 2: XY-Ebene (Pleuel-Oberseite) (12)
- Modus: Passend (13)
- Versatz: 0 mm (14)
- ***OK***

Das Programm kann Kollisionen zwischen Komponenten ohne weitere Vorgaben nicht automatisch erkennen. Das Pleuel kann im derzeitigen Zustand also problemlos durch den Kolben hindurchbewegt werden. Um diesen Fehler zu beheben, drehen Sie das Pleuel so, dass es nicht mit dem Kolben kollidiert. Klicken Sie dann mit der ***rechten Maustaste*** auf das Bauteil ***Pleuel-Oberseite*** und aktivieren Sie den ***Kontaktsatz***. Übernehmen Sie diese Einstellung auch für den ***Kolben***.

- Unterbaugruppe: BG_Kolben -

Bei beiden Komponenten wird jetzt im Browser das Symbol ***Kontaktsatz*** (15) angezeigt. Wechseln Sie ins Register ***Prüfen*** (16) und aktivieren Sie dort die Option **Kontaktlöser aktivieren** (17). Wenn Sie das Bauteil ***Pleuel-Oberteil*** jetzt bei gedrückter linker Maustaste bewegen, sollte die Bewegung begrenzt und eine Kollision verhindert werden.

7.1.5 Pleuelober- und -unterseite miteinander verbinden

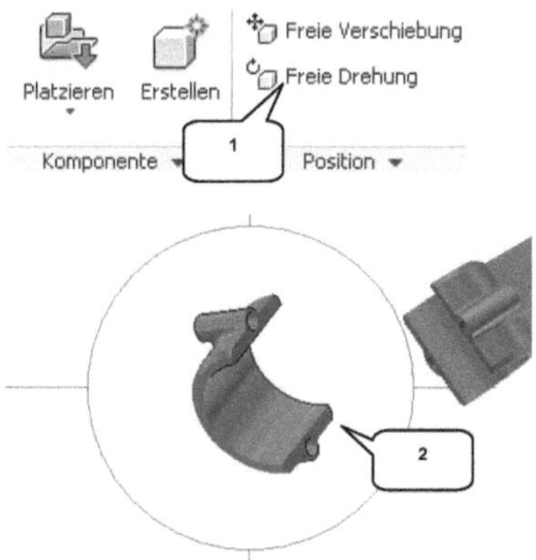

Im nächsten Schritt sollen Ober- und Unterseite des Pleuels miteinander verbunden werden. Um dies zu erleichtern, kann die Unterseite vorher etwas ausgerichtet werden. Der Befehl **Freie Drehung** (1) ermöglicht ein freies Drehen einzelner Komponenten einer Baugruppe (alternativ: Taste: **G**).

Markieren Sie die Unterseite des Pleuels (2), starten Sie den Befehl und drehen Sie die Pleuelunterseite bei gedrückter linker Maustaste, bis ihre Lage zur Pleueloberseite wie nebenstehend dargestellt erreicht wurde. Die Taste: **ESC** beendet den Befehl.

HINWEIS: Um das Setzen von Abhängigkeiten zu erleichtern, können die betreffenden Komponenten vorher mit dem Befehl **Freie Drehung** etwas aneinander ausgerichtet werden. Das verhindert oftmals eine fehlerhafte Positionierung durch das Programm.

Nachdem die Unterseite des Pleuels ausgerichtet wurde, kann mit dem Setzen der Abhängigkeiten begonnen werden. Folgen Sie der Befehlskette und verbinden Sie beide Bauteile miteinander.

- Unterbaugruppe: BG_Kolben -

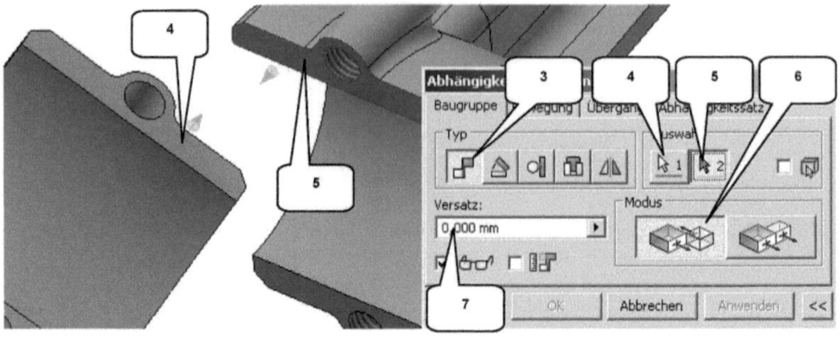

- Abhängig machen
- Reiter: Baugruppe
- Typ: Passend (3)
- Auswahl 1: Markierte Fläche (4)
- Auswahl 2: Markierte Fläche (5)
- Modus: Passend (6)
- Versatz: [0 mm] (7)
- **OK**

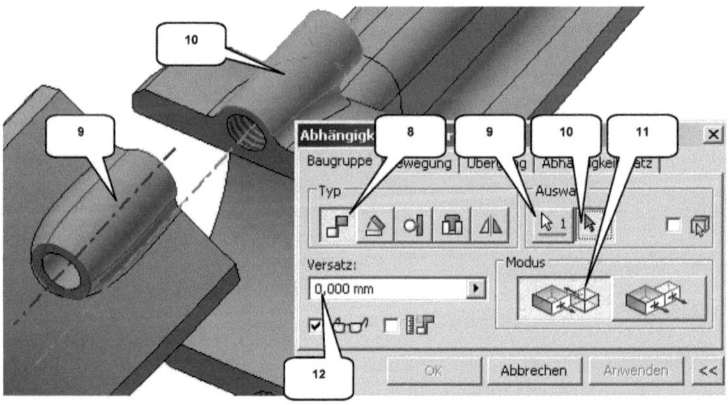

- Abhängig machen
- Reiter: Baugruppe
- Typ: Passend (8)
- Auswahl 1: Mark. Zylinderfläche (9)
- Auswahl 2: Mark. Zylinderfläche (10)
- Modus: Passend (11)
- Versatz: [0 mm] (12)
- **OK**

- Unterbaugruppe: BG_Kolben -

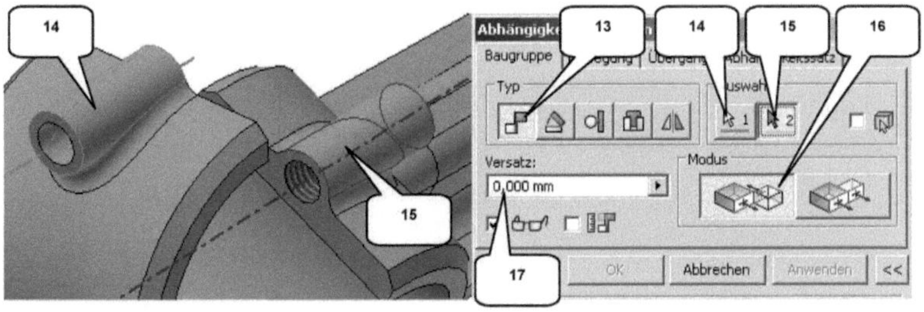

- Abhängig machen
- Reiter: Baugruppe
- Typ: Passend (13)
- Auswahl 1: Mark. Zylinderfläche (14)
- Auswahl 2: Mark. Zylinderfläche (15)
- Modus: Passend (16)
- Versatz: [0 mm] (17)
- **OK**

7.1.6 Schrauben aus dem Inhaltscenter platzieren

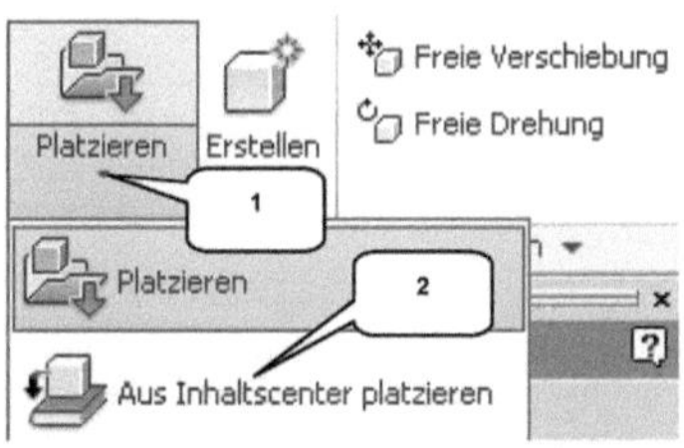

Nachdem alle zur Baugruppe gehörenden Bauteile platziert und ausgerichtet wurden, sollen zwei Schrauben aus dem Inhaltscenter die Baugruppe komplettieren.

- Befehl Platzieren erweitern (1)
- Aus Inhaltscenter platzieren (2)

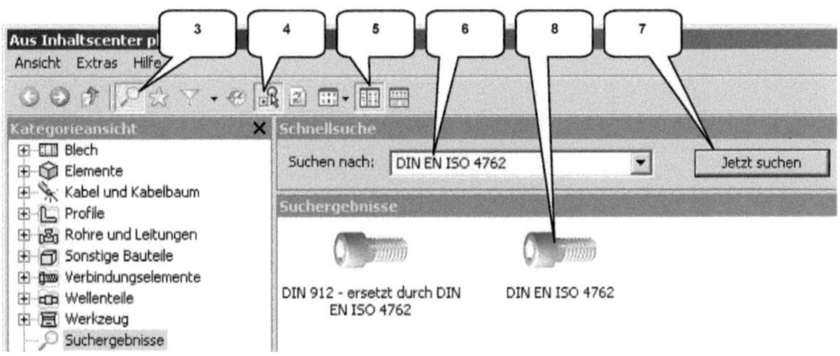

- Option: ***Suchen*** aktivieren (3)
- Option: ***AutoDrop*** aktivieren (4)
- Option: ***Baumstrukturansicht*** aktivieren (5)
- Suchen nach: [DIN EN ISO 4762] eingeben (6)
- Jetzt suchen ***Jetzt suchen*** (7)
- Markierte Schraube doppelklicken (8)

Die Schraube muss jetzt platziert werden.

HINWEIS: Sollte Ihr Inhaltscenter nicht verfügbar sein, platzieren Sie die Normteile aus dem Order ***Normteile*** (Projektordner) manuell. Die Schrauben müssen dann allerdings einzeln mit Abhängigkeiten platziert werden.

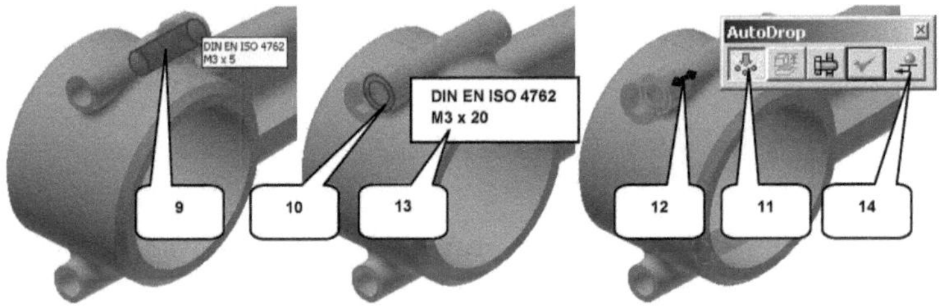

- Markierte Zylinderfläche anklicken, um die darin enthaltene Gewindebohrung zu wählen (9)
- Markierte Ringfläche wählen (10)

- ***Mehrere einfügen*** aktivieren (11)
- Am Doppelpfeil ziehen (12), bis die Länge (M3 x 20) angezeigt wird (13)
- ***Anwenden*** (14)

HINWEIS: ***AutoDrop*** ermöglicht eine teilautomatisierte Konfiguration von Komponenten aus dem Inhaltscenter. Geometrische Eigenschaften der Komponenten werden dabei anhand bereits vorhandener geometrischer Elemente ermittelt. Diese Option ist sehr praktikabel, funktioniert allerdings nur bei wenigen Normteilen aus dem Inhaltscenter.

7.1.7 Erstellen einer Komponente aus der Baugruppe heraus

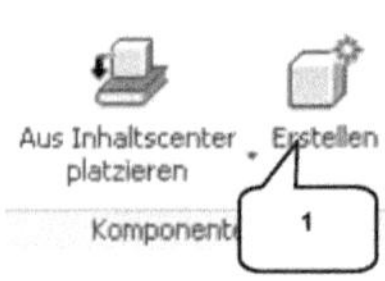

Bauteile und Baugruppen können auch direkt aus einer Baugruppe heraus erzeugt werden, wobei zusätzlich Adaptivitäten (geometrische Abhängigkeiten) zu anderen Komponenten der Baugruppe generiert werden.

8 ZEICHNUNGSABLEITUNGEN

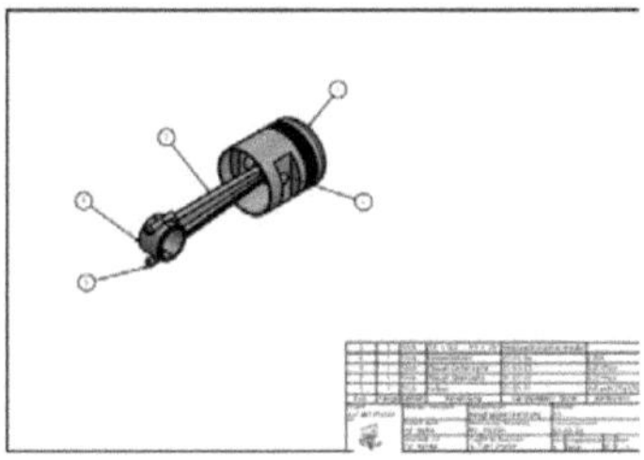

Bauteile werden im Skizzenbereich gezeichnet, im Modellbereich in Volumen- oder Flächenelemente konvertiert, dann in Baugruppen eingefügt und zum Schluss als Zeichnung abgeleitet. Ein vollständiger ***Zeichnungssatz*** besteht in der Regel aus der Baugruppenzeichnung samt Positionsnummern, der Stückliste und den Bauteilzeichnungen.

8.1 Öffnen der vorhandenen Zeichnungsvorlage

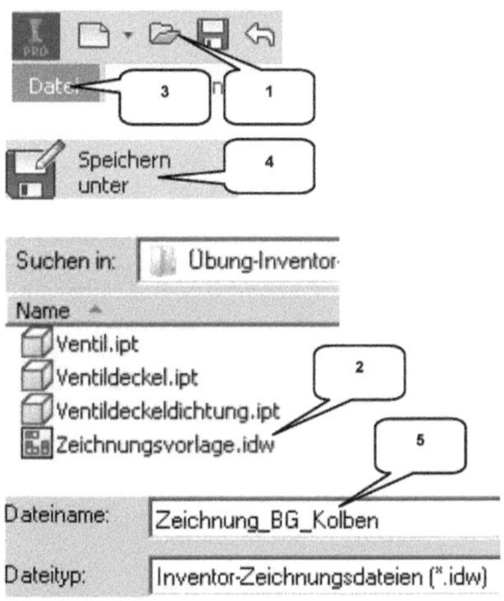

Inventor® verfügt über Zeichenvorlagen, die über den Pfad: Neu > ***Zeichnung*** > ***Norm.idw*** geöffnet werden können. Da Schriftfeld und Rahmen hier erst eingerichtet werden müssten, verwenden wir in unseren Übungen eine vorgefertigte und bereits angepasste Dateivorlage. Sie kann im Downloadordner geöffnet werden.

- Öffnen (1)
- Auswahl: Zeichnungsvorlage.idw (2)
- ***Öffnen***

- Register: ***Datei*** (3)
- Speichern unter (4)
- Name: [Zeichnung_BG_Kolben] (5)
- ***Speichern***

HINWEIS: Das ***Speichern*** der Zeichnung ***unter*** einer anderen Bezeichnung soll verhindern, dass die Zeichnungsvorlage ungewollt überschieben wird. Alternativ kann ein eigenes Template in Inventor erzeugt werden. Bei geöffneter Datei ***Zeichnungsvorlage.idw*** muss dafür der Pfad: Hauptmenü > Kopie als Vorlage speichern gewählt werden.

8.2 Das Register ANSICHTEN PLATZIEREN im Überblick

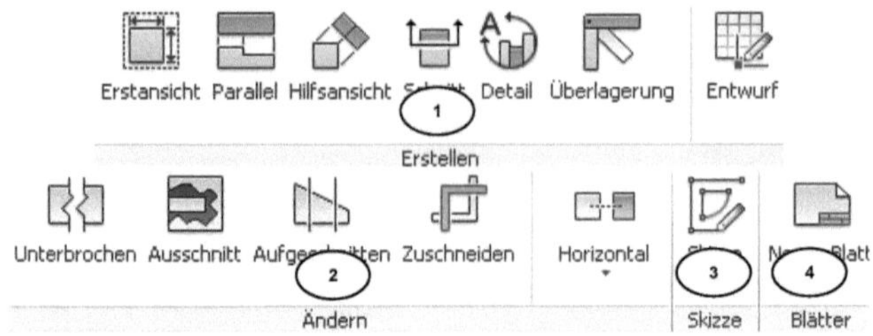

OPTIONEN

1) Erstellen neuer Ansichten
2) Bearbeiten vorhandener Ansichten
3) Erstellen einer 2D-Skizze
4) Erstellen weiterer Blätter

8.3 Das Register MIT ANMERKUNG VERSEHEN im Überblick

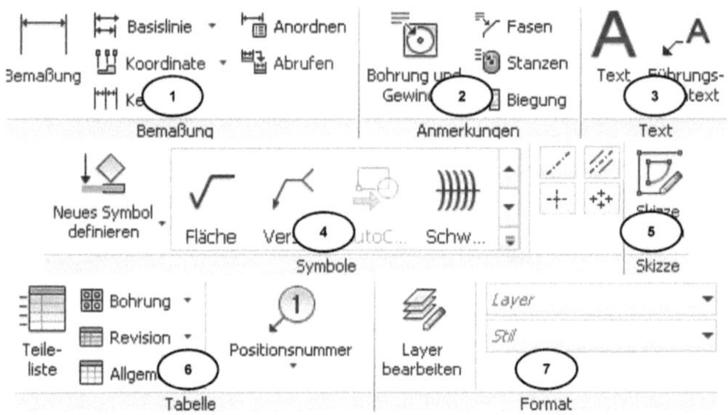

OPTIONEN

1) Bemaßungen erzeugen
2) Informationen von Bohrungen, Fasen, Biegungen abrufen
3) Textfelder einfügen
4) Symbole und Markierungen einfügen
5) 2D-Skizze erstellen
6) Tabellen und Positionsnummern
7) Linien, Texte, Layer einstellen

8.4 Zeichnungsableitung der Baugruppe: BG_Kolben

8.4.1 Blattformat und Schriftfeld bearbeiten

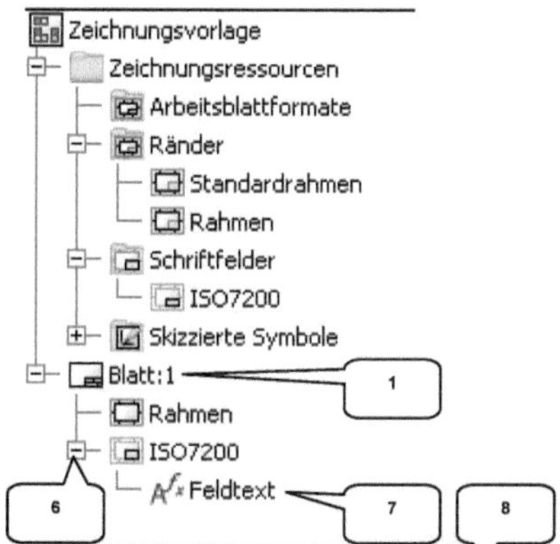

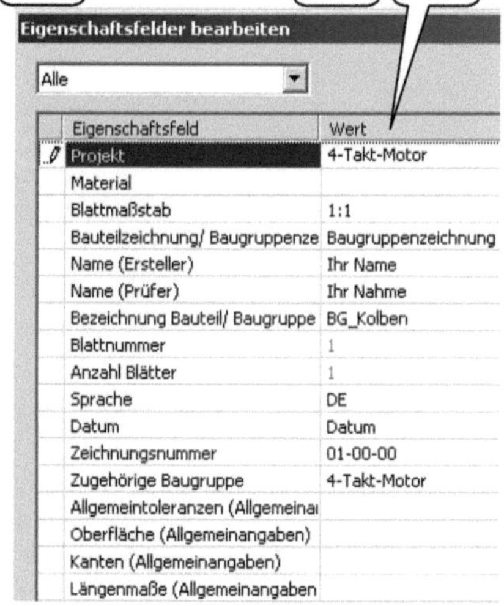

Das ***Blattformat*** DIN A4 soll auf das Blattformat DIN A3 vergrößert werden, um die Baugruppe ***BG_Kolben*** besser darstellen zu können.

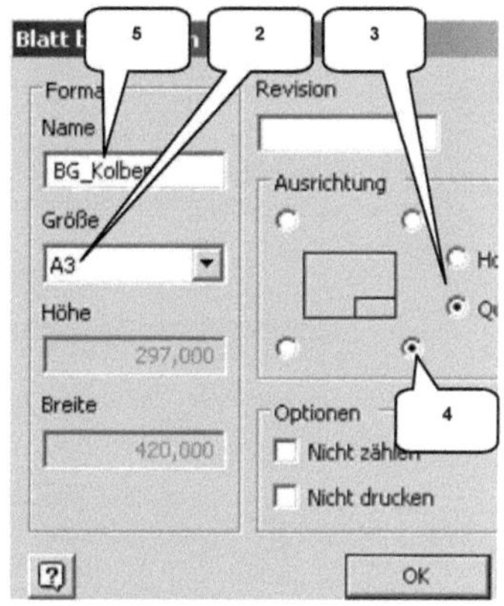

- ***Rechte Maustaste*** auf ***Blatt:1*** (1)
- Option: ***Blatt bearbeiten*** wählen
- Größe: A3 (2)
- Ausrichtung: Querformat (3)
- Position Schriftfeld: Unten rechts (4)
- Name: [BG_Kolben] (5)
- ***OK***

Bearbeiten Sie jetzt das Schriftfeld:

- ***ISO7200*** erweitern (6)
- Doppelklick auf ***Feldtext*** (7)
- Eingaben der Spalte ***Wert*** übernehmen wie dargestellt (8)
- ***OK***

8.4.2 Platzieren einer schattierten Ansicht

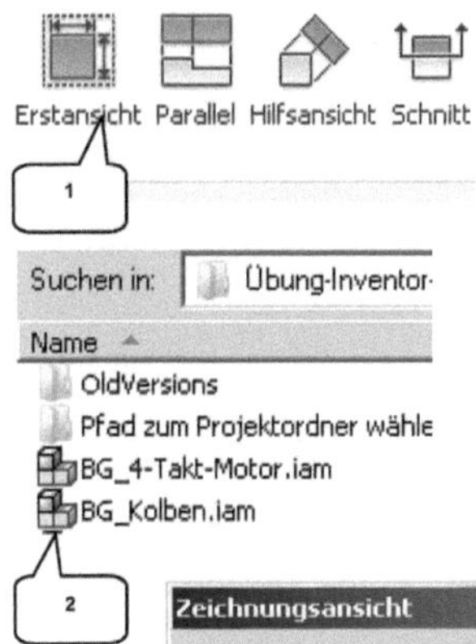

Als ***Ansicht*** wird die Abbildung einer Baugruppe/ eines Bauteils verstanden. Platzieren Sie eine ***isometrische Erstansicht*** der Baugruppe ***BG_Kolben***.

- Erstansicht (1)
- Auswahl: BG_Kolben (2)
- ***Öffnen***

Im Fenster ***Zeichnungsansicht*** können nun die folgenden Einstellungen übernommen werden.

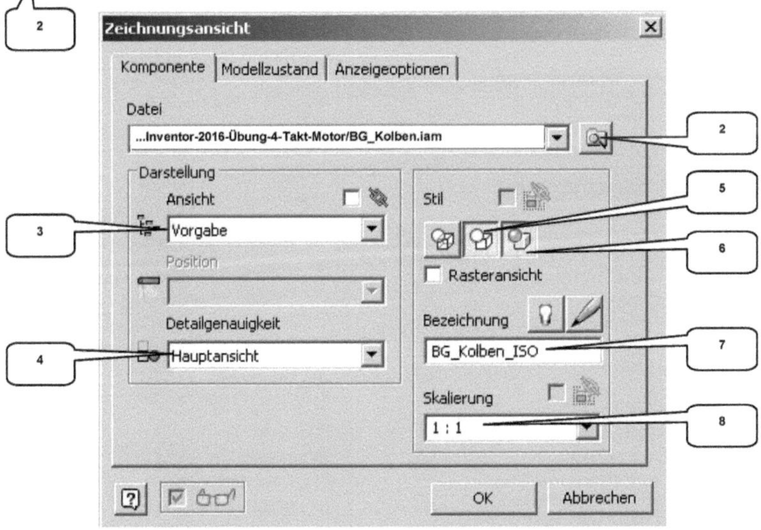

HINWEIS: Im Zeichenbereich sollte die Baugruppe ***BG_Kolben*** bereits zu sehen sein. Wenn nicht, sind die Anwendungsoptionen zu kontrollieren: ***Register: Extras*** > ***Anwendungsoptionen*** > ***Reiter: Zeichnung*** > ***Vorschau anzeigen als: Alle Komponenten***.

- Ansicht: Vorgabe (3)
- Detailgenauigkeit: Hauptansicht (4)
- Stil: Ohne verdeckte Linien (5) und Schattiert (6)
- Bezeichnung: [BG_Kolben_ISO] (7)
- Skalierung: 1:1 wählen (8)
- ***ViewCube***-Ansicht: ***ECKE*** zwischen den Seiten VORNE, OBEN und RECHTS wählen (9)
- OK ***OK***

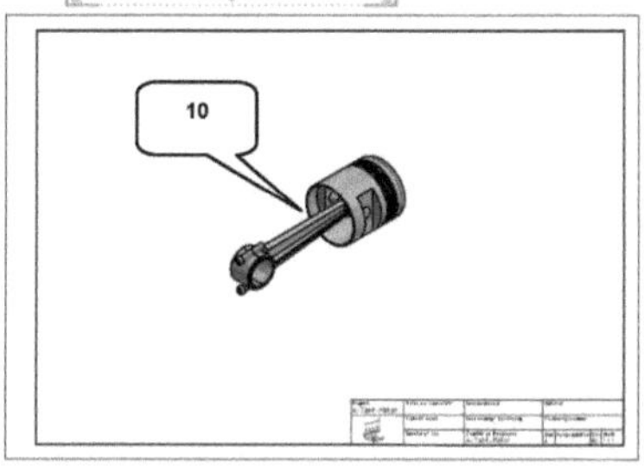

Die Maus ist jetzt über die Ansicht zu schieben, bis eine rote Umrandung erscheint. Bei gedrückter linker Maustaste darauf kann diese Ansicht jetzt in die Mitte der Zeichnung geschoben werden (10).

HINWEIS: Eine Ansicht kann auch nachträglich bearbeitet werden: ***Rechte Maustaste*** im Browser auf die Ansicht > ***Ansicht bearbeiten***.

8.4.3 Einfügen einer Teileliste (Stückliste)

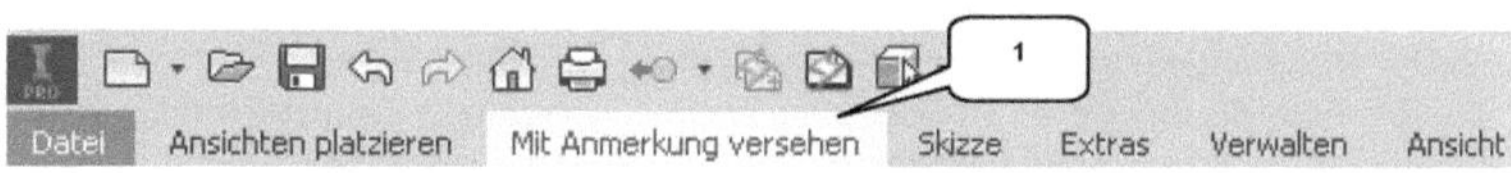

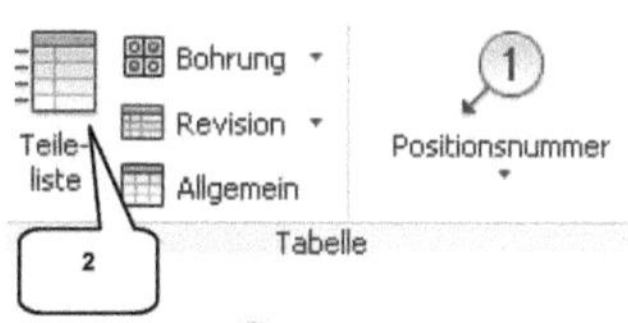

- Register: ***Mit Anmerkungen versehen*** (1)
- Teileliste (2)
- Quelle: BG_Kolben anklicken (3)
- Stücklistenansicht: Strukturiert (4)
- Ebene: Erste (wenn verfügbar) (5)
- Min. Stellen: 1 (wenn verfügbar) (6)
- Umbruchrichtung: Links (7)
- OK ***OK***

HINWEIS: Die Quelle kann alternativ auch über das Ordnersymbol (8) gewählt werden.

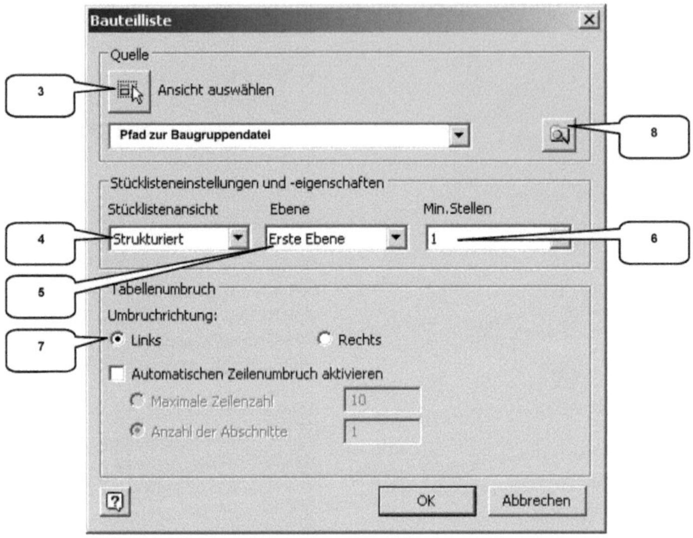

Legen Sie die Tabelle oberhalb des Schriftfeldes ab. Das eventuell erscheinende Hinweisfenster ***Stücklistenansicht deaktiviert*** kann mit ***OK*** (9) bestätigt werden. Legen Sie die Teileliste danach so im Zeichenbereich ab, dass diese auf dem Schriftfeld oben aufliegt und an ihrer rechten Seite an den Zeichnungsrahmen anschließt.

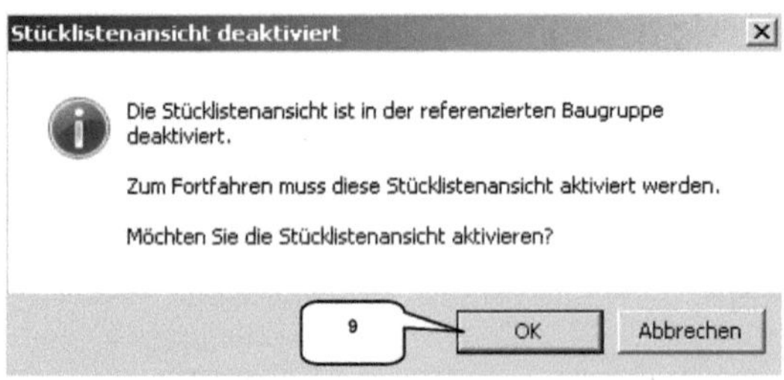

Die Teileliste ist jetzt in der Zeichnung hinterlegt, muss aber noch überarbeitet werden.

- Zeichnungsableitung der Baugruppe: BG_Kolben -

TEILELISTE			
OBJEKT	ANZAHL	BAUTEILNUMMER	BESCHREIBUNG
1	1	Kolben	
2	1	Pleuel-Oberseite	
3	1	Pleuel-Unterseite	
4	2	ISO 4762 - M3 x 20	Innensechskantschraube
5	1	Kolbenbolzen	

10

Projekt 4-Takt-Motor	Material/ Werkstoff	Dokumentenart Baugruppenzeichnung	Maßstab 1:1
	Erstellt durch Ihr Name	Bezeichnung/ Benennung BG_Kolben	Zeichnungsnummer 01-00-00
	Genehmigt von Ihr Nahme	Zugehörige Baugruppe 4-Takt-Motor	Änd. A / Ausgabedatum Datum / Spr. DE / Blatt 1 / 1

Mit einem ***Doppelklick*** auf einen beliebigen Text der Teileliste gelangt man in ihren ***Bearbeitungsbereich***. Nehmen Sie darin die folgenden Änderungen vor:

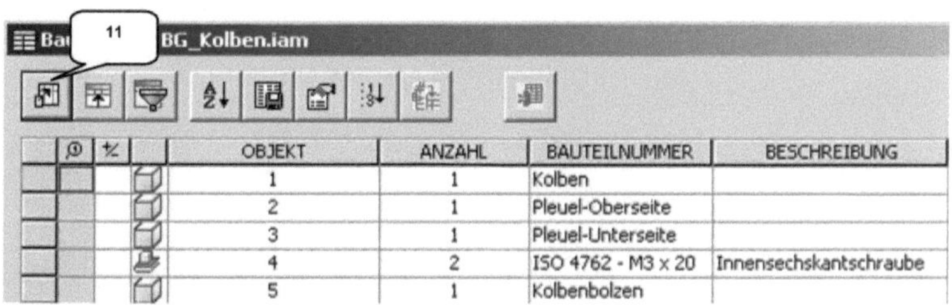

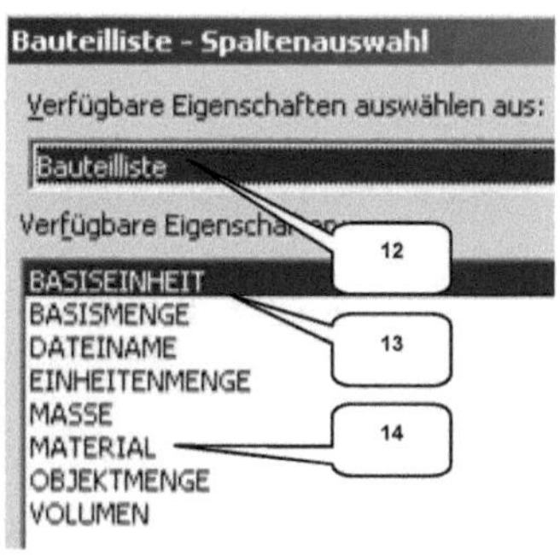

- Doppelklick auf den Text (10)
- Spaltenauswahl (11)
- Auswahl: Bauteilliste (12)
- Doppelklicken: Basiseinheit (13)
- Doppelklicken: Material (14)

Mit den beiden Optionen ***Nach unten*** und ***Nach oben*** kann die Reihenfolge im rechten Fenster (Ausgewählte Eigenschaften) bearbeitet werden.

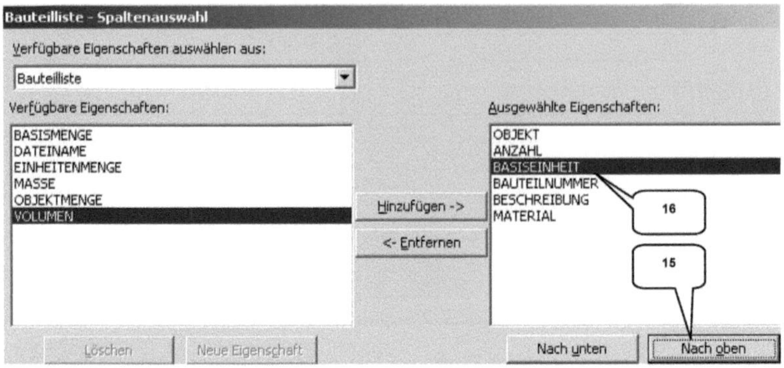

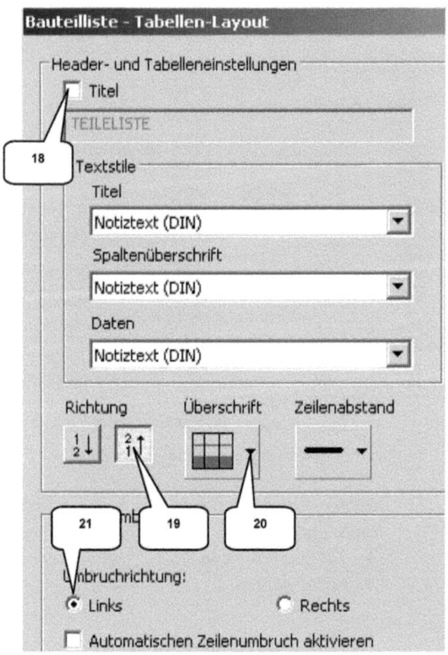

- Markieren: Basiseinheit (16)
- ***Nach oben*** (15) klicken, bis die ***Basiseinheit*** in der 3. Zeile angeordnet ist
- ***OK*** (Fenster: Bauteilliste-Spaltenauswahl)
- ***Anwenden***

- Tabellen-Layout (17)
- Deaktivieren: Titel (18)
- Richtung: Oben neue Bauteile (19)
- Überschrift: Unten (20)
- Umbruchausrichtung: Links (21)
- ***OK*** (Fenster: Bauteilliste-Tabellen-Layout)
- ***Anwenden***

Jetzt können die Bezeichnungen der einzelnen Spalten überarbeitet werden.

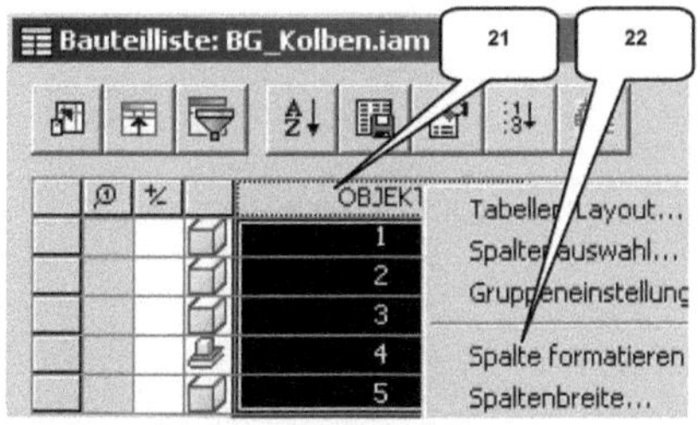

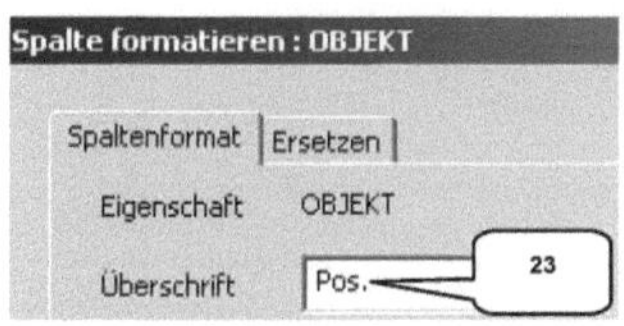

- Spaltenbezeichnung ***Objekt*** mit der linken Maustaste markieren (21)
- ***Rechte Maustaste*** auf ***Objekt*** (21)
- Option: ***Spalte formatieren*** (22)
- Überschrift: [Pos.] eintragen (23)
- ***OK*** (Fenster: Spalte formatieren)
- ***Anwenden***

Ändern Sie auch die Bezeichnungen der restlichen fünf Spalten. Achten Sie darauf, jede Änderung durch ***Anwenden*** zu bestätigen.

Alte Bezeichnung	***Neue Bezeichnung***
Anzahl	Menge (24)
Basiseinheit	Einheit (25)
Bauteilnummer	Benennung (26)
Beschreibung	Sachnummer / Norm (27)
Material	Werkstoff (28)

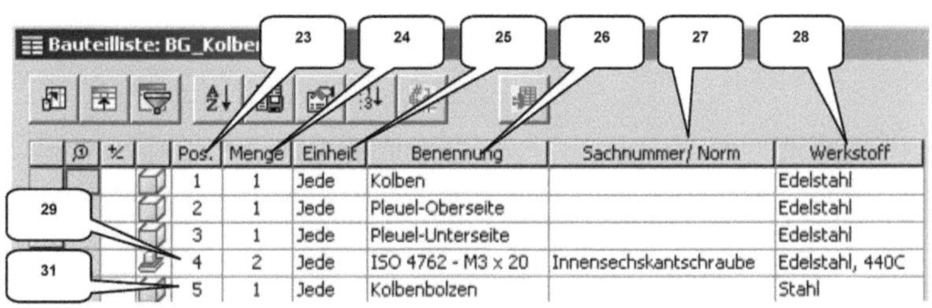

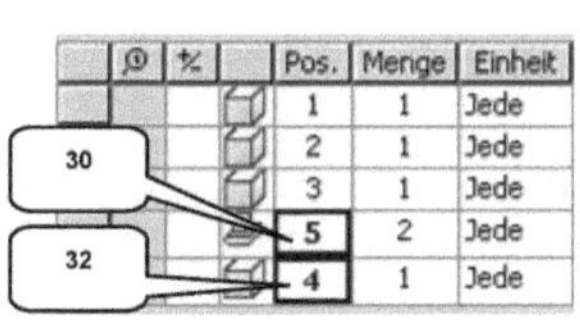

- Feld (29) doppelklicken
- Wert: [5] eintragen (30)
- Feld (31) doppelklicken
- Wert: [4] eintragen (32)

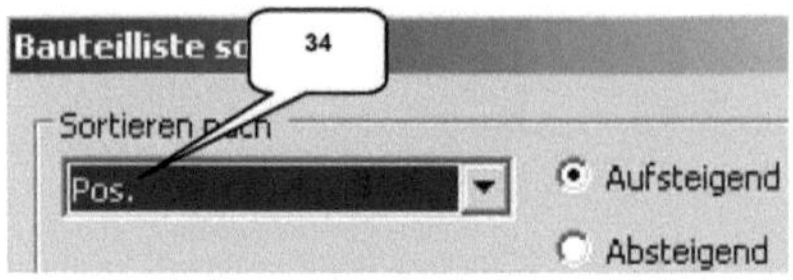

- Sortieren (33)
- Sortieren nach: Pos. (34)
- ***OK*** (Fenster: Bauteilliste sortieren)
- ***Anwenden***

Überarbeiten Sie die Teileliste jetzt wie folgt: Per Doppelklick gelangen Sie in die jeweiligen Felder, und mit den Pfeiltasten wechseln Sie zwischen diesen.

				Pos.	Menge	Einheit	Benennung	Sachnummer/ Norm	Werkstoff
				1	1	**Stck**	Kolben	**01-01-01**	**AlCu4Ni2Mg1,5**
				2	1	**Stck**	Pleuel-Oberseite	**01-01-02**	**42CrMo4**
				3	1	**Stck**	Pleuel-Unterseite	**01-01-03**	**42CrMo4**
				4	1	**Stck**	Kolbenbolzen	**01-01-04**	**E355**
				5	2	**Stck**	ISO 4762 - M3 x 20	Innensechskantschraube	

Sobald alle Änderungen übernommen wurden, bestätigen Sie mit ***Anwenden*** und beenden die Bearbeitung der Teileliste abschließend mit ***OK***.

5	2	Stck	ISO 4762 - M3 x 20	Innensechskantschraube	
4	1	Stck	Kolbenbolzen	01-01-04	E355
3	1	Stck	Pleuel-Unterseite	01-01-03	42CrMo4
2	1	Stck	Pleuel-Oberseite	01-01-02	42CrMo4
1	1	Stck	Kolben	01-01-01	AlCu4Ni2Mg1,5
Pos.	Menge	Einheit	Benennung	Sachnummer/ Norm	Werkstoff

35

Projekt 4-Takt-Motor	Material/ Werkstoff	Dokumentenart Baugruppenzeichnung	Maßstab 1:1
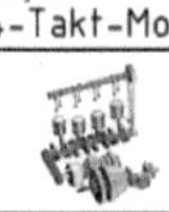	Erstellt durch Ihr Name	Bezeichnung/ Benennung BG_Kolben	Zeichnungsnummer 01-00-00
	Genehmigt von Ihr Nahme	Zugehörige Baugruppe 4-Takt-Motor	Änd. A / Ausgabedatum Datum / Spr. DE / Blatt 1 / 1

Verschieben Sie die Teileliste bei gedrückter linker Maustaste so, dass diese passend oberhalb des Schriftfeldes angeordnet ist. Die Spaltenbreiten können geändert werden, indem die Trennlinien (z. B. 35) bei gedrückter linker Maustaste verschoben werden. ***Speichern*** Sie die Zeichnung, und lassen Sie sie noch geöffnet.

Auszug aus dem Buch DYNAMISCHE SIMULATION

Die folgenden Seiten zeigen Auszüge aus dem Buch:

- ***Autodesk® Inventor® 2017 - DYNAMISCHE SIMULATION***

Inventor® verfügt über einen Bereich der ***Dynamischen Simulation***, in dem komplexe Baugruppen unter Einfluss äußerer Randbedingungen, wie Kräften und Drehmomenten, berechnet und simuliert werden können. Die Ergebnisse können dann zur weiteren Bearbeitung in den Bereich der Finiten-Elemente-Methode übertragen werden. In einem komplexen Übungsbeispiel wird der Leser theoretische Grundlagen der Befehle aus dem Bereich der Dynamischen Simulation erlernen und praktisch umsetzen.

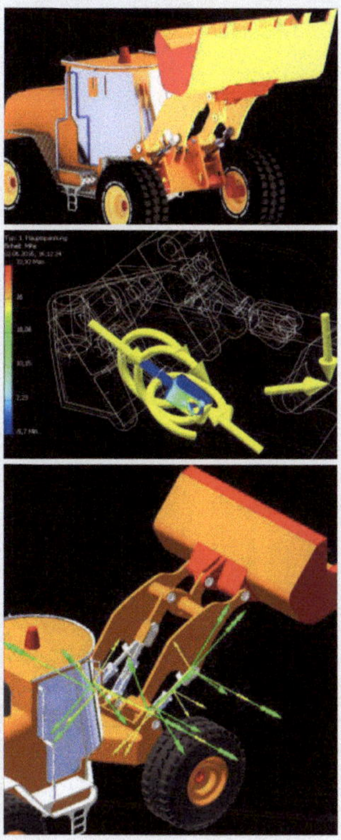

Im Buch werden die folgenden Bereiche behandelt:

- ***Gelenkverbindungen einfügen***
- ***Abhängigkeiten in Gelenke konvertieren***
- ***Status des Mechanismus überprüfen***
- ***Kräfte und Drehmomente einfügen***
- ***Dynamische Bewegungen***
- ***Unbekannte Kräfte ermitteln***
- ***Spuren darstellen***
- ***Filme publizieren***
- ***Simulationseinstellungen bearbeiten***
- ***Das Eingabediagramm***
- ***Das Ausgabediagramm***

Weitere Informationen zu diesem und anderen Büchern erhalten Sie auf der Website:

- ***http://www.cad-trainings.de/***

Christian Schlieder
Autodesk®
Inventor® 2017
DYNAMISCHE SIMULATION
Viele praktische Übungen am Konstruktionsobjekt RADLADER
Gelenke einfügen, Abhängigkeiten ableiten, Status des Mechanismus, Kräfte und Drehmomente, Ausgabediagramm, dynamische Bewegung, unbekannte Kräfte ermitteln, Spuren, Filme publizieren, Simulationseinstellungen bearbeiten, Simulationswiedergabe starten, exportieren nach FEM
LEICHT VERSTÄNDLICH - KOMPLEXES ÜBUNGSBEISPIEL

INHALTSVERZEICHNIS

1 Grundlegendes zum Buch

Dieses Buch ist ein Aufbaukurs für Fortgeschrittene, die mit den Grundlagen von ***Autodesk® Inventor® 2017*** bereits vertraut sind. Es wird empfohlen, vor der Arbeit mit diesem Buch das Grundlagenbuch:

- ***Autodesk® Inventor® 2017 – Grundlagen in Theorie und Praxis***

vollständig durchzuarbeiten, in dem die vorausgesetzten Grundlagen zum Programm vermittelt werden.

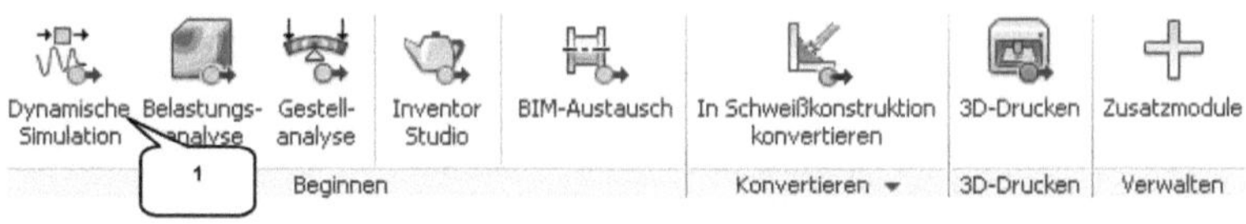

Autodesk® Inventor® 2017 bietet für Baugruppen den speziellen Bereich der ***dynamischen Simulation*** (1). Baugruppen können hier um weitere Umgebungsvariablen (wie z. B. Dämpfung, Steifigkeit, Reibungskoeffizient) ergänzt und mit zusätzlichen externen Kräften oder Drehmomenten beaufschlagt werden, was eine Analyse der Baugruppe unter realistischen Bedingungen ermöglicht. Die Berechnungsergebnisse können in den Bereich der Finiten-Elemente-Methode (FEM) exportiert und dort einer statischen Analyse oder einer Modalanalyse unterzogen werden.

Die folgenden Befehle der dynamischen Simulation werden behandelt:

- ***Gelenke einfügen***
- ***Abhängigkeiten ableiten***
- ***Status des Mechanismus prüfen***
- ***Kräfte erzeugen***
- ***Drehmomente erzeugen***
- ***Ausgabediagramm darstellen***
- ***Dynamische Bewegungen***
- ***Unbekannte Kraft ermitteln***
- ***Spuren darstellen***
- ***Filme publizieren***
- ***Simulationseinstellungen***
- ***Simulationswiedergabe***
- ***Exportieren nach FEM***

Das vorliegende Übungsbeispiel bietet genügend Möglichkeiten, die Befehlsketten sporadisch zu verlassen und eigene Versuche zu starten, was dem Anwender auch empfohlen wird. Sollte die Konstellation der Baugruppe dabei zerstört werden, kann ersatzweise die im Downloadordner enthaltene Kopie der Baugruppe verwendet werden.

5 Grundlegende Vorbereitungen

5.1 Projektordner erstellen

Bevor mit der Umsetzung des Projektes gestartet wird, müssen die folgenden Arbeiten erledigt werden:

Auf dem PC ist an geeigneter Stelle ein neuer Ordner mit folgender Bezeichnung zu erstellen:

- ***Inventor-2017-Übung-Dynamische-Simulation***

5.2 Download der Übungsdateien

Im Internet ist die folgende Website zu besuchen:

- ***http://www.cad-trainings.de/html/Download.html***

Anschließend sind die folgenden Schritte zu erledigen:

- Das Buch ***Inventor® 2017 Dynamische Simulation*** suchen
- Auf den nebenstehenden Download-Link klicken
- Die Übungsdatei (ZIP-Format) auf dem PC speichern (im Projektordner ***Inventor-2017-Übung-Dynamische-Simulation***)
- Die Datei darin entpacken

5.3 Aktivierung des Einzelbenutzerprojektes

Inventor® arbeitet grundsätzlich in Projekten, was die Koordination zusammenhängender Dateien und Einstellungen vereinfacht. Eine Projektdatei (*.ipj) sichert alle Informationen und Querverweise eines Projektes. Das ist wichtig, wenn später komplexe Baugruppen archiviert oder von einem PC auf einen anderen übertragen werden sollen.

Im Register ***Erste Schritte*** (Befehlsgruppe ***Starten***) ist der Befehl Projekte zu starten, um das Projekt ***Inventor-2017-Dynamische-Simulation.ipj*** aktivieren zu können.

- Aktivierung des Einzelbenutzerprojektes -

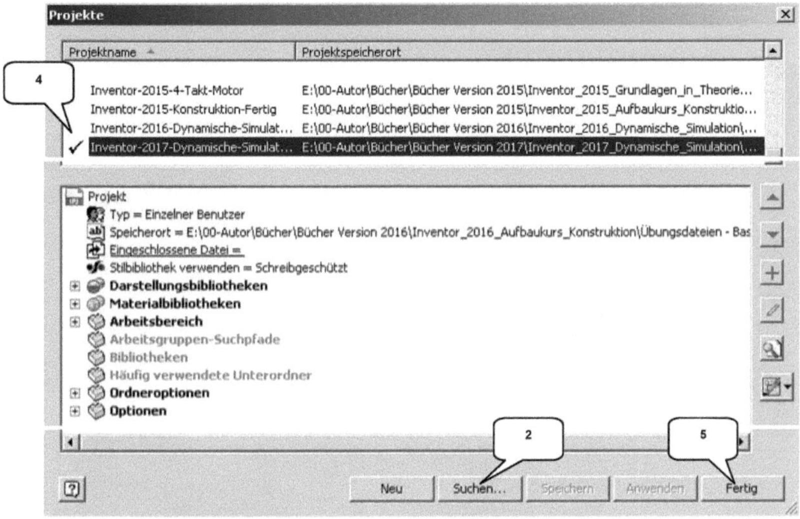

Mit der Option soll der Pfad zum Projektordner ausgewählt und die darin enthaltene Projektdatei ***Inventor-2017-Dynamische-Simulation.ipj*** (3) aktiviert werden.

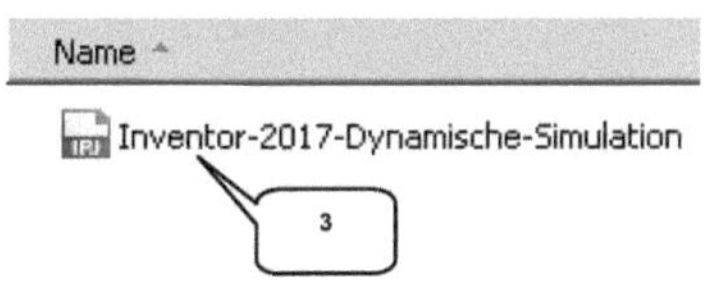

Register ***Erste Schritte***

Projekte (1)
- ***Suchen*** (2)
- Pfad zum Projektordner wählen
- Dateiname: ***Inventor-2017-Dynamische-Simulation.ipj*** (3)
- ***Öffnen***

Das neue ***Projekt*** wird automatisch aktiviert, was durch einen kleinen Haken in der entsprechenden Zeile (4) signalisiert wird.

- ***Fertig*** (5)

6 Die Montage des Radladers im Baugruppenbereich

6.1 Die Baugruppe im Überblick

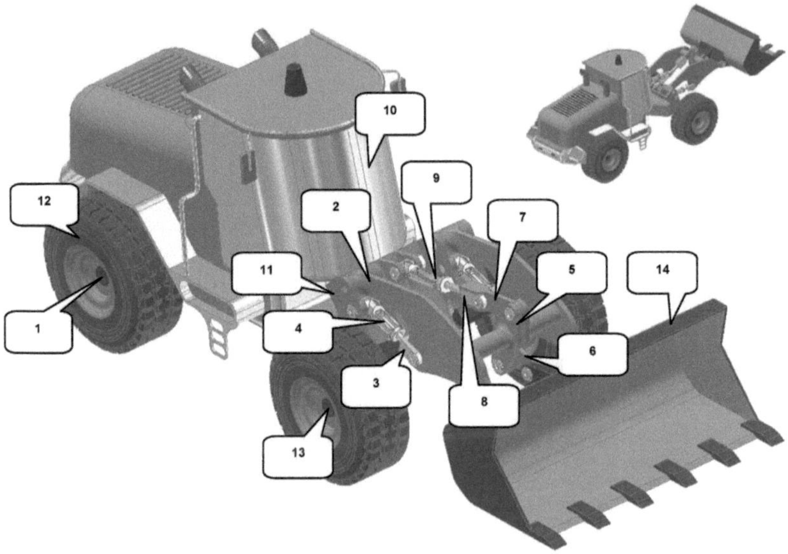

1) Hinterradachse	6) Kippschwinge	11) Maschinenrahmen
2) Hubrahmen	7) Kippzylinder-Fixierung	12) Rad
3) Hubzylinder-Kolben	8) Kippzylinder-Kolben	13) Radbolzen
4) Hubzylinder-Zylinder	9) Kippzylinder-Zylinder	14) Schaufel
5) Kipphebel	10) Maschinengehäuse	

6.2 Öffnen der Baugruppendatei

Im ersten Schritt soll die Baugruppe geöffnet werden:

Öffnen (1)
- Order: Projektordner wählen (2)
- Dateiname: Dynamischer_Radlader (3)
- Dateityp: *.iam
- Öffnen ***Öffnen***

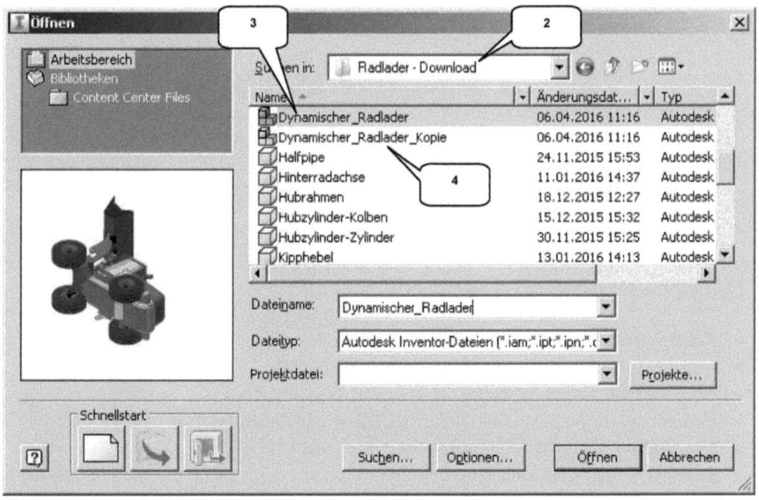

HINWEIS: Sollte die Baugruppe bei einer der Übungen im Buch beschädigt werden, kann zur weiteren Bearbeitung die Kopie ***Dynamischer_Radlader_Kopie*** (4) verwendet werden.

7 Die Umgebung der dynamischen Simulation

7.1 Die Baugruppenumgebung und die dynamische Simulation

7.1.1 Freiheitsgrade im Bereich der Baugruppenmodellierung

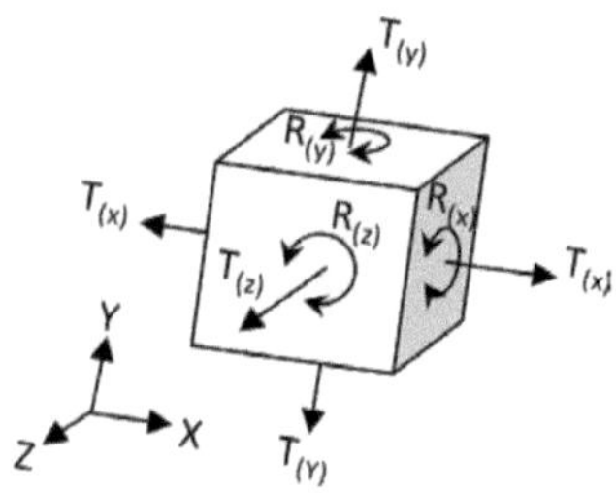

Eine Komponente in der Inventor® Baugruppenumgebung kann grundsätzlich jede beliebige Position und Ausrichtung einnehmen, da sie dort frei beweglich ist.

Sie verfügt darin über insgesamt sechs Freiheitsgrade und kann sich entlang der drei Achsen (***X***, ***Y***, ***Z***) linear verschieben (Translation T_X, T_Y, T_Z) und außerdem um jede der drei Achsen frei drehen (Rotation R_X, R_Y, R_Z).

7.1.2 Freiheitsgrade im Bereich der dynamischen Simulation

Anders ist es im Bereich der ***dynamischen Simulation***: Hier besitzt eine Komponente grundsätzlich keinen Freiheitsgrad, wenn nicht bereits automatisch beim Wechsel in den Simulationsbereich Gelenkverbindungen aus vorhandenen Abhängigkeiten generiert wurden. Gelenkverbindungen im Bereich der dynamischen Simulation entfernen also keine Freiheitsgrade, sondern weisen Bauteilverbindungen Freiheitsgrade zu.

7.1.3 Möglichkeiten in der dynamischen Simulation

Im Bereich der dynamischen Simulation gibt es die folgenden Möglichkeiten:

- ***Konvertieren*** von Abhängigkeiten/ Verbindungen in Gelenkverbindungen
- ***Hinzufügen*** von externen Kräften und Drehmomenten
- ***Berechnen*** unbekannter Kräfte
- ***Definieren*** von Reibung, Dämpfung, Steifigkeit und Elastizität
- ***Exportieren*** der Berechnungsergebnisse zur FEM-Analyse
- ***Exportieren*** der Berechnungsergebnisse nach Microsoft® Excel

7.2 Öffnen der dynamischen Simulation

Arbeitsbereich:
Dynamische Simulation

Um in den Bereich der dynamischen Simulation wechseln zu können, muss das Register ***Umgebungen*** aktiviert und der Befehl ***Dynamische Simulation*** gestartet werden.

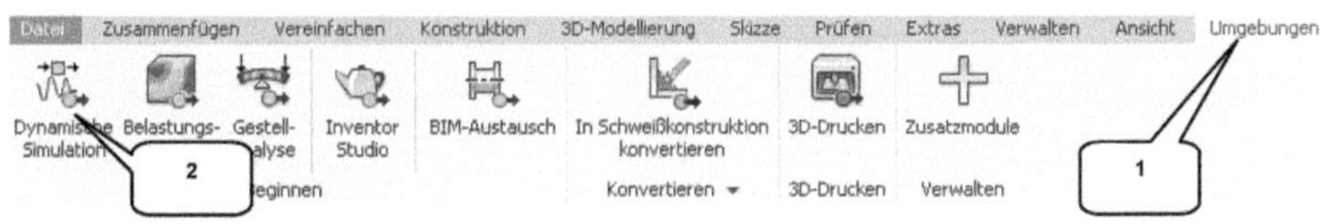

- Register ***Umgebungen*** (1)
- Dynamische Simulation (2)

7.3 Grundlegender Aufbau des Simulationsbereiches

7.3.1 Das Lernprogramm

Das Programm wird jetzt ein Hinweisfenster öffnen, in dem die Entscheidung zu treffen ist, ob das ***Lernprogramm*** gestartet werden soll.

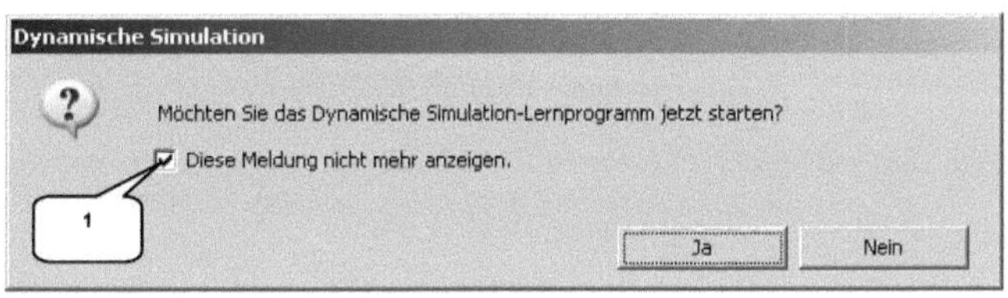

- Aktivieren: Diese Meldung nicht mehr anzeigen. (1)
- Ja ***Ja***

Besteht eine Internetverbindung, so sollte sich jetzt der Web-Browser öffnen.

HINWEIS: Wurde die Option deaktiviert, den Start des Lernprogramms automatisch anzubieten, sobald der Bereich der dynamischen Simulation geöffnet wird, wird das oben dargestellte Fenster nicht mehr erzeugt. Das Lernprogramm selbst, kann in der Programmhilfe jederzeit wieder gestartet werden (Taste: ***F1***).

- ***Lernprogramme*** erweitern (2)
- ***Lernprogrammarchiv*** wählen (3)

Im rechten Bereich des Befehlsfensters befindet sich eine Auflistung (4) der verfügbaren Lernprogramme. Per Mausklick gelangen Sie in die jeweiligen Bereiche.

<u>HINWEIS</u>: Das Archiv verweist teilweise auf die Beschreibungen älterer Programmversionen. Es besteht also die Möglichkeit, dass einige der verwendeten Befehle nicht mehr aktuell sind.

- Der Web-Browser kann wieder ***geschlossen*** werden

Wieder in Inventor® angelangt, sollte das Programm jetzt einen Hinweis anzeigen, dass der ***Mechanismus mit 13 Graden überbestimmt ist***. Diese sogenannten Redundanzen entstehen durch Überlagerungen von Gelenkverbindungen, was darauf zurückzuführen ist, dass einem Bauteil einzelne Freiheitsgrade mehrfach zugewiesen wurden.

Da dieser Hinweis zum jetzigen Zeitpunkt noch keine Rolle spielt, kann die Option ***diese Meldung nicht mehr anzeigen*** aktiviert, und das Fenster anschließend mit OK ***OK*** geschlossen werden.

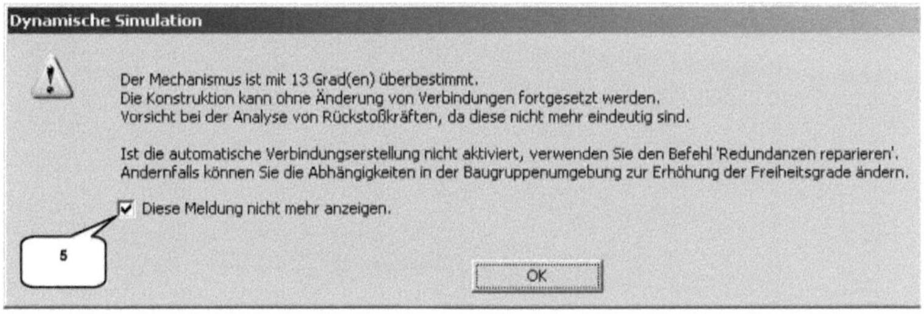

- Aktivieren: Diese Meldung nicht mehr anzeigen. (5)
- ***OK***

HINWEIS: In den ***Simulationseinstellungen*** kann die Meldung jederzeit reaktiviert werden.

7.3.2 Die Befehlsgruppen

Zuerst sollten die ***Befehlsgruppen*** auf Vollständigkeit kontrolliert werden:

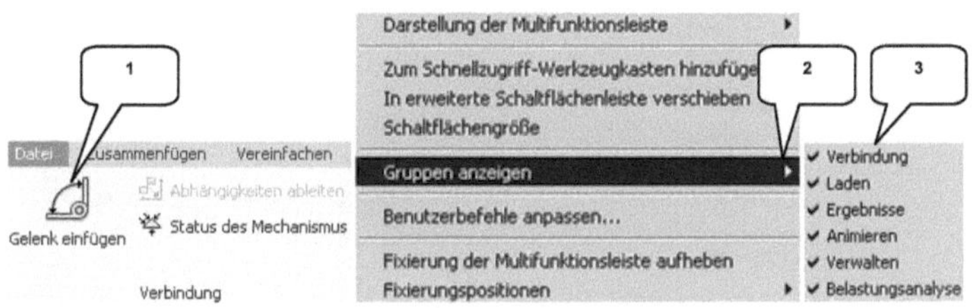

- ***Rechte Maustaste*** auf einen beliebigen Bereich in der Multifunktionsleiste (1)
- ***Gruppen anzeigen*** (2)
- Kontrollieren, ob alle Befehlsgruppen aktiviert wurden (3)

Die folgende tabellarische Übersicht soll die Befehlsgruppen mit den enthaltenen Befehlen darstellen.

- Grundlegender Aufbau des Simulationsbereiches -

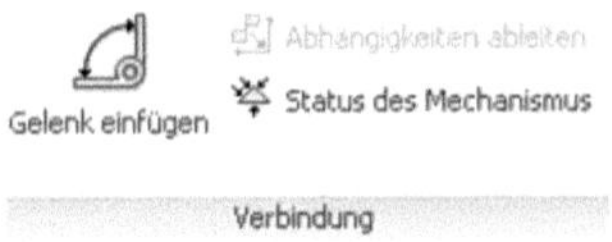

Verbindung

- Einfügen neuer Gelenke
- Ableiten vorhandener Abhängigkeiten
- Status des Mechanismus prüfen

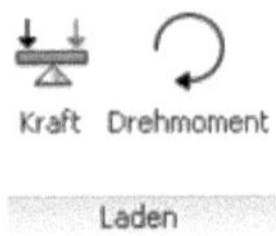

Laden

- Hinzufügen von Kräften
- Hinzufügen von Drehmomenten

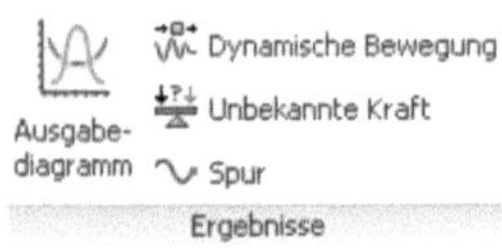

Ergebnisse

- Starten des Ausgabediagramms
- Starten der dynamischen Bewegung
- Unbekannte Kräfte ermitteln
- Spuren einfügen

Animieren

- Film publizieren
- Öffnen von Inventor® Studio

Verwalten

- Simulationseinstellungen bearbeiten
- Simulationswiedergabe starten
- Öffnen des Parametermanagers

Belastungsanalyse

- Exportieren der Berechnungsergebnisse in den Bereich der FEM-Analyse

Beenden

- Beenden der dynamischen Simulation

7.3.3 Der Browser

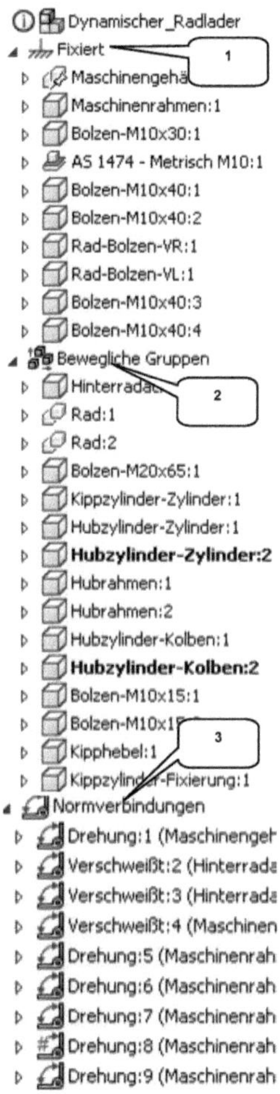

Im ***Browser*** der dynamischen Simulation werden alle Gelenkverbindungen der Baugruppe, alle externen Kräfte und Drehmomente und weitere Randbedingungen aufgelistet. Die folgenden Ordner sollten bereits vorhanden sein:

Fixiert (1)

Im Ordner ***Fixiert*** werden alle Komponenten aufgelistet, die entweder keinen oder sechs Freiheitsgrade besitzen. Denkbar sind hierbei die folgenden beiden Situationen: Entweder war eine Komponente im Bereich der Baugruppenmodellierung frei beweglich (keine Abhängigkeiten, keine Verbindungen), oder sie besaß dort keine Freiheitsgrade mehr (Komponente fixiert).

Ordner	***Freiheitsgrade***
Fixiert	0 oder 6

Bewegliche Gruppen (2)

Im Ordner ***Bewegliche Gruppen*** werden die restlichen Komponenten einer Baugruppe zusammengefasst. Sie besitzen zwischen einem und fünf Freiheitsgrade.

Ordner	***Freiheitsgrade***
Bewegliche Gruppen	1 bis 5

Normverbindungen (3)

Der Ordner ***Normverbindungen*** enthält bereits vorhandenen Gelenkverbindungen, deren Bezeichnung aus der Verbindungsart (drehbar, zylindrisch, kugelförmig...) und den betroffenen Komponenten zusammengesetzt wird.

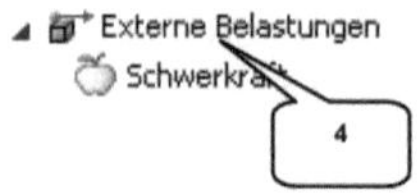

Externe Belastungen (4)

Der Ordner ***Externe Belastungen*** beinhaltet alle Kräfte und Drehmomente, die von außen auf das System einwirken.

Weitere ***Ordner*** im Browser der dynamischen Simulation können sein:

- ***Rollverbindungen***
- ***Schiebeverbindungen***
- ***Kontaktverbindungen***
- ***Kraftverbindungen***

Weiterhin können die folgenden ***Sonderbedingungen*** auftreten:

- ***Gelenke*** mit internen Kräften, Drehmomenten oder Grenzen
- ***Gelenke*** mit Redundanzen
- ***Objekte***, die deaktiviert oder unterdrückt wurden
- ***Baugruppenabhängigkeiten***, die unterdrückt wurden

7.4 Die Simulationseinstellungen

7.4.1 Grundlagen: Simulationseinstellungen

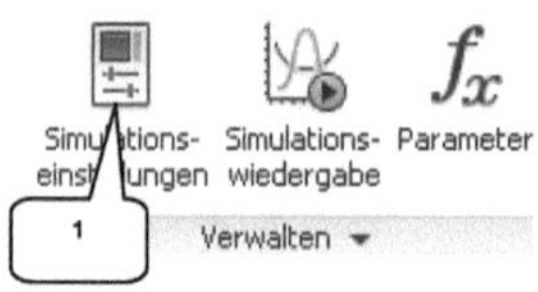

- Befehlsgruppe ***Verwalten***

Simulationseinstellungen (1)

In den ***Simulationseinstellungen*** kann definiert werden, ob Abhängigkeiten aus dem Baugruppenbereich beim Öffnen der dynamischen Simulation automatisch in Normgelenke konvertiert werden sollen, ob das Programm beim Starten der dynamischen Simulation auf Redundanzen hinweisen soll und ob mobile Gruppen farblich darzustellen sind.

7.4.2 Abhängigkeiten/ Verbindungen in Gelenkverbindungen konvertieren

Das Programm kann Abhängigkeiten/ Verbindungen aus der Baugruppenmodellierung automatisch in Gelenke konvertieren, sofern diese Option in den Simulationseinstellungen aktiviert wurde. Je nach Konstellation der Abhängigkeiten entstehen dabei unterschiedliche Verbindungsarten (Gelenkverbindungen).

Die folgende tabellarische Übersicht stellt die Kombinationsmöglichkeiten verschiedener Abhängigkeiten und die daraus resultierenden Gelenkverbindungen dar:

Verbindung	***Option***	***Abhängigkeiten***
Drehung	Option 1	Einfügen (Kante auf Kante)
	Option 2	Passend (Linie auf Linie)
	Option 3	Passend (Ebene schneidet Ebene)
	Option 4	Passend (zylindrische Fläche auf zylindrische Fläche)
Prismatisch	Option 1	Kombination zweier Passungen
Zylindrisch	Option 1	Passend (Linie auf Linie)
	Option 2	Passend (zylindrische Fläche auf zylindrische Fläche)
Kugelförmig	Option 1	Passend (Punkt auf Punkt)
	Option 2	Passend (kugelförmige Fläche auf kugelförmige Fläche)
Eben	Option 1	Passend (Ebene auf Ebene)
Punkt-Linie	Option 1	Passend (Linie auf Punkt)
	Option 2	Passend (Linie auf kugelförmige Fläche)
Linie-Ebene	Option 1	Passend (Ebene auf Linie)
Punkt-Ebene	Option 1	Passend (Ebene auf Punkt)
	Option 2	Passend (Ebene auf kugelförmige Fläche)
Verschweißt	Option 1	Kombination dreier Abhängigkeiten

7.4.3 Überprüfen der Simulationseinstellungen

In den ***Simulationseinstellungen*** sollte jetzt geprüft werden, ob das automatische Konvertieren von Abhängigkeiten in Normgelenke aktiviert ist. Da die restlichen Optionen nicht benötigt werden, sollten sie deaktiviert bleiben.

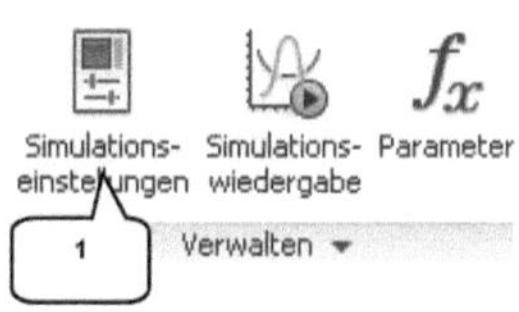

Simulationseinstellungen (1)

- Aktivieren: Abhängigkeiten automatisch in Normgelenke konvertieren (2)
- Restliche Optionen deaktivieren
- ***OK*** (alternativ: ***Abbrechen***)

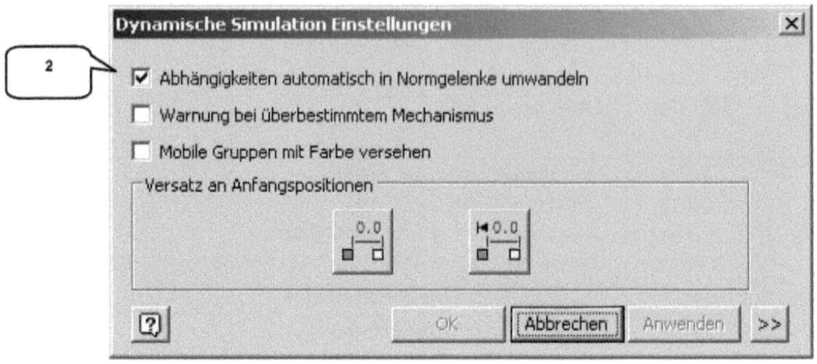

7.5 Manuelle und automatische Simulation

7.5.1 Grundlagen: Dynamische Bauteilbewegung (manuelle Simulation)

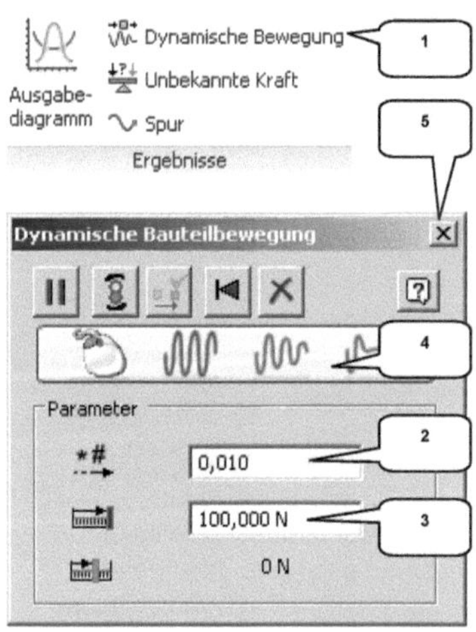

- Befehlsgruppe ***Ergebnisse***
  Dynamische Bewegung (1)

Bei der ***dynamischen Bauteilbewegung*** wird der Mechanismus durch die Bewegung der Maus bei gedrückter linker Maustaste auf ein Bauteil animiert.

Die Mausbewegung simuliert hierbei eine äußere Krafteinwirkung, deren Multiplikationsfaktor (2) und Maximalwert (3) zu definieren sind.

Die Dämpfung (4) steht dabei in den folgenden drei Optionen zur Verfügung:

- keine Dämpfung
- leichte Dämpfung
- starke Dämpfung

Das Befehlsfenster kann wieder ***geschlossen*** werden (5).

HINWEIS: Leider reagiert das Programm auf diesen Befehl sehr sensibel, was häufig einen Programmabsturz zur Folge hat. Hier hilft dann oft nur ein Neustart.

7.5.2 Grundlagen: Simulationswiedergabe (automatische Simulation)

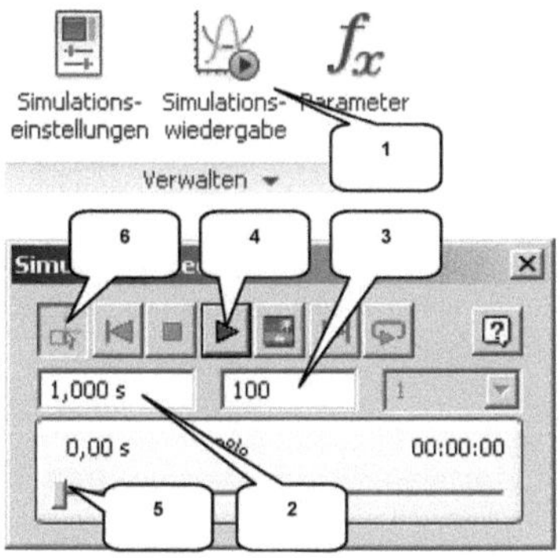

- Befehlsgruppe ***Verwalten***
  Simulationswiedergabe (1)

In der ***Simulationswiedergabe*** wird der gesamte Mechanismus, unter Beachtung der voreingestellten Parameter (wie z. B. Reibung und Dämpfung) und unter Einwirkung äußerer Kräfte und Drehmomente, automatisch simuliert. Die Simulationsdauer (2) und die daraus resultierende Anzahl an Bildberechnungen (3) kann dabei frei definiert werden. Nach dem Start (4) signalisiert der Schieberegler (5) den zeitlichen Verlauf und über den Konstruktionsmodus (6) verlässt das Programm den Simulationsmodus wieder.

7.5.3 Starten der ersten Simulation

Zum Ausführen der ersten Simulation wird das Fenster ***Simulationswiedergabe*** benötigt, was bereits geöffnet sein müsste. Darin ist die Wiedergabe zu starten. Nachdem der Schieberegler komplett nach rechts gewandert ist, kann zurück in den Konstruktionsmodus gewechselt werden.

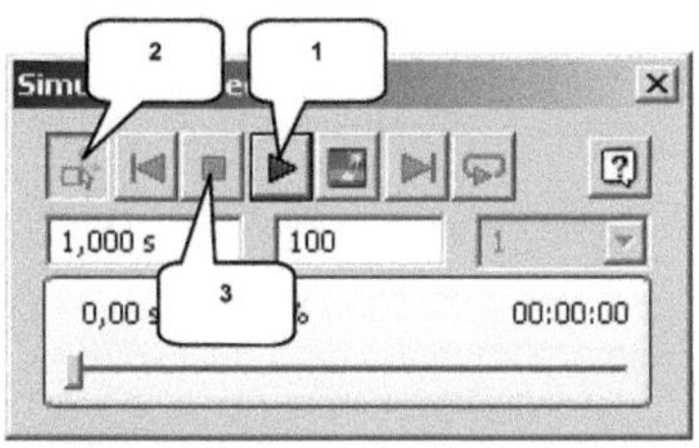

- ***Wiedergabe*** (1)
- Simulation vollständig ablaufen lassen
- ***Konstruktionsmodus*** (2)

HINWEIS: Der Button ***Stopp*** (3) beendet eine Simulation vorzeitig. Der Button ***Konstruktionsmodus*** (2) lässt das Programm in den Konstruktionsbereich zurückkehren.

Während der Simulation bewegte sich der Schieberegler (4) nach rechts, doch an der Baugruppe selbst war leider nichts zu erkennen: ***Sie blieb starr!***

Der Grund ist folgender: Eine Simulation erfordert mindestens eine Gelenkverbindung und mindestens eine Kraft/ einen Antrieb. Gelenkverbindungen gibt es genügend in der Baugruppe, allerdings wurden noch keine Kräfte aktiviert.

7.6 Definition der Schwerkraft

7.6.1 Die Normalfallbeschleunigung

Um Größe und Richtung der Normalfallbeschleunigung festlegen zu können, müssen im Browser der Ordner ***externe Belastungen*** erweitert und die darin enthaltene ***Schwerkraft*** aktiviert werden.

Im gleichnamigen Befehlsfenster ist die Option ***Vektorkomponenten*** zu aktivieren. Weil der Radlader auf der XZ-Ebene angeordnet wurde, muss die Schwerkraft in negativer Richtung der Y-Achse wirken. Hierfür ist im entsprechenden Eingabebereich der Wert der Normalfallbeschleunigung (g) in der Zeile g[Y] mit -9810 mm/s^2 festzulegen.

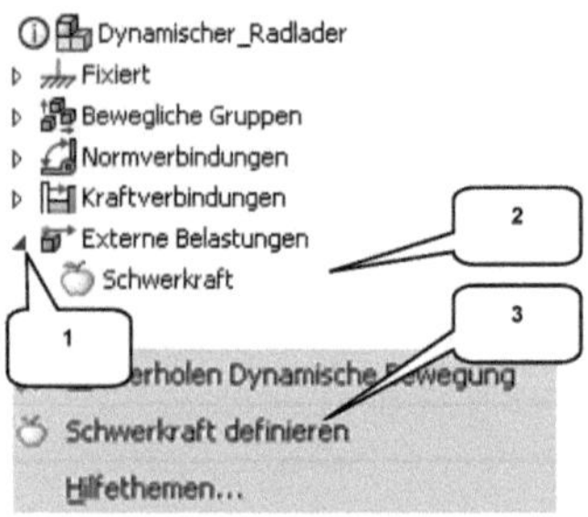

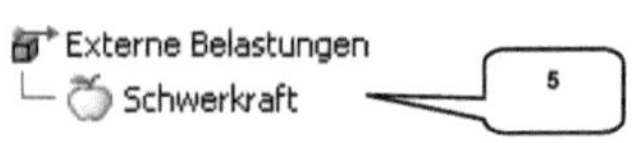

- ***Externe Belastungen*** erweitern (1)
- ***Rechte Maustaste*** auf ***Schwerkraft*** (2)
- ***Schwerkraft definieren*** (3)

- Aktivieren: Vektorkomponenten (4)
- g[Y]: -9810 mm/s^2 (5)
- OK ***OK***

Newtons Apfel im Browser sollte jetzt in gelber Farbe leuchten, was die Aktivierung der Schwerkraft symbolisiert. Die gesamte Baugruppe ist jetzt zu speichern.

Speichern (Ja für alle)

- Definition der Schwerkraft -

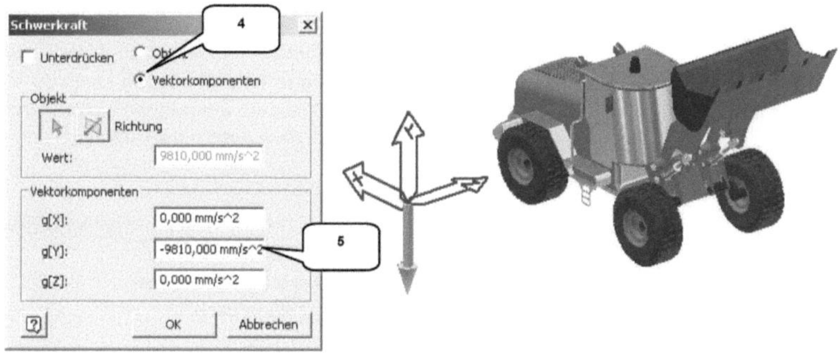

7.6.2 Ausführen und Aufzeichnen der Simulation

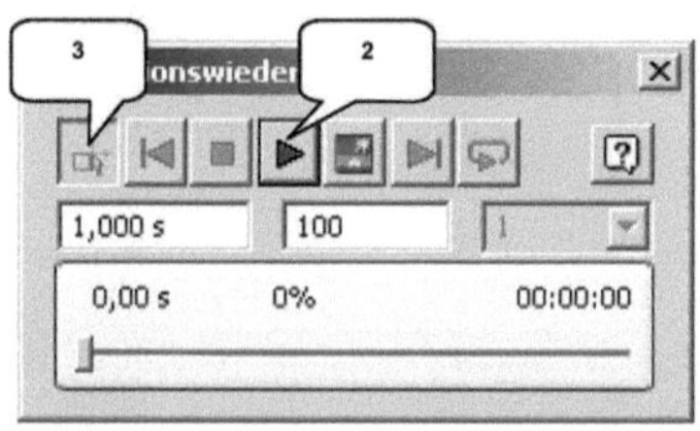

Bevor ein weiterer Versuch der Simulation gestartet werden kann, sollte der Hubapparat des Radladers, mit gedrückter linker Maustaste darauf, nach oben bewegt werden.

- Hubapparat nach oben bewegen (1)
- ***Wiedergabe*** (2)
- Simulation ablaufen lassen
- ***Konstruktionsmodus*** (3)

Während der Simulation wird sich der Hubapparat nach unten bewegen und dabei alle anderen Bauteile durchschlagen (4), da das Programm ohne weitere Vorgaben keine automatische Begrenzung der Bewegung bei Kollisionen vornimmt.

HINWEIS: Das Programm erkennt weder im Bereich der Baugruppenmodellierung noch im Bereich der dynamischen Simulation automatisch ***Kollisionen***, wenn die hierfür benötigten Kontrollmechanismen nicht vorab definiert wurden. Im Bereich der Baugruppenmodellierung können Bewegungen begrenzt oder Kontaktsätze definiert werden: Kollisionen werden dann automatisch erkannt und Bewegungen begrenzt. Ähnliche Möglichkeiten gibt es auch im Bereich der dynamischen Simulation.

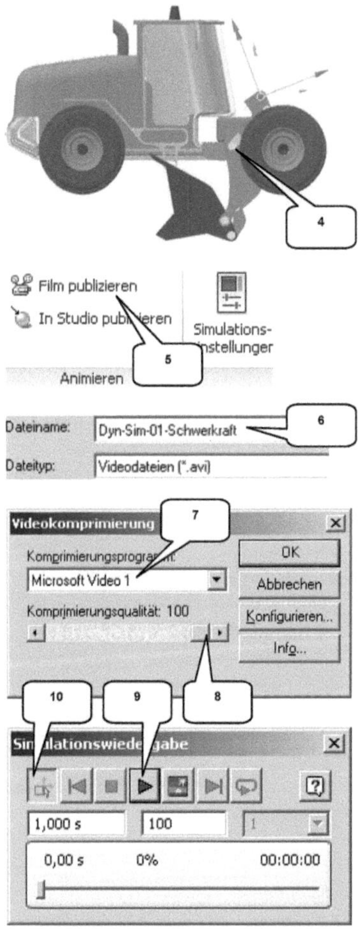

Die letzte Simulation soll noch einmal wiederholt werden, um sie zusätzlich als Video zu speichern. Eine Simulation kann als Videodatei gespeichert werden, wenn vorher der Befehl ***Film publizieren*** aktiviert wurde.

Film publizieren (5)

- Dateiname: Dyn-Sim-01-Schwerkraft (6)
- Dateityp: *.avi
- Speicherort: Projektordner
- Speichern ***Speichern***

- Komprimierung: Microsoft Video 1 (7)
- Qualität: 100 % (8)
- OK ***OK***

- ***Wiedergabe*** (9)
- Simulation ablaufen lassen
- ***Konstruktionsmodus*** (10)

Nach der erfolgten Simulation und dem anschließenden Wechsel in den Konstruktionsmodus, muss der Befehl ***Film publizieren*** erneut angeklickt werden, um die Videoaufnahme zu beenden.

Film publizieren (5)

Die Videodatei ***Dyn-Sim-01-Schwerkraft.avi*** (11) kann jetzt im Projektordner gestartet werden, wofür ein beliebiger Video-Player benötigt wird.

Die Auswertung der Simulation lässt darauf schließen, dass der Mechanismus der Baugruppe grundlegend überarbeitet werden muss, um einen funktionstüchtigen Bewegungsablauf zu erreichen.

Der Bereich der dynamischen Simulation kann jetzt vorerst wieder verlassen werden, um im Bereich der Baugruppenmodellierung erste Verbesserungsmaßnahmen an der Baugruppe vorzunehmen.

✔ **Fertigstellen** (12)

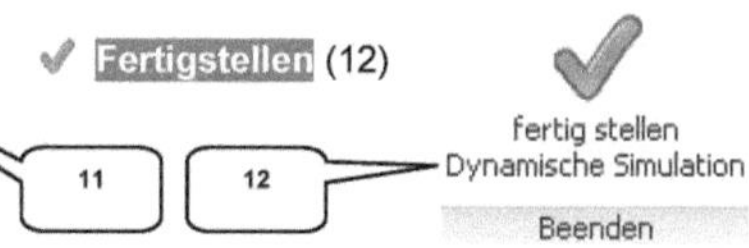

7.7 Begrenzen der Hubbewegung

7.7.1 Festlegen der Grenzwerte für die Hubbewegung

Arbeitsbereich:
Baugruppe (Zusammenfügen)

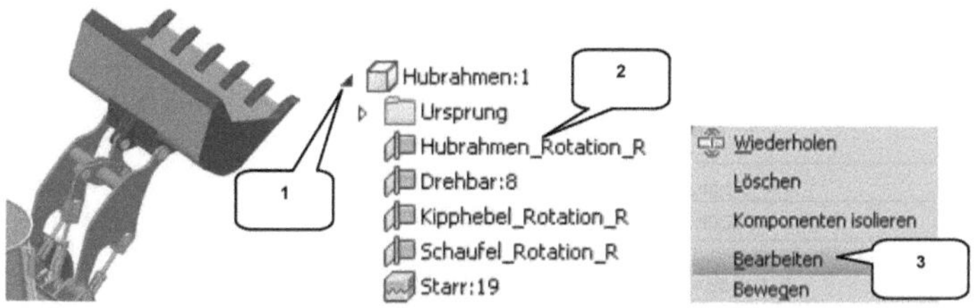

Im ersten Schritt soll der unkontrollierte freie Fall des gesamten Hubapparates gebremst werden, wofür eine der vorhandenen Gelenkverbindungen zu bearbeiten ist.

Wird im Browser das Bauteil ***Hubrahmen:1*** erweitert, findet man darin 4 verschiedene Drehgelenke (zu erkennen am Symbol) und eine starre Verbindung (). Beim Klicken mit der rechten Maustaste auf das Drehgelenk ***Hubrahmen_Rotation_R*** erscheint ein Kontextmenu. Wird darin die Option ***Bearbeiten*** ausgewählt, öffnet sich das Befehlsfenster ***Gelenk bearbeiten***.

- Bauteil ***Hubrahmen:1*** im Browser erweitern (1)
- ***Rechte Maustaste*** auf Drehgelenk ***Hubrahmen_Rotation_R*** (2)
- ***Bearbeiten*** (3)

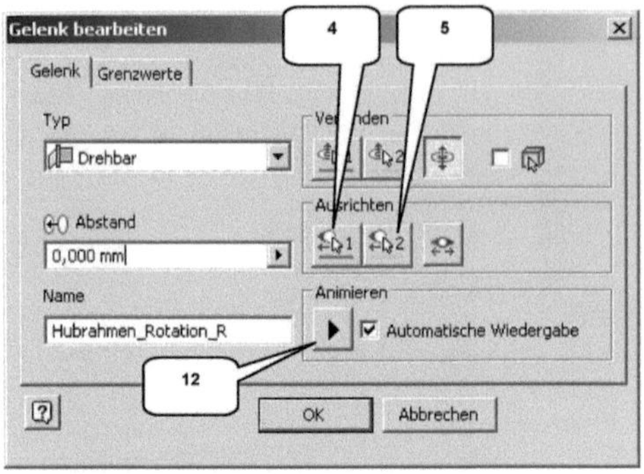

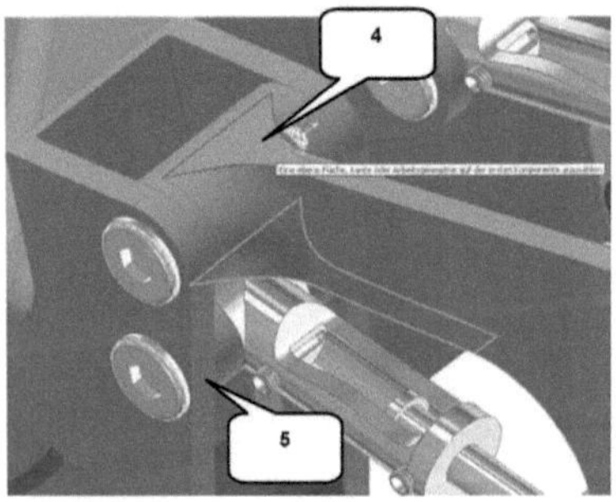

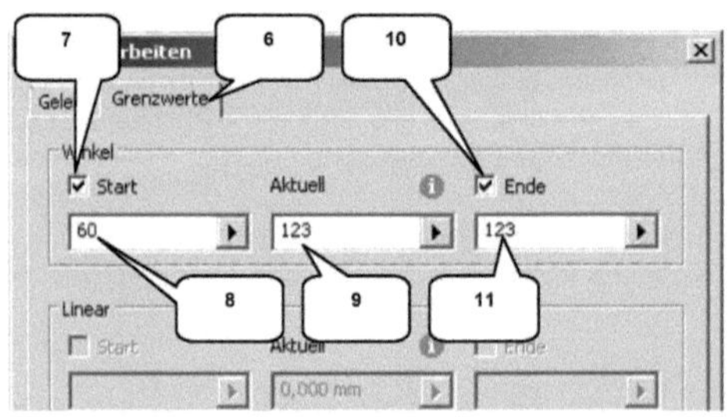

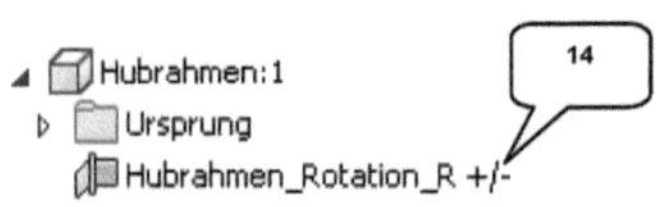

Durch die Auswahl zweier zusätzlicher Referenzflächen im Register ***Gelenk***, soll die Bewegungsfreiheit zwischen den Bauteilen Hubrahmen:1 und Maschinenrahmen:1 begrenzt werden.

- Ausrichten 1: Fläche Hubrahmen:1 (4)
- Ausrichten 2: Fläche Maschinenrahmen:1 (5)

Im Register ***Grenzwerte*** kann die Spannweite der Winkelbewegung definiert werden.

- Register ***Grenzwerte*** (6)
- Aktivieren: Start (7)
- Startwinkel: 60 ° (8)
- Aktueller Winkel: 123 ° (9)
- Aktivieren: Ende (10)
- Endwinkel: 123 ° (11)
- OK ***OK***

Die Begrenzung der Drehbewegung wird im Browser durch ein +/- ***Symbol*** (14) gekennzeichnet und ist dadurch leicht zu erkennen. Das Hubsystem kann jetzt bei gedrückter linker Maustaste nach oben gezogen werden, bis die in Abbildung (13) dargestellte Position erreicht wurde. Die Baugruppe ist im Anschluss daran zu speichern.

Speichern

- Begrenzen der Hubbewegung -

HINWEIS: Sollte der letzte Schritt zu einem falschen Ergebnis führen (das Hubsystem befindet sich nach der Vergabe der Grenzwerte nicht in der gewünschten Position, sondern z. B. im Maschinengehäuse), muss die Bearbeitung der Gelenkverbindung wiederholt werden, um die Werteeingaben der Winkel zu negieren (- 60 °, - 123 °, - 123 °).

7.7.2 Ausführen und Aufzeichnen der Simulation

Arbeitsbereich:
Dynamische Simulation

Zur Kontrolle soll in den Bereich der dynamischen Simulation gewechselt werden, wo eine neue Simulation zeigen wird, ob die Änderungsmaßnahmen ausreichend waren.

- Register ***Umgebungen*** (1)
- **Dynamische Simulation** (2)

Die Simulation ist als Video zu speichern.

- **Film publizieren**
- Dateiname: Dyn-Sim-02-Hubbegrenzung (3)
- Dateityp: *.avi
- Speichern ***Speichern***

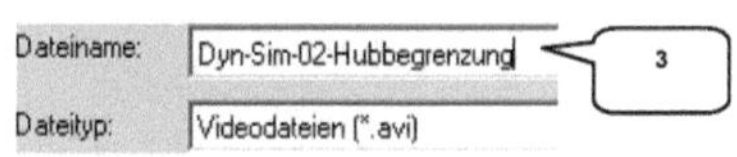

- 50 -

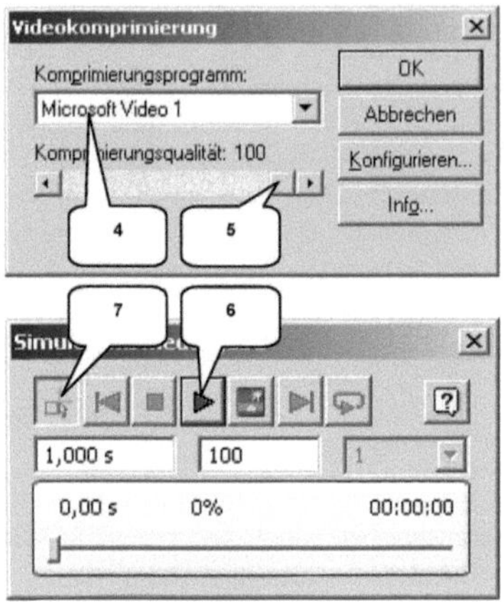

- Komprimierung: Microsoft Video 1 (4)
- Qualität: 100 % (5)
- ***OK***

- ***Wiedergabe*** (6)
- Simulation ablaufen lassen
- ***Konstruktionsmodus*** (7)

Film publizieren

Das Hubsystem fällt schnell nach unten und schlägt hart auf, sobald der Grenzwert des Drehwinkels (60 °) erreicht wurde. Eine Kollision mit den anderen Bauteilen findet nicht mehr statt. Nur die Schaufel schwingt noch frei und schlägt dabei ggf. durch die angrenzenden Bauteile hindurch.

Um auch die Schaufel in ihrer Bewegung zu begrenzen, muss der Mechanismus weiter bearbeitet werden. Auch hier wäre es möglich, das Drehgelenk der Schaufel mit Grenzwerten zu versehen und die Bewegungsfreiheit damit zu begrenzen.

Eine weitere Möglichkeit besteht darin, dem Mechanismus eine neue Gelenkverbindung hinzuzufügen, welche eine Kollision zwischen 2 Bauteilen automatisch erkennen und die Bewegung stoppen könnte. Da das Programm im Bereich der dynamischen Simulation einige Gelenkverbindungen bereit hält, sollen diese vorab kurz erläutert werden.

7.8 Begrenzen der Kippbewegung

7.8.1 Grundlagen: Gelenke in der dynamischen Simulation

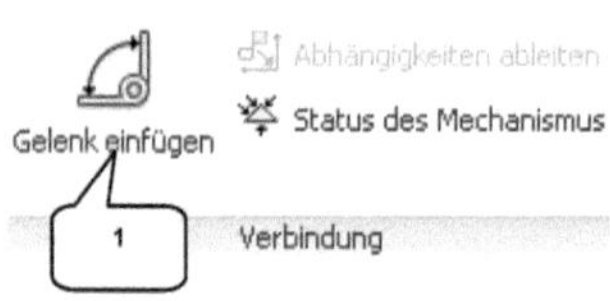

- Befehlsgruppe ***Verbindung***

Gelenk einfügen (1)

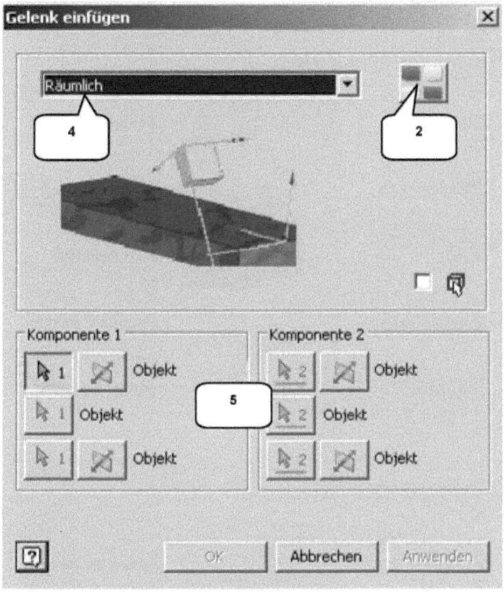

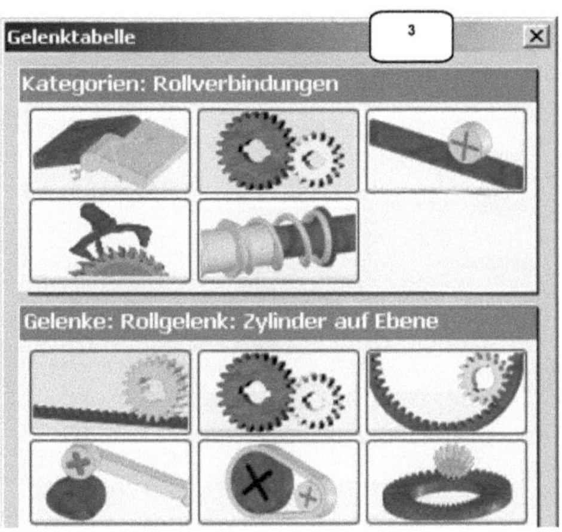

Der Befehl beinhaltet zahlreiche Gelenkverbindungen, die den folgenden Kategorien zugeordnet werden:

- ***Normverbindungen***
- ***Rollverbindungen***
- ***Kontaktverbindungen***
- ***Schiebeverbindungen***
- ***Kraftverbindungen***

Eine tabellarische Übersicht über die verschiedenen Kategorien erhält man durch einen Klick auf das ***Symbol*** (2). Wählt man darin eine der Kategorien aus, öffnet sich die passende Gelenktabelle (3).

Alle Gelenkverbindungen können auch direkt (ohne die vorherige Auswahl der Kategorie) aus einer Liste (4) heraus aktiviert werden.

Wurde eine der Gelenkverbindungen gewählt, sind die entsprechenden Referenzen zur Positionierung zu definieren. Je nach Gelenktyp können dabei Achsen, Flächen, Punkte oder Körperkanten verwendet werden.

In der folgenden Übersicht wurden die Kategorien und ihre enthaltenen Gelenkverbindungen aufgelistet:

- Begrenzen der Kippbewegung -

Normverbindungen

Drehung	**Prismatisch**
Zylindrisch	**Kugelförmig**
Eben	**Punkt-Linie**
Linie-Ebene	**Punkt-Ebene**
Räumlich	**Verschweißt**

Rollverbindungen

Zylinder auf Ebene	**Zylinder auf Zylinder**
Zylinder in Zylinder	**Zylinder auf Kurve**
Riemen	**Kegel auf Ebene**
Kegel auf Kegel	**Kegel in Kegel**
Schraube	**Schneckenrad**

Kontaktverbindungen

2D-Kontakt

Gleitverbindungen

Zylinder auf Ebene

Zylinder auf Zylinder

Zylinder in Zylinder

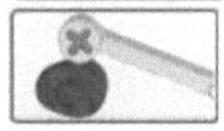

Zylinder auf Kurve

Punkt auf Kurve

Kraftverbindungen

3D-Kontakt

Feder/ Dämpfung/ Buchse

7.8.2 Grundlagen: 3D-Kontakt

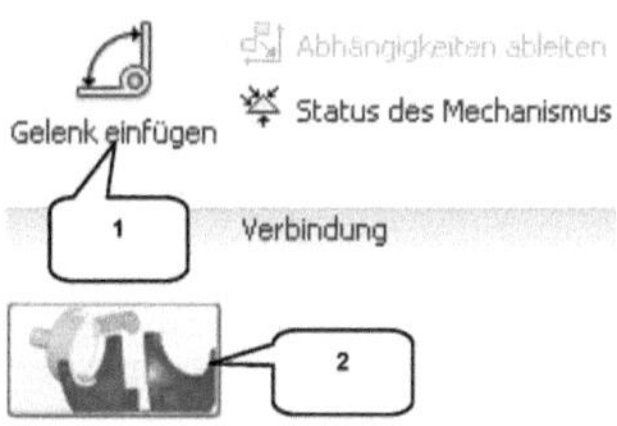

- Befehlsgruppe ***Verbindung***
- Gelenk einfügen (1)
- Auswahl: 3D-Kontakt (2)

Der ***3D-Kontakt*** ermöglicht dem Programm, Kollisionen zwischen Bauteilen zu erkennen und Bewegungen bei Kontakt automatisch zu begrenzen. Er ist damit grundsätzlich mit dem Kontaktsatz im Bereich der Baugruppenmodellierung vergleichbar.

7.8.3 Einfügen eines 3D-Kontaktes

Das Resultat der folgenden Übung sollte sein, dass die unkontrollierte Schwingung der Schaufel unterdrückt wird. Betrachtet man den Bewegungsapparat, so stellt man fest, dass die Schaufel über weitere Bauteile mit dem Kippzylinder verbunden ist, und mit ihnen eine geschlossene kinematische Gelenkkette bildet. Die unkontrollierte Schwingung der Schaufel hat zur Folge, dass der Kolben des Kippzylinders ungebremst in den Zylinder eintaucht. Begrenzt man also diese beiden Bauteile durch einen 3D-Kontakt, so überträgt sich das auch auf die unkontrollierte Bewegung der Schaufel.

- Begrenzen der Kippbewegung -

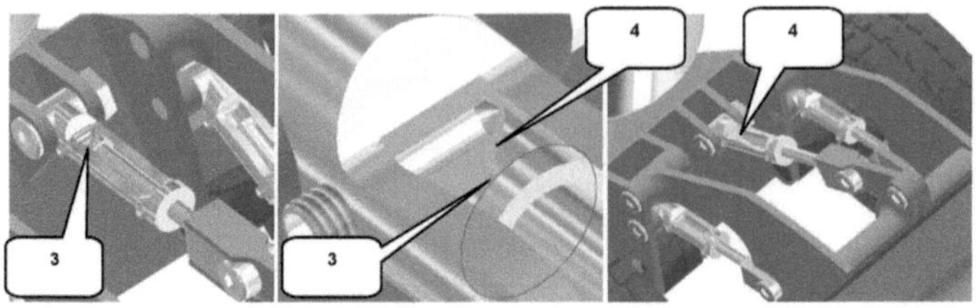

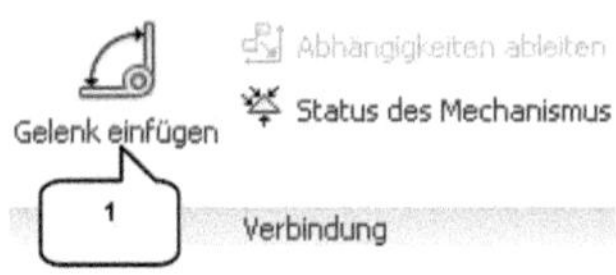

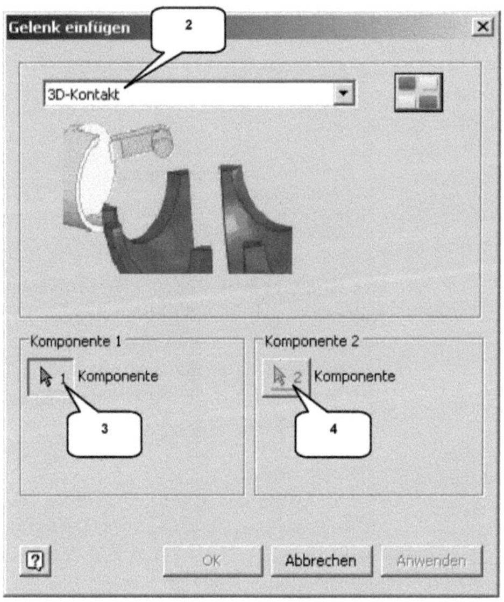

Kolben und Zylinder des Kippzylinders sollen jetzt mit einer zusätzlichen Gelenkverbindung, einem ***3D-Kontakt*** versehen werden.

Mithilfe dieses zusätzlichen Kontaktes ist das Programm in der Lage, die Kollision beider Bauteile zu erkennen und die Bewegung an dieser Stelle zu unterbrechen.

Gelenk einfügen (1)
- Auswahl: 3D-Kontakt (2)
- Komponente 1: Bohrungskante Kippzylinder-Kolben:1 (3)
- Komponente 2: Zylinderkante Kippzylinder-Zylinder:1 (4)
- ***OK***

Speichern

<u>HINWEIS</u>: Es sind die jeweiligen Zylinderkanten auszuwählen, nicht die Flächen!

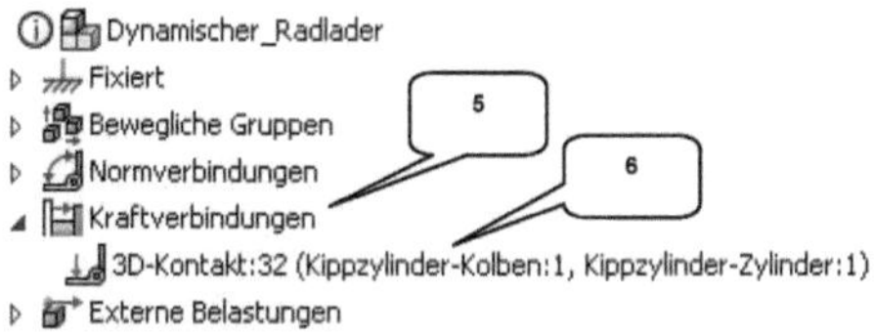

Der Browser erweitert sich jetzt um den neuen Ordner ***Kraftverbindungen*** (5), in dem der 3D-Kontakt (6) zu finden ist.

HINWEIS: Gelenkverbindungen werden automatisch nummeriert (z. B. ***3D-Kontakt:32***). Diese Nummerierung kann von den Abbildungen hier im Buch abweichen, was keine Rolle spielt. Wichtig ist nur die korrekte Bauteilkonstellation. Die Bauteile werden in Klammern hinter der Gelenkverbindung angegeben (z. B. Kippzylinder-Kolben:1, Kippzylinder-Zylinder:1). Ihre Reihenfolge spielt dabei ebenfalls keine Rolle.

7.8.4 Bearbeiten vorhandener Gelenke

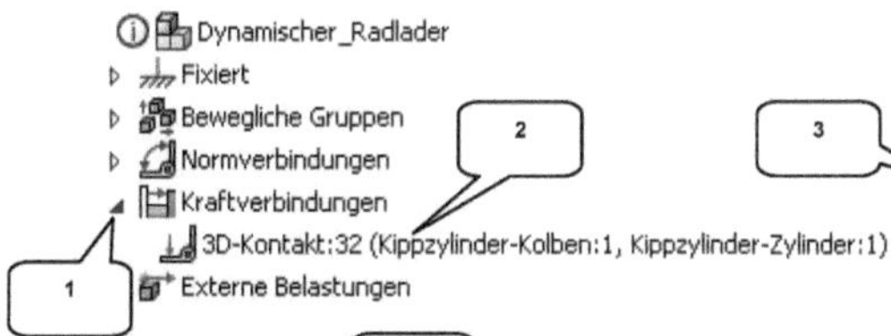

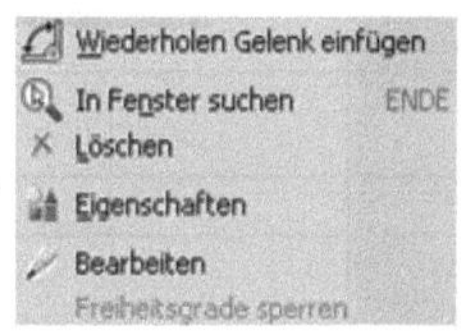

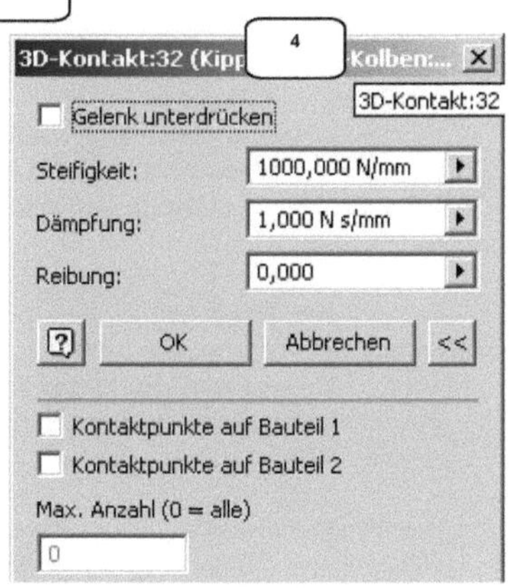

Wird eine vorhandene Gelenkverbindung bearbeitet, so stehen je nach Gelenktyp unterschiedliche Optionen zur Verfügung.

- ***Kraftverbindungen*** erweitern (1)
- ***Rechte Maustaste*** auf ***3D-Kontakt*** (2)
- ***Eigenschaften*** (3)

Die Bearbeitung der 3D-Kontaktverbindung z. B. bietet die Möglichkeit, das Gelenk zu unterdrücken, Werte für die Parameter Steifigkeit, Dämpfung und Reibung zu definieren, oder Kontaktpunkte auf den Bauteilen zu platzieren. Das Fenster kann ohne Änderungen geschlossen werden.

- Taste: ***ESC***

7.8.5 Ausführen und Aufzeichnen der Simulation

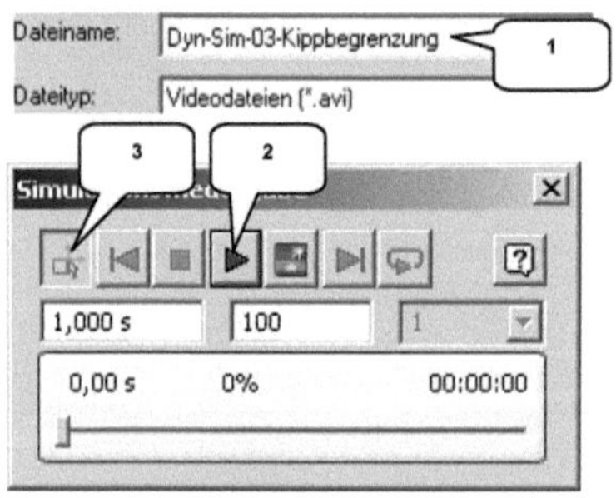

Eine Simulation soll zeigen, ob die neue Gelenkverbindung eine Verbesserung des Bewegungsablaufes erreicht hat.

Film publizieren

- Dateiname: Dyn-Sim-03-Kippbegrenzung (1)
- Dateityp: *.avi
- Speichern ***Speichern***

- Komprimierung: Microsoft Video 1
- Qualität: 100 %
- OK ***OK***

- ***Wiedergabe*** (2)
- Simulation ablaufen lassen
- ***Konstruktionsmodus*** (3)

Film publizieren

Hubsystem und Schaufel fallen während der Simulation ungebremst nach unten, bis beide Hubrahmen den maximalen Winkel erreicht haben. Auch die Schaufel schwingt jetzt nicht mehr völlig frei, sondern wird in ihrer Bewegung begrenzt.

Im nächsten Schritt soll die Abwärtsbewegung verlangsamt (gedämpft) werden, um das harte Aufschlagen des Hubapparates beim Erreichen des maximalen Winkels zu vermeiden.

Das Programm bietet entsprechende Möglichkeiten in den ***Eigenschaften*** vorhandener Gelenkverbindungen.

12 INDEX

A

B

D

E

G

H

I

K

K

L

M

P

R

S

S

T

V

W

Z